T0225069

Klausurtrainer – Hydromechanik für Bauingenieure

Frank Preser

Klausurtrainer – Hydromechanik für Bauingenieure

Praxisorientierte Aufgaben mit Lösungen

2. Auflage

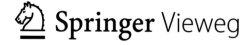
Springer Vieweg

Frank Preser
Rodenberg, Deutschland

ISBN 978-3-8348-2496-7   ISBN 978-3-8348-2497-4 (eBook)
DOI 10.1007/978-3-8348-2497-4

Die Deutsche Nationalbibliothek verzeichnet diese Publikation in der Deutschen Nationalbibliografie;
detaillierte bibliografische Daten sind im Internet über http://dnb.d-nb.de abrufbar.

Springer Vieweg

Lektorat: Dr. Daniel Fröhlich | Annette Prenzer

Gedruckt auf säurefreiem und chlorfrei gebleichtem Papier

Springer Vieweg ist eine Marke von Springer DE. Springer DE ist Teil der Fachverlagsgruppe Springer
Science+Business Media.
www.springer-vieweg.de

Vorwort zur 2. Auflage

„Was wir wissen, ist ein Tropfen; was wir nicht wissen, ein Ozean."

Isaac Newton (1643–1727)

Der Titel des vorliegenden Buches ist Programm, es verschafft einen Überblick über die wichtigsten Anwendungsbereiche der Hydromechanik in Form von Beispielen mit Lösungen und liefert damit einen wertvollen Beitrag für die fundierte Bachelor-/Masterausbildung für Studierende an deutschsprachigen Hochschulen. Keineswegs kann und soll das vorliegende Werk jedoch eine Vorlesung der Technischen Hydromechanik ersetzen, da die erforderlichen Grundlagen, wie beispielsweise *Steiner'scher Anteil* oder *Flächenträgheitsmoment* zur Nachvollziehbarkeit der Lösungswege als bekannt vorausgesetzt werden. Es stellt jedoch eine ideale Ergänzung für das Selbststudium und zur Klausurvorbereitung dar.

Darüber hinaus wird dem im Wasserwesen tätigen Ingenieur mit diesem Buch ein zusätzliches Hilfsmittel zur Erfüllung seiner vielfältigen Aufgaben an die Hand gegeben, da auch komplexe Fragestellungen nicht ausgeklammert wurden.

In der vorliegenden 2. Auflage wurde das wichtige Kapitel *Pumpenhydraulik* mit Anwendungsbezug zur Trinkwasserversorgung der Siedlungswasserwirtschaft neu mit aufgenommen sowie Ergänzungen und Korrekturen in den anderen Kapiteln eingepflegt. Im *Technischen Anhang* wurden auf Anregung von Studierenden das griechische Alphabet, dezimale Umrechnungen und pumpenspezifische SI-Einheiten eingefügt.

Die Idee zu diesem Buch entstand anläßlich der 10. Late-Night-Vorlesung Hydromechanik im Jubiläumsjahr 2010. – Einmal jährlich findet an der HTWK Leipzig vor der Regelprüfung „Hydromechanik" im Sommersemester eine Spätvorlesung zum Thema mit „offenem Ende" statt. Dort stellt der Autor – im Hörsaal und mit Livestream-Unterstützung im Web – zur nächtlichen Stunde seinen Studierenden detailliert alte Klausuraufgaben und Lösungen zur Prüfungsvorbereitung vor. Das Buch beinhaltet somit den Extrakt aus einer mehr als 10-jährigen Sammlung von Klausuraufgaben der Strömungsmechanik, weitere Anregungen aus der Praxis und von Studierenden sind im Hinblick auf die 3. Auflage stets willkommen!

Leipzig/Rodenberg, im Juni 2013

Frank Preser

Anmerkung zur Genauigkeit: Die Ergebnisse (Zahlenwerte) wurden mit einer akademischen Version von Mathcad® V14.0 (PTC) exakt berechnet, in der Lösung dargestellt sind i. d. R. nur maximal 3 Nachkommastellen (NKS). Bei der eigenen Nachrechnung mit 3 NKS kann es deshalb zu Rundungsdifferenzen kommen.

Inhaltsverzeichnis

Wichtige Formeln der Hydromechanik

Wichte und Dichte:

$$\gamma_W = \rho \cdot g$$

Hydrostatischer Druck:

$$p = \rho_W \cdot g \cdot h = \gamma_W \cdot h$$

Druck (allgemein):

$$p = \frac{m \cdot g}{A} = \frac{F}{A}$$

Archimedisches Prinzip (Auftriebskraft):

$$F_A = \rho_W \cdot g \cdot V_V = \gamma_W \cdot V_V$$

Kontinuitätsgleichung:

$$Q = v \cdot A = const.$$

Bernoulli-Gleichung ohne Energieverlust:

$$h_E = z + \frac{p}{\rho_W \cdot g} + \frac{v^2}{2g} = h_{geod} + h_D + h_{kin} = const.$$

Froude-Zahl:

$$Fr = \frac{v}{\sqrt{g \cdot h_m}} = \frac{v}{\sqrt{g \cdot \dfrac{A}{b_{Sp}}}}$$

Wellengeschwindigkeit:

$$c = \sqrt{g \cdot h_m}$$

Grenzwassertiefe, Grenzgeschwindigkeit und minimale Energiehöhe am Beispiel eines Rechteckgerinnes:

$$h_{gr} = \sqrt[3]{\frac{Q^2}{g \cdot b^2}} = \left(\frac{Q^2}{g \cdot b^2} \right)^{\frac{1}{3}}$$

$$v_{gr} = \sqrt{g \cdot h_{gr}}$$

$$h_{E\,min} = \frac{3}{2} \cdot h_{gr}$$

Weitere Gleichungen für explizite und implizite Grenzwassertiefen bzw. Grenzgeschwindigkeiten sind dem Kapitel „Technischer Anhang" zu entnehmen.

Konjugierte Wassertiefen im <u>Rechteck</u>gerinne sowie zugehörig *Fr*-Zahlen:

$$\frac{h_u}{h_o} = \frac{1}{2}\left(\sqrt{1 + 8Fr_o^2} - 1\right) \quad \text{bzw.} \quad \frac{h_o}{h_u} = \frac{1}{2}\left(\sqrt{1 + 8Fr_u^2} - 1\right)$$

$$Fr_o = \frac{v_0}{\sqrt{g \cdot \dfrac{A_o}{b_{Sp_o}}}} \qquad\qquad Fr_u = \frac{v_u}{\sqrt{g \cdot \dfrac{A_u}{b_{Sp_u}}}}$$

Bernoulli-Gleichung mit Energieverlusten:

$$z_1 + \frac{p_1}{\rho_W \cdot g} + \frac{v_1^2}{2g} = z_2 + \frac{p_2}{\rho_W \cdot g} + \frac{v_2^2}{2g} + \sum h_v$$

$$\sum h_v = \sum h_{v_{kont.}} + \sum h_{v_{\ddot{o}rtl.}}$$

$$\sum h_{v_{kont.}} = \sum_i \left(\lambda_i \cdot \frac{L_i}{d_i} \cdot \frac{v_i^2}{2g}\right)$$

$$\sum h_{v_{\ddot{o}rtl.}} = \sum_i \left(\xi_i \cdot \frac{v_i^2}{2g}\right)$$

Reynolds-Zahl:

$$\mathrm{Re} = \frac{v \cdot d_{hy}}{\nu} = 4\frac{v \cdot A}{\nu \cdot l_U}$$

Freispiegelgerinne:

$$v = k_{St} \cdot r_{hy}^{\frac{2}{3}} \cdot I_E^{\frac{1}{2}}$$

$$r_{hy} = \frac{A}{l_U}$$

$$d_{hy} = 4 \cdot r_{hy}$$

Impulssatz:

$$F_I = \rho_W \cdot v \cdot Q$$

Stützkraftsatz:

$$\sum_i \vec{F} = \vec{F_{S_1}} - \vec{F_{S_2}}$$

$$\text{mit:} \quad \vec{F_{S_i}} = \rho_W \cdot v_i \cdot Q + p_i \cdot A_1$$

Borda-Stoßverlust:

$$h_v = \left(1 - \frac{A_1}{A_2}\right)^2 \cdot \frac{v_1^2}{2g}$$

Dimensionsumrechnungen

$$1\,N = 1\,\frac{kg \cdot m}{s^2}$$

$$1\,Pa = 1\,\frac{N}{m^2} = 1\,\frac{kg}{m \cdot s^2}$$

$$1\,bar = 10^5\,Pa = 10\,\frac{N}{m^2} = 10\,m\,WS$$

$$1\,J = 1\,\frac{kg \cdot m^2}{s^2} = 1\,Nm$$

$$1\,m^3 = 1000\,l$$

$$1\,t = 1000\,kg$$

1 Hydrostatik

1.1 Theoretische Grundlagen

1.1.1 Definition

Die Hydrostatik ist die Lehre von den ruhenden Flüssigkeiten und den sich in ihnen ausbildenden Kräften. Aufgabe der Hydrostatik ist die Analyse der durch den hydrostatischen Druck auftretenden Erscheinungen sowie die Ermittlung der Kraftwirkungen. Hydrostatische Kräfte sind dabei von Behältern, Rohrleitungen und Bauwerken schadlos aufzunehmen und/oder in den Baugrund abzuleiten. – Die Berechnung von Auftriebskräften (vertikale Druckkräfte) auf in Fluide eingetauchte Körper wird in der Hydrostatik zur Untersuchung von Schwimmstabilitäten verwendet.

1.1.2 Hydrostatischer Druck und Druckhöhe

Eine wichtige Größe in hydraulischen Berechnungen ist der Druck p, der häufig auch als Druckspannung bezeichnet wird. Er ist definiert als Quotient aus einer dem Betrag nach normal zu einer Flächeneinheit A in $[m^2]$ stehenden Kraft F in *Newton* $[N]$. Die Kraft F ist als das Produkt aus Masse m und Erdbeschleunigung g definiert. Die Erdbeschleunigung wird nachfolgend rechnerisch stets mit $g = 9,80665$ $[m/s^2]$ angesetzt.

$$p = \frac{F}{A} = \frac{m \cdot g}{A} \tag{1.1}$$

Der Druck p ist in jedem Punkt einer Flüssigkeit, eines Gases und auch im Dampf nach allen Richtungen gleich groß, man spricht deshalb auch von einer skalaren Größe. Die abgeleitete SI-Einheit des Drucks ist das *Pascal* $[Pa]$.

$$1[Pa] = 1 \frac{[N]}{[m^2]} = 1 \cdot 10^{-5} [bar] \tag{1.2}$$

Wegen der guten Anschaulichkeit hat sich auch der Begriff Druckhöhe h_D bewährt. Die Druckhöhe hat die Einheit $[m]$, früher und heute noch im Sprachgebrauch ist auch der Begriff Meter Wassersäule $[mWS]$.

$$h_D = \frac{p}{\rho \cdot g} \Leftrightarrow p = \rho \cdot g \cdot h_D = \gamma_W \cdot h_D \tag{1.3}$$

In dieser Gleichung steht g für die Erdbeschleunigung, ρ bezeichnet die Dichte des Fluids (hier Wasser). Die Dichte des Wassers ist sowohl temperaturabhängig als auch mit dem Feststoff- oder Salzgehalt veränderlich. Sie erreicht für reines Wasser bei einer Temperatur von +4 $[°C]$ ihr Maximum mit $\rho = 1000$ $[kg/m^3]$. Für das spezifische Gewicht, auch Wichte genannt, wird hier unabhängig vom Gewässer und von der Temperatur $\gamma_W = 10$ $[kN/m^3]$ angesetzt.

1.1.3 Bezugsdruck

In der Hydraulik wird allgemein der Atmosphärendruck p_o als Bezugsdruck gewählt. Ist der aktuelle Druck größer als der Referenzdruck p_o, so spricht man von Überdruck, im anderen Fall von Unterdruck oder besser von negativem Druck. Da in der Hydrostatik positiver Druck auftritt, wird meist für p der Begriff Druck anstelle von Überdruck verwendet.

1.2 Hydrostatischer Druck auf ebene Flächen

Beispiel 1 – geneigte Behälterwand

<u>Gegeben:</u> Behälter gemäß Zeichnung mit konstanter Breite $b = 1$ [m] (Einheitsmeter). Das spezifische Gewicht der Flüssigkeit beträgt $\gamma_W = 10$ [kN/m^3].

<u>Gesucht:</u> Moment M_A im Fußpunkt A.

Ruhewasserspiegel RWS

$h = 3{,}50$ [m]

$\alpha = 45°$

Fußpunkt A

Lösung 1.1 – „Druck senkrecht zur gedrückten Fläche"

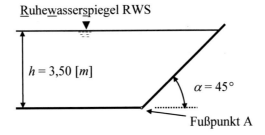

$$p = \rho \cdot g \cdot h = \gamma_w \cdot h = 10 \cdot 3{,}50 = 35{,}00 \, \frac{kN}{m^2}$$

$$A = \frac{h}{\sin \alpha} \cdot b = \frac{3{,}50}{\sin 45°} \cdot 1{,}00 = 4{,}950 \, m^2$$

$$F_W = \frac{1}{2} \cdot p \cdot A = \frac{1}{2} \cdot 35{,}00 \cdot 4{,}950 = 86{,}621 \, kN$$

$$a = \frac{1}{3} \cdot \frac{h}{\sin \alpha} = \frac{1}{3} \cdot \frac{3{,}50}{\sin 45°} = 1{,}650 \, m$$

$$M_A = F_w \cdot a = 86{,}621 \cdot 1{,}650 = 142{,}917 \, kNm$$

Anmerkung: Es wird unterstellt, dass der Druck auf den Behälterboden schadlos vom Baugrund aufgenommen werden kann und sich damit kein Gegenmoment zum Biegemoment im Fußpunkt A ergibt.

Diese Annahme wird auf alle weiteren ähnlichen Behälterstatiken übertragen.

Lösung 1.2 – „Aufteilung in horizontale und vertikale Komponenten"

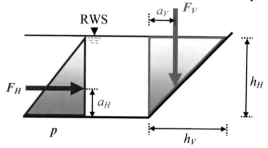

$$p = \rho \cdot g \cdot h = \gamma_w \cdot h = 10\,\frac{kN}{m^3} \cdot 3{,}50 = 35{,}00\,\frac{kN}{m^2}$$

$$F_H = \frac{1}{2} \cdot p \cdot A = \frac{1}{2} \cdot p \cdot h_H \cdot b = \frac{1}{2} \cdot 35{,}00 \cdot 3{,}50 \cdot 1{,}00 = 61{,}25\,kN$$

$$a_H = \frac{1}{3} \cdot h_H = 1{,}1\overline{6}\,m$$

$$F_V = \frac{1}{2} \cdot p \cdot A = \frac{1}{2} \cdot p \cdot h_V \cdot b = \frac{1}{2} \cdot 35{,}00 \cdot 3{,}50 \cdot 1{,}00 = 61{,}25\,kN$$

$$a_V = \frac{1}{3} \cdot h_{\cdot V} = 1{,}1\overline{6}\,m$$

$$M_A = F_H \cdot a_h + F_V \cdot a_V = 2 \cdot 61{,}25 \cdot 1{,}1\overline{6} = 142{,}917\,kNm$$

Lösung 1.3 – „axiales Flächenträgheitsmoment"

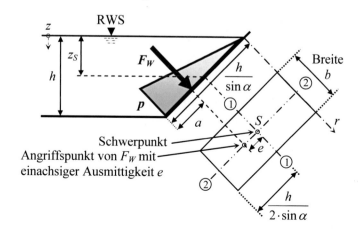

$$z_S = \frac{1}{2} \cdot h = \frac{1}{2} \cdot 3{,}50 = 1{,}750 \, m$$

$$A = \frac{h}{\sin \alpha} \cdot b = \frac{3{,}50}{\sin 45°} \cdot 1{,}00 = 4{,}950 \, m^2$$

$$F_W = \rho \cdot g \cdot z_S \cdot A = \gamma \cdot z_S \cdot A = 10 \cdot 1{,}75 \cdot 4{,}950 = 86{,}621 \, kN$$

$$I_{S,1-1} = \frac{b \cdot \left(\dfrac{h}{\sin \alpha} \right)^3}{12} = \frac{1{,}00 \cdot \left(\dfrac{3{,}50}{\sin 45°} \right)^3}{12} = 10{,}106 \, m^4$$

$$r_S = \frac{z_S}{\sin \alpha} = \frac{1{,}75}{\sin 45°} = 2{,}475 \, m$$

$$e = \frac{I_{S,1-1}}{r_S \cdot A} = \frac{10{,}106}{2{,}475 \cdot 4{,}950} = 0{,}825 \, m$$

$$a = \frac{h}{2 \cdot \sin \alpha} - e = \frac{3{,}50}{2 \cdot \sin 45°} - 0{,}825 = 1{,}650 \, m$$

$$M_A = F_W \cdot a = 86{,}621 \cdot 1{,}65 = 142{,}917 \, kNm$$

Welcher der hier vorgestellten Lösungsansätze im Einzelfall zur Anwendung kommen sollte, ist vom hydrostatischen System sowie von der Neigung und Fähigkeit des Bearbeiters abhängig. Im Einzelnen werden nachfolgend Aufgaben und Lösungen vorgestellt, die sich leicht und schnell nach einem der drei Ansätze lösen lassen.

Beispiel 2 – abgeknickte Behälterwand

Gegeben: Behälter gemäß Zeichnung mit konstanter Breite $b = 1$ [m] (Einheitsmeter). Das spezifische Gewicht der Flüssigkeit beträgt $\gamma_W = 10$ [kN/m^3].

Gesucht: Moment M_A im Punkt A, resultierende Kraft F_{Res} und zugehöriger Hebelarm a_{Res}.

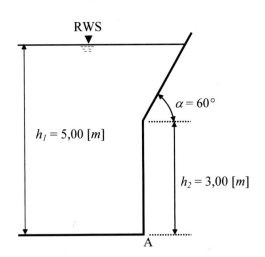

Lösung 2 – „Druck senkrecht zur gedrückten Fläche"

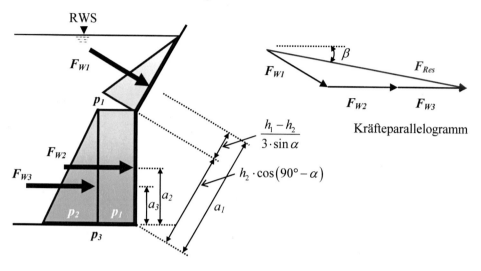

Kräfteparallelogramm

$$p_1 = \gamma_W \cdot (h_1 - h_2) = 10 \; \frac{kN}{m^3} \cdot (5,00 - 3,00) \; m = 20,00 \; \frac{kN}{m^2}$$

$$p_2 = \gamma_W \cdot h_2 = 10 \; \frac{kN}{m^3} \cdot 3,00 \; m = 30,00 \; \frac{kN}{m^2}$$

$$p_3 = p_1 + p_2 = 50,00 \; \frac{kN}{m^2}$$

$$A_1 = \frac{h_1 - h_2}{\sin \alpha} \cdot b = \frac{5,00 - 3,00}{\sin 60°} \cdot 1,00 = 2,309 \; m^2$$

$$A_2 = h_2 \cdot b = 3,00 \cdot 1,00 = 3,00 \; m^2$$

$$a_1 = h_2 \cdot \cos(90° - \alpha) + \frac{1}{3} \cdot \frac{h_1 - h_2}{\sin \alpha} = 3,00 \cdot \cos 30° + \frac{1}{3} \frac{2}{\sin 60°} = 3,368 \; m$$

$$a_2 = \frac{h_2}{2} = \frac{3,00}{2} = 1,50 \; m$$

$$a_3 = \frac{h_2}{3} = 1,00 \; m$$

$$F_{W1} = \frac{1}{2} \cdot p_1 \cdot A_1 = \frac{1}{2} \cdot 20,00 \cdot 2,309 = 23,094 \; kN$$

$$F_{W2} = p_1 \cdot A_2 = 2,00 \cdot 30,00 = 60,00 \; kN$$

$$F_{W3} = \frac{1}{2} \cdot p_2 \cdot A_2 = \frac{1}{2} \cdot 30,00 \cdot 3,00 = 45,00 \; kN$$

$$F_{\mathrm{Re}s} = \sqrt{\Sigma F_V{}^2 + \Sigma F_H{}^2} = \sqrt{\left(\cos 60° \cdot F_{W1}\right)^2 + \left(\sin 60° \cdot F_{W1} + F_{W2} + F_{W3}\right)^2}$$

$$= \sqrt{\left(\cos 60° \cdot 23{,}094\right)^2 + \left(\sin 60° \cdot 23{,}094 + 60 + 45\right)^2} = 125{,}532 \ kN$$

$$\beta = a\tan\frac{\Sigma F_V}{\Sigma F_H} = a\tan\frac{\cos 60° \cdot F_{W1}}{\sin 60° \cdot F_{W1} + F_{W2} + F_{W3}} = 5{,}278°$$

$$M_A = F_{W1} \cdot a_1 + F_{W2} \cdot a_2 + F_{W3} \cdot a_3 = 23{,}094 \cdot 3{,}368 + 60{,}00 \cdot 1{,}50 + 45{,}00 \cdot 1{,}00$$
$$= 212{,}778 \ kNm$$

$$M_A = F_{\mathrm{Re}s} \cdot a_{\mathrm{Re}s} \Rightarrow a_{\mathrm{Re}s} = \frac{M_A}{F_{\mathrm{Re}s}} = \frac{212{,}778 \ kNm}{125{,}532 \ kN} = 1{,}695 \ m$$

Beispiel 3 – Behälterwand mit veränderlicher Breite

<u>Gegeben:</u> Behälter gemäß Zeichnung mit unterschiedlicher Breite. Das spezifische Gewicht der Flüssigkeit beträgt $\gamma_W = 10 \ [kN/m^3]$.

<u>Gesucht:</u> Moment M_A im Punkt A.

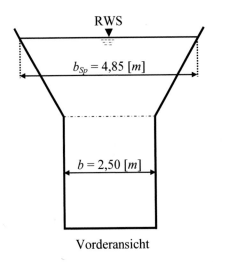

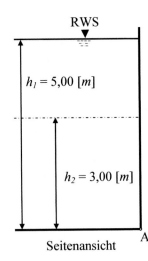

Vorderansicht   Seitenansicht

Lösung 3 – „axiales Flächenträgheitsmoment"

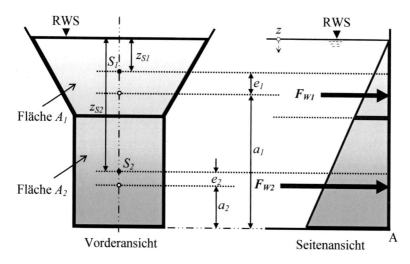

$$A_1 = (h_1 - h_2) \cdot \frac{b + b_{Sp}}{2} = (5,00 - 3,00) \cdot \frac{2,50 + 4,85}{2} = 7,35 \ m^2$$

$$A_2 = b \cdot h_2 = 2,50 \cdot 3,00 = 7,50 \ m^2$$

$$z_{S1} = \frac{(h_1 - h_2)}{3} \cdot \frac{(b_{Sp} + 2b)}{(b_{Sp} + b)} = \frac{(5,00 - 3,00)}{3} \cdot \frac{(4,85 + 2 \cdot 2,50)}{(4,85 + 2,50)} = 0,893 \ m$$

$$z_{S2} = h_1 - h_2 + \frac{h_2}{2} = 5,00 - 3,00 + \frac{3,00}{2} = 3,50 \ m$$

$$F_{W1} = \gamma_W \cdot z_{S1} \cdot A_1 = 10 \cdot 0,893 \cdot 7,35 = 65,667 \ kN$$

$$F_{W2} = \gamma_W \cdot z_{S2} \cdot A_2 = 10 \cdot 3,50 \cdot 7,50 = 262,500 \ kN$$

Flächenträgheitsmomente um die Schwereachsen (vergl. Anhang):

$$I_{S1} = \frac{(h_1 - h_2)^3 \left(b^2 + 2b \cdot b_{Sp} + b_{Sp}^2\right)}{36 \left(b + b_{Sp}\right)}$$

$$= \frac{(5,00 - 3,00)^3 \left(2,50^2 + 2 \cdot 2,50 \cdot 4,85 + 4,85^2\right)}{36 \left(2,50 + 4,85\right)} = 1,\overline{63} \ m^4$$

$$I_{S2} = \frac{b \cdot h_2^3}{12} = \frac{2,50 \cdot 3,00^3}{12} = 5,625 \ m^4$$

Einachsige Ausmittigkeiten:

$$e_1 = \frac{I_{S1}}{z_{S1} \cdot A_1} = \frac{1,6\overline{3}}{0,893 \cdot 7,35} = 0,249 \ m$$

$$e_2 = \frac{I_{S2}}{z_{S2} \cdot A_2} = \frac{5,625}{3,50 \cdot 7,50} = 0,214 \ m$$

Hebelarme und Moment:

$$a_1 = h_1 - z_{S1} - e_1 = 5,00 - 0,893 - 0,249 = 3,858 \ m$$

$$a_2 = h_1 - z_{S2} - e_2 = 5,00 - 3,50 - 0,214 = 1,286 \ m$$

$$M_A = F_{W1} \cdot a_1 + F_{W2} \cdot a_2 = 65,667 \cdot 3,858 + 262,500 \cdot 1,286 = 590,832 \ kNm$$

Beispiel 4 – Behälterwand mit symmetrischem Ausschnitt

<u>Gegeben:</u> Behälter gemäß Zeichnung mit kreisrundem Bullauge[1]. Das spezifische Gewicht der Flüssigkeit beträgt $\gamma_W = 10 \ [kN/m^3]$.

<u>Gesucht:</u> Resultierende Wasserdruckkraft F_W auf das Fenster sowie deren Durchdringungspunkt (<u>einachsig</u> ausmittig).

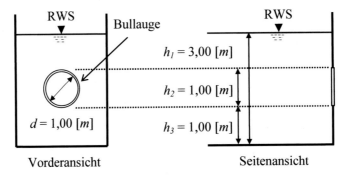

Vorderansicht   Seitenansicht

Lösung 4 – „axiales Flächenträgheitsmoment"

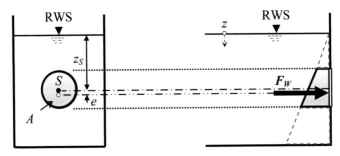

---

[1] Im Bauwesen bezeichnet man mit *Bullauge* runde oder ovale Fenster.

$$A = \frac{\pi \cdot d^2}{4} = \frac{\pi \cdot 1,0^2}{4} = 0,785 \ m^2$$

$$z_S = \frac{h_1}{2} = \frac{3,00}{2} = 1,50 \ m$$

$$F_W = \gamma_W \cdot z_S \cdot A = 10 \cdot 1,50 \cdot 0,785 = 11,781 \ kN$$

Flächenträgheitsmoment um die Schwereachse (vergl. Anhang):

$$I_S = \frac{\pi \cdot d^4}{64} = \frac{\pi \cdot 1,0^4}{64} = 0,049 \ m^4$$

Einachsige Ausmittigkeit:

$$e = \frac{I_S}{z_S \cdot A} = \frac{0,049}{1,50 \cdot 0,785} = 0,042 \ m = 4,2 \ cm$$

Beispiel 5 – Behälterwand mit unsymmetrischem Ausschnitt

<u>Gegeben:</u> Behälter gemäß Zeichnung mit einem Fenster in der Form eines unsymmetrischen und rechtwinkligen Dreiecks. Das spezifische Gewicht der Flüssigkeit beträgt $\gamma_W =$ 10 $[kN/m^3]$.

<u>Gesucht:</u> Resultierende Wasserdruckkraft F_W auf das Fenster sowie deren Durchdringungspunkt (<u>zweiachsig</u> ausmittig).

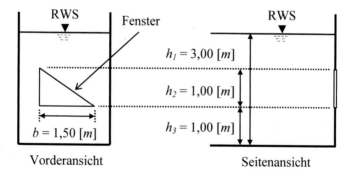

Vorderansicht   Seitenansicht

Lösung 5 – „Flächenträgheits- und Deviationsmoment (Zentrifugalmoment)"

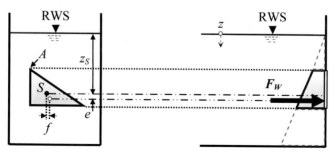

$$A = \frac{b \cdot h_2}{2} = \frac{1,5 \cdot 1,0}{2} = 0,75 \ m^2$$

$$z_S = h_1 - h_2 - h_3 + \frac{2 \cdot h_2}{3} = 3,00 - 1,00 - 1,00 + \frac{2 \cdot 1,00}{3} = 1,6\bar{6} \ m$$

$$F_W = \gamma_W \cdot z_S \cdot A = 10 \cdot 1,6\bar{6}6 \cdot 0,75 = 12,50 \ kN$$

Flächenträgheitsmoment um die Schwereachse (vergl. Anhang):

$$I_S = \frac{b \cdot h_2^3}{36} = \frac{1,50 \cdot 1,0^3}{36} = 0,042 \ m^4$$

Zentrifugalmoment (vergl. Anhang):

$$I_{SY} = \frac{b^2 \cdot h_2^2}{72} = \frac{1,5^2 \cdot 1,0^2}{72} = 0,031 \ m^4$$

Ausmittigkeiten:

$$e = \frac{I_S}{z_S \cdot A} = \frac{0,042}{1,6\bar{6} \cdot 0,75} = 0,03\bar{3} \ m = 3,\bar{3} \ cm$$

$$f = \frac{I_{SY}}{z_S \cdot A} = \frac{0,031}{1,6\bar{6} \cdot 0,75} = 0,025 \ m = 2,5 \ cm$$

Beispiel 6 – mehrfach abgeknickte Trennwand

<u>Gegeben:</u> Trennwand gemäß Zeichnung mit unterschiedlichen Wasserständen zu beiden Seiten und konstanter Breite $b = 2,00 \ [m]$. Spezifisches Gewicht $\gamma_W = 10 \ [kN/m^3]$.

<u>Gesucht:</u> Moment M_A im Punkt A.

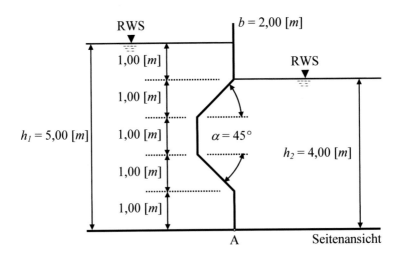

Lösung 6.1 – „horizontale Komponenten"

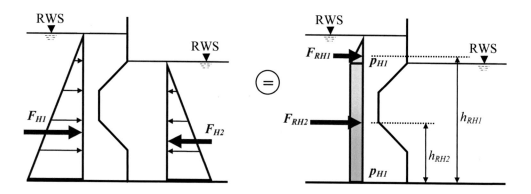

Lösung 6.2a – „vertikale Komponenten (lks.)"

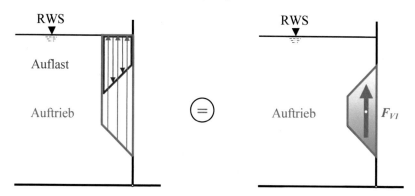

Lösung 6.2b – „vertikale Komponente (re.)"

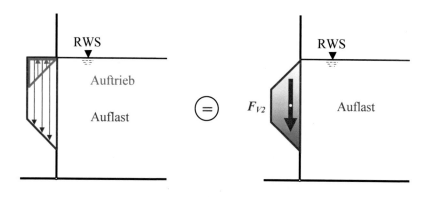

Aus der Lösungsabbildung 6.1 ist zu entnehmen, dass sich die Horizontalkräfte teilweise gegenseitig aufheben:

$$p_{H1} = \gamma_W \cdot (h_1 - h_2) = 10 \ \frac{kN}{m^3} \cdot 1,00 \ m = 10,00 \ \frac{kN}{m^2}$$

$$A_1 = b \cdot 1,00 \ m = 2,00 \ m \cdot 1,00 \ m = 2,00 \ m^2$$

$$A_2 = b \cdot 4,00 \ m = 2,00 \ m \cdot 4,00 \ m = 8,00 \ m^2$$

$$F_{RH1} = \frac{1}{2} \cdot p_{H1} \cdot A_1 = \frac{1}{2} \cdot 10,0 \cdot 2,0 = 10 \ kN$$

$$F_{RH2} = p_{H1} \cdot A_2 = 10,0 \cdot 8,0 = 80 \ kN$$

Weiter ist aus der Überlagerung der Lösungen 6.2a und 6.2b zu erkennen, dass die Vertikalkräfte sich gegenseitig komplett aufheben ($\Sigma V = 0$).

Für das Moment um A erhält man (rechtsdrehend positiv):

$$M_A = F_{RH1} \cdot (h_2 + \frac{1}{3} \cdot 1,0) + F_{RH2} \cdot \frac{h_2}{2} = 10 \cdot 4,\overline{3} + 80 \cdot 2,0 = 203,\overline{3} \ kNm$$

Beispiel 7 – mehrfach abgeknickte Trennwand

<u>Gegeben:</u> Trennwand gemäß Zeichnung mit unterschiedlichen Wasserständen zu beiden Seiten und konstanter Breite $b = 2,00 \ m$. Spezifisches Gewicht $\gamma_W = 10 \ [kN/m^3]$.

<u>Gesucht:</u> Moment M_A im Punkt A.

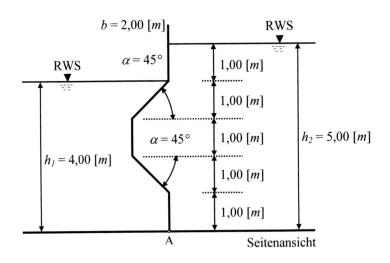

Lösung 7.1 – „horizontale Komponenten"

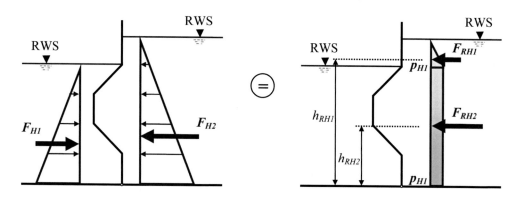

Lösung 7.2a – „vertikale Komponenten (lks.)"

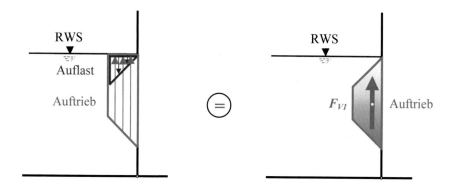

Lösung 7.2b – „vertikale Komponente (re.)"

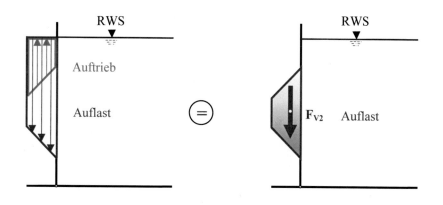

Wie aus der Lösungsabbildung 7.1 zu entnehmen ist, heben sich auch hier die Horizontalkräfte teilweise gegenseitig auf:

$$p_H = \gamma_W \cdot (h_1 - h_2) = 10 \ \frac{kN}{m^3} \cdot 1,00 \ m = 10,00 \ \frac{kN}{m^2}$$

$$A_1 = b \cdot 1,00 \ m = 2,00 \ m \cdot 1,00 \ m = 2,00 \ m^2$$

$$A_2 = b \cdot 4,00 \ m = 2,00 \ m \cdot 4,00 \ m = 8,00 \ m^2$$

$$F_{RH1} = \frac{1}{2} \cdot p_H \cdot A_1 = \frac{1}{2} \cdot 10,0 \cdot 2,0 = 10 \ kN$$

$$F_{RH2} = p_H \cdot A_2 = 10,0 \cdot 8,0 = 80 \ kN$$

Analog zur Lösung 6.2 heben sich auch in Lösung 7.2 die Vertikalkräfte gegenseitig komplett auf ($\Sigma V = 0$). Für das Moment um A erhält man (rechtsdrehend positiv):

$$M_A = -F_{RH1} \cdot (h_2 + \frac{1}{3} \cdot 1,0) - F_{RH2} \cdot \frac{h_2}{2} = -10 \cdot 4,\overline{3} - 80 \cdot 2,0 = -203,\overline{3} \ kNm$$

Beispiel 8 – mehrfach abgeknickte Behälterwand

<u>Gegeben:</u> Behälterwand gemäß Zeichnung mit Pendelstützen (Normalkraftstütze) in einem Abstand von $b = 3,00 \ [m]$. Spezifisches Gewicht $\gamma_W = 10 \ [kN/m^3]$.

<u>Gesucht:</u> Moment M_A im Punkt A sowie Kraft F_P in der Pendelstütze.

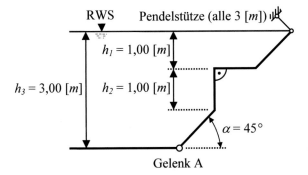

Lösung 8 – „horizontale und vertikale Komponenten"

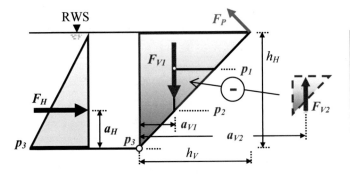

F_{V2} ist weder eine Auflast- noch eine Auftriebskraft, F_{V2} dient der Reduktion von F_{V1}!

Der Hebelarm a_{V2} ist verzerrt dargestellt.

$$p_1 = \gamma_W \cdot h_1 = 10 \; \frac{kN}{m^3} \cdot 3,00 \; m = 30,00 \; \frac{kN}{m^2}$$

$$p_2 = \gamma_W \cdot h_3 = 10 \; \frac{kN}{m^3} \cdot 1,00 \; m = 10,00 \; \frac{kN}{m^2}$$

$$A_H = b \cdot h_1 = 3,00 \; m \cdot 3,00 \; m = 9,00 \; m^2$$

$$A_{V1} = A_H = 9,00 \; m^2 \; (\alpha = 45°)$$

$$A_{V2} = b \cdot h_3 = 3,00 \; m \cdot 1,00 \; m = 3,00 \; m^2$$

$$a_H = \frac{1}{3} h_H = \frac{1}{3} h_1 = \frac{3,00 \; m}{3} = 1,00 \; m$$

$$a_{V1} = \frac{1}{3} h_{V1} = \frac{1}{3} h_1 = \frac{3,00 \; m}{3} = 1,00 \; m$$

$$a_{V2} = \frac{1}{3} h_V + \frac{1}{3} h_3 = 1,\overline{3} \; m \; (\alpha = 45°)$$

$$F_H = \frac{1}{2} \cdot p_3 \cdot A_H = \frac{1}{2} \cdot 30,0 \cdot 9,0 = 135,00 \; kN$$

$$F_{V1} = \frac{1}{2} \cdot p_3 \cdot A_{V1} = \frac{1}{2} \cdot 30,0 \cdot 9,0 = 135,00 \; kN$$

$$F_{V2} = \frac{1}{2} \cdot p_2 \cdot A_{V2} = \frac{1}{2} \cdot 10,0 \cdot 3,0 = 15,00 \; kN$$

$$M_A = F_H \cdot a_H + F_{V1} \cdot a_{V1} - F_{V2} \cdot a_{V2} - F_P \cdot \frac{h_1}{\sin \alpha} = 0$$

$$135,00 \; kN \cdot 1,00 \; m + 135,00 \; kN \cdot 1,00 \; m - 15 \; kN \cdot 1,\overline{3} \; m - F_P \cdot \frac{3,00 \; m}{\sin 45°} = 0,00 \; kNm \Rightarrow$$

$$F_P = \left(135,00 \; kNm + 135,00 \; kNm - 20,00 \; kNm \right) \cdot \frac{\sin 45°}{3,00 \; m} = 58,926 \; kN$$

1.3 Hydrostatischer Druck auf gekrümmte Flächen

Beispiel 9 – einfach gekrümmte Behälterwand

<u>Gegeben:</u> Behälter gemäß Zeichnung mit konstanter Breite $b = 1 \; [m]$ (Einheitsmeter). Spezifisches Gewicht $\gamma_W = 10 \; [kN/m^3]$.

<u>Gesucht:</u> Auflagerkraft F_A.

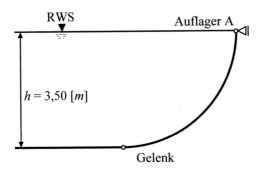

Lösung 9 – „horizontale und vertikale Komponenten"

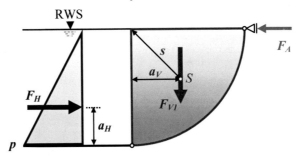

$$p = \gamma_W \cdot h = 10 \ \frac{kN}{m^3} \cdot 3,50 \ m = 35,00 \ \frac{kN}{m^2}$$

$$A_H = b \cdot h = 1,00 \ m \cdot 3,50 \ m = 3,50 \ m^2$$

$$F_H = \frac{1}{2} \cdot p \cdot A = \frac{1}{2} \cdot 35,00 \cdot 3,50 = 61,250 \ kN$$

$$A_V = \frac{1}{4} \cdot \pi r^2 = \frac{1}{4} \cdot \pi \cdot 3,50^2 \ m^2 = 9,621 \ m^2$$

$$V = A_V \cdot b = 9,621 \ m^2 \cdot 1,00 \ m = 9,621 \ m^3$$

$$F_V = V_V \cdot \gamma_W = 9,621 \ m^3 \cdot 10 \ \frac{kN}{m^3} = 96,211 \ kN$$

$$a_H = \frac{1}{3} \cdot h = 1,16\bar{6} \ m$$

$$s = \frac{4\sqrt{2}}{3\pi} \cdot r = \frac{4\sqrt{2}}{3\pi} \cdot 3,50 = 2,101 \ m$$

$$a_V = s \cdot \sin 45° = 1,485 \ m$$

$$M_A = 0 = F_H \cdot a_H + F_V \cdot a_V - F_A \cdot h \Rightarrow F_A = \left(F_H \cdot a_H + F_V \cdot a_V \right) \cdot \frac{1}{h}$$

$$F_A = \left(61,25 \ kN \cdot 1,16\bar{6} \ m + 96,211 \ kN \cdot 1,485 \ m \right) \cdot \frac{1}{3,50 \ m} = 61,250 \ kN$$

Beispiel 10 – mehrfach gekrümmte Behälterwand

<u>Gegeben:</u> Behälter gemäß Zeichnung mit konstanter Breite $b = 5$ $[m]$. Spezifisches Gewicht der Flüssigkeit $\gamma_W = 10$ $[kN/m^3]$.

<u>Gesucht:</u> Moment M_A im Punkt A.

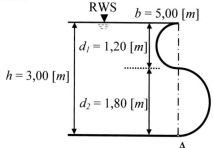

Lösung 10 – „horizontale und vertikale Komponenten"

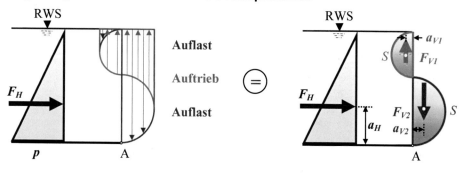

$$p = \gamma_W \cdot h = 10 \ \frac{kN}{m^3} \cdot 3,00 \ m = 30,00 \ \frac{kN}{m^2}$$

$$A = b \cdot h = 5,00 \ m \cdot 3,00 \ m = 15,00 \ m^2$$

$$a_H = \frac{1}{3} \cdot h = 1,00 \ m$$

$$F_H = \frac{1}{2} \cdot p \cdot A = \frac{1}{2} \cdot 30,00 \cdot 15,00 = 225,00 \ kN$$

$$A_{V1} = \frac{1}{2} \cdot \frac{\pi d_1^2}{4} = \frac{1}{8} \cdot \pi \cdot 1,20^2 \ m^2 = 0,565 \ m^2$$

$$A_{V2} = \frac{1}{2} \cdot \frac{\pi d_2^2}{4} = \frac{1}{8} \cdot \pi \cdot 1,80^2 \ m^2 = 1,272 \ m^2$$

$$a_{V1} = \frac{4r_1}{3\pi} = \frac{2d_1}{3\pi} = \frac{2 \cdot 1,20 \ m}{3\pi} = 0,255 \ m$$

$$a_{V2} = \frac{4r_2}{3\pi} = \frac{2d_2}{3\pi} = \frac{2 \cdot 1,80 \ m}{3\pi} = 0,382 \ m$$

$$V_1 = A_{V1} \cdot b = 0,57 \ m^2 \cdot 5,00 \ m = 2,827 \ m^3$$

$$V_2 = A_{V2} \cdot b = 1,27 \ m^2 \cdot 5,00 \ m = 6,362 \ m^3$$

$$F_{V1} = V_{V1} \cdot \gamma_W = 2,83 \ m^3 \cdot 10 \ \frac{kN}{m^3} = 28,274 \ kN$$

$$F_{V2} = V_{V2} \cdot \gamma_W = 6,36 \ m^3 \cdot 10 \ \frac{kN}{m^3} = 63,617 \ kN$$

$$\begin{aligned} M_A &= F_H \cdot a_H + F_{V1} \cdot a_{V1} + F_{V2} \cdot a_{V2} \\ &= 225,00 \cdot 1,00 + 28,27 \cdot 0,25 + 63,62 \cdot 0,38 = 256,50 \ kNm \end{aligned}$$

Beispiel 11 – mehrfach gekrümmte Behälterwand

<u>Gegeben:</u> Behälter gemäß Zeichnung mit konstanter Breite und einem spezifischen Gewicht der Flüssigkeit von $\gamma_W = 10 \ [kN/m^3]$.

<u>Gesucht:</u> Moment M_A im Punkt A.

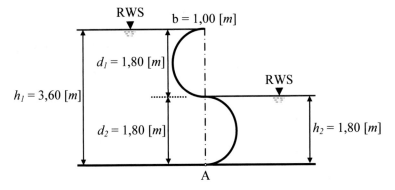

Lösung 11 – „horizontale und vertikale Komponenten"

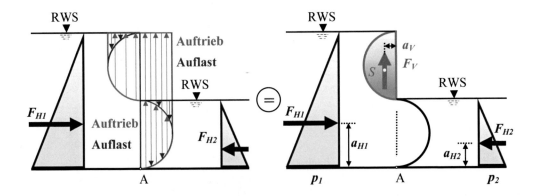

$$p_1 = \gamma_W \cdot h_1 = 10 \; \frac{kN}{m^3} \cdot 3,60 \; m = 36,00 \; \frac{kN}{m^2}$$

$$p_2 = \gamma_W \cdot h_2 = 10 \; \frac{kN}{m^3} \cdot 1,80 \; m = 18,00 \; \frac{kN}{m^2}$$

$$A_1 = b \cdot h_1 = 1,00 \; m \cdot 3,60 \; m = 3,60 \; m^2$$

$$A_2 = b \cdot h_2 = 1,00 \; m \cdot 1,80 \; m = 1,80 \; m^2$$

$$a_{H1} = \frac{1}{3} \cdot h_1 = 1,20 \; m$$

$$a_{H2} = \frac{1}{3} \cdot h_2 = 0,60 \; m$$

$$F_{H1} = \frac{1}{2} \cdot p_1 \cdot A_1 = \frac{1}{2} \cdot 36,00 \cdot 3,60 = 64,80 \; kN$$

$$F_{H2} = \frac{1}{2} \cdot p_2 \cdot A_2 = \frac{1}{2} \cdot 18,00 \cdot 1,80 = 16,20 \; kN$$

$$A_V = \frac{1}{2} \cdot \frac{\pi d_1^{\,2}}{4} = \frac{1}{8} \cdot \pi \cdot 1,80^2 \; m^2 = 1,272 \; m^2$$

$$a_V = \frac{4 r_1}{3 \pi} = \frac{2 d_1}{3 \pi} = \frac{2 \cdot 1,80 \; m}{3 \pi} = 0,382 \; m$$

$$V_V = A_V \cdot b = 1,27 \; m^2 \cdot 1,00 \; m = 1,272 \; m^3$$

$$F_V = V_V \cdot \gamma_W = 1,27 \; m^3 \cdot 10 \; \frac{kN}{m^3} = 12,723 \; kN$$

$$M_A = F_{H1} \cdot a_{H1} - F_{H2} \cdot a_{H2} + F_V \cdot a_V$$
$$= 64,80 \cdot 1,20 - 16,20 \cdot 0,60 + 12,70 \cdot 0,38 = 72,900 \; kN$$

Beispiel 12 – kombinierte Behälterwand

<u>Gegeben:</u> Behälter gemäß Zeichnung mit konstanter Breite und einem spezifischen Gewicht der Flüssigkeit von $\gamma_W = 10 \; [kN/m^3]$.

<u>Gesucht:</u> Moment M_A im Punkt A.

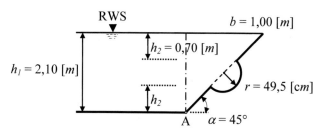

Lösung 12 – „horizontale und vertikale Komponenten"

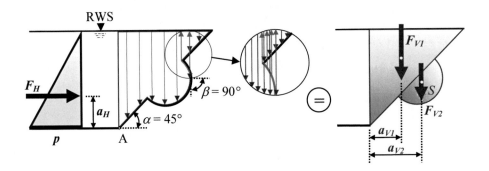

$$p = \gamma_W \cdot h_1 = 10 \ \frac{kN}{m^3} \cdot 2,10 \ m = 21,00 \ \frac{kN}{m^2}$$

$$A = b \cdot h_1 = 1,00 \ m \cdot 2,10 \ m = 2,10 \ m^2$$

$$F_H = \frac{1}{2} \cdot p \cdot A = \frac{1}{2} \cdot 21,00 \cdot 2,10 = 22,050 \ kN$$

$$a_H = \frac{1}{3} \cdot h_1 = 0,70 \ m$$

$$A_{V1} = \frac{1}{2} \cdot h_1^2 = \frac{1}{2} \cdot 2,10^2 \ m^2 = 2,205 \ m^2$$

$$A_{V2} = \frac{1}{2} \cdot \pi \cdot r^2 = \frac{1}{2} \cdot \pi \cdot 0,495^2 = 0,385 \ m^2$$

$$V_1 = A_{V1} \cdot b = 2,21 \ m^2 \cdot 1,00 \ m = 2,205 \ m^3$$

$$V_2 = A_{V2} \cdot b = 0,38 \ m^2 \cdot 1,00 \ m = 0,385 \ m^3$$

$$F_{V1} = V_1 \cdot \gamma_W = 2,21 \ m^3 \cdot 10 \ \frac{kN}{m^3} = 22,050 \ kN$$

$$F_{V2} = V_2 \cdot \gamma_W = 0,38 \ m^3 \cdot 10 \ \frac{kN}{m^3} = 3,849 \ kN$$

$$a_{V1} = \frac{1}{3} h_1 = a_H = 0,70 \ m \ (\text{wegen } \alpha = 45°)$$

$$a_{V2} = \frac{2,10}{2} + \sin \alpha \cdot \frac{4r}{3\pi} = 1,05 + \sin \alpha \cdot \frac{4 \cdot 0,495 \ m}{3\pi} = 1,199 \ m$$

$$M_A = F_H \cdot a_H + F_{V1} \cdot a_{V1} + F_{V2} \cdot a_{V2}$$
$$= 22,05 \cdot 0,70 + 22,05 \cdot 0,70 + 3,85 \cdot 1,20 = 35,483 \ kNm$$

Beispiel 13 – kombinierte Behälterwand

<u>Gegeben:</u> Behälter gemäß Zeichnung mit konstanter Breite und einem spezifischen Gewicht der Flüssigkeit von $\gamma_W = 10 \ [kN/m^3]$.

<u>Gesucht:</u> Moment M_A im Punkt A.

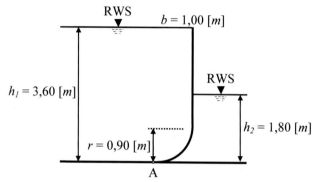

Lösung 13 – „horizontale und vertikale Komponenten"

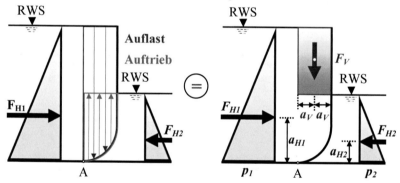

$$p_1 = \gamma_W \cdot h_1 = 10 \ \frac{kN}{m^3} \cdot 3,60 \ m = 36,00 \ \frac{kN}{m^2}$$

$$p_2 = \gamma_W \cdot h_2 = 10 \ \frac{kN}{m^3} \cdot 1,80 \ m = 18,00 \ \frac{kN}{m^2}$$

$$A_1 = b \cdot h_1 = 1,00 \ m \cdot 3,60 \ m = 3,60 \ m^2$$

$$A_2 = b \cdot h_2 = 1,00 \ m \cdot 1,80 \ m = 1,80 \ m^2$$

$$F_{H1} = \frac{1}{2} \cdot p_1 \cdot A_1 = \frac{1}{2} \cdot 36,00 \cdot 3,60 = 64,80 \ kN$$

$$F_{H2} = \frac{1}{2} \cdot p_2 \cdot A_2 = \frac{1}{2} \cdot 36,00 \cdot 1,80 = 16,20 \ kN$$

$$a_{H1} = \frac{1}{3} \cdot h_1 = 1,20 \ m$$

$$a_{H2} = \frac{1}{3} \cdot h_2 = 0,60 \ m$$

$$A_V = r \cdot (h_1 - h_2) = 0,90 \cdot 1,80 = 1,62 \ m^2$$

$$V_V = A_V \cdot b = 1,62 \ m^2 \cdot 1,00 \ m = 1,62 \ m^3$$

$$F_V = V_V \cdot \gamma_W = 1,62 \ m^3 \cdot 10 \ \frac{kN}{m^3} = 16,200 \ kN$$

$$a_V = \frac{r}{2} = \frac{0,90 \ m}{2} = 0,45 \ m$$

$$M_A = F_{H1} \cdot a_{H1} - F_{H2} \cdot a_{H2} + F_V \cdot a_V$$
$$= 64,80 \cdot 1,20 - 16,20 \cdot 0,60 + 16,20 \cdot 0,45 = 75,330 \ kNm$$

Beispiel 14 – Drehsegment

<u>Gegeben:</u> Ein Drehsegment als Verschlussorgan mit konstanter Breite trennet zwei unterschiedliche Wasserspiegellagen. Das spezifische Gewicht der Flüssigkeiten beträgt $\gamma_W = 10 \ [kN/m^3]$.

<u>Gesucht:</u> Moment M_A im Punkt A.

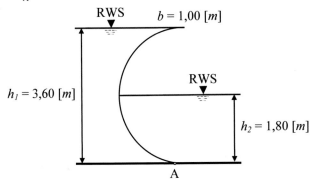

Lösung 14 – „horizontale und vertikale Komponenten"

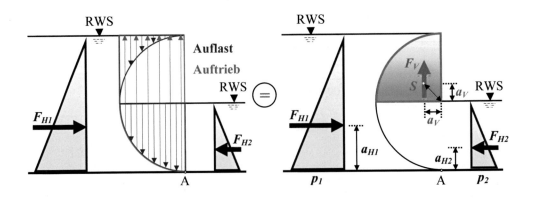

Horizontale Komponenten:

$$p_1 = \gamma_W \cdot h_1 = 10 \ \frac{kN}{m^3} \cdot 3,60 \ m = 36,00 \ \frac{kN}{m^2}$$

$$p_2 = \gamma_W \cdot h_2 = 10 \ \frac{kN}{m^3} \cdot 1,80 \ m = 18,00 \ \frac{kN}{m^2}$$

$$A_1 = b \cdot h_1 = 1,00 \ m \cdot 3,60 \ m = 3,60 \ m^2$$

$$A_2 = b \cdot h_2 = 1,00 \ m \cdot 1,80 \ m = 1,80 \ m^2$$

$$F_{H1} = \frac{1}{2} \cdot p_1 \cdot A_1 = \frac{1}{2} \cdot 36,00 \cdot 3,60 = 64,800 \ kN$$

$$F_{H2} = \frac{1}{2} \cdot p_2 \cdot A_2 = \frac{1}{2} \cdot 18,00 \cdot 1,80 = 16,200 \ kN$$

$$a_{H1} = \frac{1}{3} \cdot h_1 = 1,20 \ m$$

$$a_{H2} = \frac{1}{3} \cdot h_2 = 0,60 \ m$$

Vertikale Komponenten:

$$A_V = \frac{\pi \cdot r^2}{4} = \frac{\pi \cdot (1,80 \ m)^2}{4} = 2,545 \ m^2$$

$$V_V = A_V \cdot b = 2,545 \ m^2 \cdot 1,00 \ m = 2,545 \ m^3$$

$$F_V = V_V \cdot \gamma_W = 2,545 \ m^3 \cdot 10 \ \frac{kN}{m^3} = 25,447 \ kN$$

$$s = \frac{4\sqrt{2}}{3\pi} \cdot r = 1,080 \ m$$

$$a_V = s \cdot \sin(45°) = 1,080 \ m \cdot \sin(45°) = 0,764 \ m$$

Moment um A:

$$M_A = F_{H1} \cdot a_{H1} - F_{H2} \cdot a_{H2} + F_V \cdot a_V$$
$$= 64,80 \cdot 1,20 - 16,20 \cdot 0,60 + 25,447 \cdot 0,764 = 87,480 \ kNm$$

Beispiel 15 – Wehrkörper mit Drehsegment

<u>Gegeben:</u> Wehranlage mit beweglichem (Druck-)Drehsegment gemäß Zeichnung und konstanter Breite B sowie einem spezifischen Gewicht der Flüssigkeit von $\gamma_W = 10$ [kN/m^3].

<u>Gesucht:</u> Komponenten der Wasserdruckkraft, Resultierende sowie die Lage der Angriffs-
punkte.

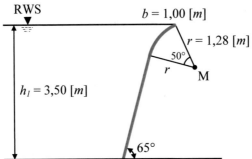

<u>Anmerkung:</u>

Zur Lösung sind nachfolgende Gleichungen eines Kreissegments erforderlich, nach [12]:

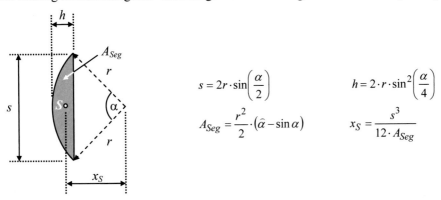

$$s = 2r \cdot \sin\left(\frac{\alpha}{2}\right) \qquad\qquad h = 2 \cdot r \cdot \sin^2\left(\frac{\alpha}{4}\right)$$

$$A_{Seg} = \frac{r^2}{2} \cdot (\hat{\alpha} - \sin\alpha) \qquad\qquad x_S = \frac{s^3}{12 \cdot A_{Seg}}$$

Lösung 15 – „horizontale und vertikale sowie orthogonale Komponenten"

Zur Lösung dieser Fragestellung kommt ein kombinierter Ansatz zur Ausführung, der im
Detail an vorhergehenden Beispielen bereits erläutert wurde. Es erscheint sinnvoll, das Drehsegment (grün) separat durch Aufteilung in horizontale und vertikale Druck- und Kraftkomponenten zu erfassen sowie den feststehenden Teil der Wehranlage (grau) mit dem axialen Flächenträgheitsmoment zu berechnen.

a) Drehsegment (horizontale und vertikale Komponente)

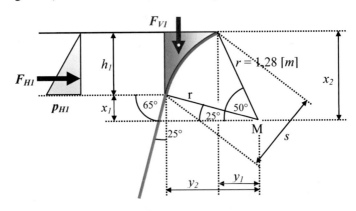

Die Berechnung der blauen und roten Flächen geschieht durch vorheriges Lösen der Unbekannten h_1 und y_2, hierzu sind jedoch noch weitere Hilfsgrößen erforderlich.

$$x_2 = h_1 + x_1$$

$$\sin 25° = \frac{x_1}{r} \Rightarrow \qquad x_1 = r \cdot \sin 25° = 1,28\ m \cdot \sin 25° = 0,541\ m$$

Achtung: $r \neq y_2$

$$\cos 25° = \frac{y_2}{r} \Rightarrow \qquad y_2 = r \cdot \cos 25° = 1,28\ m \cdot \cos 25° = 1,160\ m$$

$$\sin(25° + 75°) = \frac{x_2}{r} \Rightarrow \qquad x_2 = r \cdot \sin 75° = 1,28\ m \cdot \sin 75° = 1,236\ m$$

$$h_1 = x_2 - x_1 = 1,236\ m - 0,541\ m = 0,695\ m$$

$$\cos 75° = \frac{y_1}{r} \Rightarrow \qquad y_1 = r \cdot \cos 75° = 1,28\ m \cdot \cos 75° = 0,331\ m$$

Auflastfläche (rot):

$$A_{V1} = \frac{h_1 \cdot (y_2 - y_1)}{2} - A_{Seg} = \frac{h_1 \cdot (y_2 - y_1)}{2} - \frac{r^2}{2} \cdot \left(\frac{\pi \cdot 50°}{180°} - \sin 50° \right)$$

$$= \frac{0,70 \cdot (1,160 - 0,331)}{2} - \frac{1,28^2}{2} \cdot \left(\frac{\pi \cdot 50°}{180°} - \sin 50° \right)$$

$$= 0,288 - 0,087 = 0,201\ m^2$$

Unter der Annahme einer Einheitsbreite von b = 1,00 m gilt für die Vertikalkraft:

$$F_{V1} = A_{V1} \cdot b \cdot \gamma_W = 0,201\ m^2 \cdot 1,00\ m \cdot 10,00\ \frac{kN}{m^3} = 2,008\ kN$$

Für die zugehörige Horizontalkraft (blau) gilt:

$$p_{H1} = \gamma_W \cdot h_1 = 10,00\ \frac{kN}{m^3} \cdot 0,695\ m = 6,954\ \frac{kN}{m^2}$$

$$F_{H1} = \frac{1}{2} \cdot p_{H1} \cdot A_{H1} = \frac{1}{2} \cdot p_{H1} \cdot h_1 \cdot b = \frac{1}{2} \cdot 6,954\ \frac{kN}{m^2} \cdot 0,695\ m \cdot 1,00\ m = 2,418\ kN$$

Resultierende auf das Drehsegment:

$$R_{Seg} = \sqrt{F_{V1}^2 + F_{H1}^2} = \sqrt{2,008^2\ kN^2 + 2,418^2\ kN^2} = 3,143\ kN$$

Angriffspunkt der Resultierenden:

   Punkt M, die Lage ist durch die Koordinaten x_2 und y_2 berechnet worden.

Winkel der Resultierenden zur Horizontalen:

$$\beta = a\tan\left(\frac{F_{V1}}{F_{H1}}\right) = a\tan\left(\frac{2{,}008}{2{,}418}\right) = 39{,}711°$$

b) feststehender Teil der Wehranlage (orthogonale Komponente)

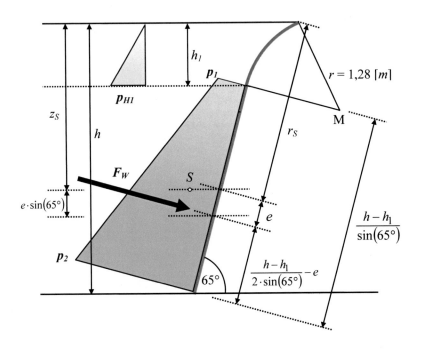

Druck ist eine skalare Größe, sodass für den Anfangsdruck des Wehrkörpers gilt: $p_1 = p_{H1}$

$$p_1 = p_{H1} = 6{,}954\,\frac{kN}{m^2}$$

$$p_2 = \gamma_W \cdot h = 10{,}00\,\frac{kN}{m^3} \cdot 3{,}50\,m = 35{,}00\,\frac{kN}{m^2}$$

$$h - h_1 = 3{,}50 - 0{,}695 = 2{,}805\,m$$

$$z_S = h_1 + \frac{h - h_1}{2} = 0{,}695 + \frac{2{,}805}{2} = 2{,}098\,m$$

Fläche des Wehres:

$$A_{Wehr} = \frac{(h - h_1)}{\sin(65°)} \cdot b = \frac{2{,}805}{\sin(65°)} \cdot 1{,}00 = 3{,}094\,m^2$$

Resultierende Wasserdruckkraft:

$$F_W = \gamma_W \cdot z_S \cdot A_{Wehr} = 10{,}00 \cdot 2{,}098 \cdot 3{,}094 = 64{,}933\,kN$$

Einachsige Ausmittigkeit:

$$e = \frac{I_S}{r_s \cdot A_{Wehr}}$$

$$I_S = \frac{b \cdot \left(\dfrac{h - h_1}{\sin(65°)} \right)^3}{12} = \frac{1,00 \cdot \left(\dfrac{3,50 - 0,695}{\sin(65°)} \right)^3}{12} = 2,469 \, m^4$$

$$r_s = \frac{z_S}{\sin(65°)} = \frac{2,098}{\sin(65°)} = 2,315 \, m$$

$$e = \frac{2,469 \, m^4}{2,315 \, m \cdot 3,094 \, m^2} = 0,345 \, m$$

Angriffspunkt der Wasserdruckkraft vom RWS lotrecht gemessen:

$$z_S + e \cdot \sin(65°) = 2,098m + 0,345 \, m \cdot \sin(65°) = 2,410 \, m$$

Angriffspunkt der Wasserdruckkraft von der Sohle, in Neigung des Wehrkörpers gemessen (siehe Skizze auf Seite 26):

$$\frac{h - h_1}{2 \cdot \sin(65°)} - e = \frac{3,094}{2} - 0,345 = 1,202 \, m$$

2 Schwimmstabilität

2.1 Theoretische Grundlagen

2.1.1 Schwimmende Körper

Die Schwimmstabilität ist ein Sonderfall der Hydrostatik und Hydrodynamik zugleich, denn bei ihr handelt es sich sowohl um einen statischen als auch bedingt dynamischen Prozess. In der technischen Mechanik wird zwischen folgenden Gleichgewichtslagen unterschieden:

- stabil,

- indifferent,

- instabil (labil).

Die Kraft, die einen Körper zum Schwimmen anregt, ist dabei die Auftriebskraft eines teils oder voll getauchten Volumenkörpers.

2.1.2 Auftriebs- und Gewichtskraft

Auf in Fluide getauchte Körper wirken Druckkräfte. Die resultierende horizontale Druckkomponente ist dabei null (gilt näherungsweise für Grundwasserströmung und für Gewässer ohne Eigenströmung), diese Komponenten sind stets entgegengesetzt gerichtet und heben sich deshalb gegenseitig auf. Der sich dabei ebenfalls auswirkende vertikale Anteil des Drucks wird als Auftriebskraft F_A bezeichnet und nach dem Archimedischem Prinzip berechnet. Der Auftrieb wirkt im Schwerpunkt S_A des verdrängten Wasservolumens V_A und entspricht der Gewichtskraft der Masse des verdrängten Wasser m_W und ist stets nach oben gerichtet.

$$F_A = m_W \cdot g = \gamma_W \cdot V_A \tag{2.1}$$

Ein Körper ist also nur dann schwimmfähig, wenn ein Gleichgewicht zwischen Gewichtskraft des Körpers F_G und der Gewichtskraft des verdrängten Wasservolumens F_A herrscht, es gilt:

$$F_A = F_G \tag{2.2}$$

Das Gewicht m_K wirkt im Massenschwerpunkt S_K des Körpers (Index K) und ist nach unten gerichtet. Wenn Gleichung (2.2) erfüllt ist, bedeutet dieses, dass die mittlere Wichte des Körpers γ_K kleiner sein muss als die der ihn umgebenden Flüssigkeit γ_W.

2.1.3 Schwimmstabilität

Um eine Aussage zur Stabilität des Schwimmverhaltens machen zu können, muss ein Körper in gekrängter Lage (Schräglage) betrachtet werden. Durch die Auslenkung verschiebt sich mit dem Auftriebsvolumen auch der Schwerpunkt S_A des verdrängten Wassers, während der Massenschwerpunkt S_K stets unverändert bleibt. Bei einem breiten Körper mit tief liegendem Schwerpunkt ergäbe sich nun ein aufrichtendes (wiederherstellendes) Moment, also eine stabile Schwimmlage, während bei einem eher schmalen Körper mit relativ hoch liegendem Schwerpunkt sich ein vergrößerndes (kippendes) Moment, also eine instabile Schwimmlage einstellen würde. Lediglich bei zylindrischen Körpern (Röhren), die mit ihrer Längsachse ins Wasser eintauchen, ergibt sich ungeachtet der Lage des Körperschwerpunktes eine indifferente Schwimmlage.

Die Schwimmlage ist:

> stabil, wenn $h_m > 0$
>
> indifferent, wenn $h_m = 0$ (2.3)
>
> instabil (labil), wenn $h_m < 0$

Die Berechnung der metazentrischen Höhe[1] h_m erfolgt für im Bauwesen allgemein zutreffende kleine Krängungswinkel näherungsweise mit der Formel (2.4):

$$h_m = \frac{I_y}{V_A} - |s_G - s_A| \qquad (2.4)$$

Dabei ist I_y das Flächenträgheitsmoment der Wasserlinienfläche, und V_A ist das Volumen des verdrängten Wassers.

2.2 Einfache Schwimmstabilitätsuntersuchung

Beispiel 16 – homogener Quader

<u>Gegeben:</u> ein homogener rechtwinkliger Körper (gemäß Zeichnung), der auf Schwimmstabilität geprüft werden soll. – Das spezifische Gewicht des Wassers beträgt $\gamma_W = 10\ [kN/m^3]$.

<u>Gesucht:</u> Wichte des Schwimmkörpers sowie h_m mit Schwimmstabilitätsnachweis.

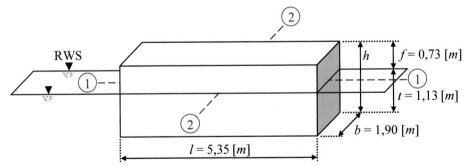

Lösung 16 – vereinfachter Nachweis für kleine Krängungswinkel

$$F_A = V_A \cdot \gamma_W = l \cdot b \cdot t \cdot \gamma_W = 5{,}35\ m \cdot 1{,}90\ m \cdot 1{,}13\ m \cdot 10\,\frac{kN}{m^3} = 114{,}865\ kN$$

$$F_G = F_A \Rightarrow \gamma_K = \frac{F_A}{l \cdot b \cdot h} = \frac{114{,}865\ kN}{5{,}35\ m \cdot 1{,}90\ m \cdot (1{,}13\ m + 0{,}73\ m)} = 6{,}075\,\frac{kN}{m^3}$$

---

[1] Das Metazentrum eines schwimmenden Körpers ist der Schnittpunkt der Auftriebsvektoren zweier benachbarter Winkellagen, die Strecke vom Massenschwerpunkt zum Metazentrum heißt metazentrische Höhe.

Die Schwerpunkte von Körper~ und Auftriebsvolumen liegen, wegen der Symmetrie der Konstruktion in einer Achse. Es treten keine Ausmittigkeiten auf!

Abstand Massenschwerpunkt bezogen auf die Unterkante der Konstruktion:

$$h = f + t = 1,13\,m + 0,73\,m = 1,86\,m$$

$$s_G = \frac{h}{2} = 0,93\,m$$

Abstand Auftriebsschwerpunkt bezogen auf die <u>Unterkante der Konstruktion</u>:

$$s_A = \frac{t}{2} = 0,565\,m$$

Der Abstand beider Schwerpunkte voneinander:

$$s = \left| s_A - s_G \right| = \left| 0,565 - 0,930 \right| = 0,365\,m$$

Auftriebsvolumen (= verdrängtes Wasservolumen):

$$V_A = l \cdot b \cdot t = 5,35\,m \cdot 1,90\,m \cdot 1,13\,m = 11,486\,m^3$$

Flächenträgheitsmoment um die Kippachse 1-1:

$$I_{y1-1} = \frac{l \cdot b^3}{12} = \frac{5,35\,m \cdot 1,90^3\,m^3}{12} = 3,058\ m^4$$

Flächenträgheitsmoment um die die Kippachse 2-2:

$$I_{y2-2} = \frac{b \cdot l^3}{12} = \frac{1,90\,m \cdot 5,35^3\,m^3}{12} = 24,246\ m^4$$

Metazentrische Höhe für die Kippachse 1-1:

$$h_{m1-1} = \frac{I_{y1-1}}{V_A} - s = \frac{3,058\,m^4}{11,486\,m^3} - 0,365\,m = -0,099\,m \ < \ 0$$

Metazentrische Höhe für die Kippachse 2-2:

$$h_{m2-2} = \frac{I_{y2-2}}{V_A} - s = \frac{24,246\,m^4}{11,486\,m^3} - 0,365\,m = 1,746\,m \ > \ 0$$

Schwimmstabilität:

Da die Konstruktion bereits in der Kippachse 1-1 instabil ist, ist die Schwimmlage des Körpers insgesamt als instabil bzw. labil zu bezeichnen.

Beispiel 17 – homogener Zylinder (liegend)

<u>Gegeben:</u> ein homogener zylindrischer Körper (gemäß Zeichnung), der auf Schwimmstabilität geprüft werden soll. – Das spezifische Gewicht des Wassers beträgt $\gamma_W = 10\ [kN/m^3]$.

<u>Gesucht:</u> Wichte des Schwimmkörpers sowie h_m mit Schwimmstabilitätsnachweis.

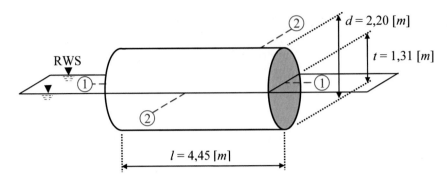

Lösung 17 – vereinfachter Nachweis für kleine Krängungswinkel

Berechnung des getauchten Querschnitts (Kreissegment/Kreisabschnitt, vergl. Anhang):

$$t = d \cdot \sin^2(\alpha) \Rightarrow \alpha = 4 \cdot a\sin\sqrt{\frac{t}{d}} = 4 \cdot a\sin\sqrt{\frac{1,31}{2,20}} = 202,012°$$

$$\widehat{\alpha} = \frac{202,012° \cdot \pi}{180°} = 3,526 \text{ Bogenmaß}$$

$$A_{Seg} = \frac{d^2}{8} \cdot (\widehat{\alpha} - \sin\alpha) = \frac{2,20^2}{8} \cdot [3,526 - \sin(202,012°)] = 2,360 \, m^2$$

Auftriebskraft und Gewichtskraft

$$F_A = V_{A_{Seg}} \cdot \gamma_W = A_{Seg} \cdot l \cdot \gamma_W = 2,360 \cdot 4,45 \, m \cdot 10 \frac{kN}{m^3} = 105,013 \, kN$$

$$F_G = F_A \Rightarrow \gamma_K = \frac{F_A}{A_{Zyl} \cdot l} = \frac{105,013 \, kN}{\frac{\pi \cdot 2,20^2}{4} \cdot 4,45 \, m} = 6,208 \frac{kN}{m^3}$$

Die Schwerpunkte von Körper~ und Auftriebsvolumen liegen, wegen der Symmetrie der Konstruktion in einer Achse. Es treten keine Ausmittigkeiten auf!

Weil $t > d/2$ gilt für den Abstand Massenschwerpunkt bezogen auf die <u>Wasserspiegellinie</u>:

$$s_G = t - \frac{d}{2} = 1,31 - \frac{2,20}{2} = 0,210 \, m$$

Berechnung der Wasserspiegelbreite:

$$b_{Sp} = d \cdot \sin\left(\frac{\varphi}{2}\right) = 2,20 \cdot \sin(\frac{202,012°}{2}) = 2,160 \, m$$

Abstand Auftriebsschwerpunkt bezogen auf die <u>Wasserspiegellinie</u>:

$$s_A = \frac{b_{Sp}^3}{12 \cdot A_{Seg}} - \frac{d}{2} + t = \frac{2,160^3}{12 \cdot 2,360} - \frac{2,20}{2} + 1,31 = 0,566 m$$

Der Abstand beider Schwerpunkte voneinander:

$$s = |s_A - s_G| = |0,566 - 0,210| = 0,356 \, m$$

Auftriebsvolumen (= verdrängtes Wasservolumen):

$$V_A = A_{Seg} \cdot l = 2,360 \; m^2 \cdot 4,45 \; m = 10,501 \; m^3$$

Flächenträgheitsmoment um die Kippachse 1-1

$$I_{y_{1-1}} = \frac{l \cdot b_{Sp}^3}{12} = \frac{4,45 \; m \cdot 2,160^3 \; m^3}{12} = 3,735 \; m^4$$

Flächenträgheitsmoment um die die Kippachse 2-2

$$I_{y_{2-2}} = \frac{b_{Sp} \cdot l^3}{12} = \frac{2,160 \; m \cdot 4,45^3 \; m^3}{12} = 15,858 \; m^4$$

Metazentrische Höhe für die Kippachse 1-1

$$h_{m_{1-1}} = \frac{I_{y_{1-1}}}{V_A} - s = \frac{3,735 \; m^4}{10,501 \; m^3} - 0,356 \; m = 0,000 \; m$$

Metazentrische Höhe für die Kippachse 2-2

$$h_{m_{2-2}} = \frac{I_{y_{2-2}}}{V_A} - s = \frac{15,858 \; m^4}{10,501 \; m^3} - 0,356 \; m = 1,154 \; m > 0$$

Schwimmstabilität:

Die Konstruktion ist in der Kippachse 2-2 stabil sowie in der Achse 1-1 (erwartungs-gemäß) indifferent.

Beispiel 18 – homogener Zylinder (stehend)

<u>Gegeben:</u> ein homogener zylindrischer Körper (gemäß Zeichnung), der auf Schwimmstabilität geprüft werden soll. - Das spezifische Gewicht des Wassers beträgt $\gamma_W = 10 \; [kN/m^3]$.

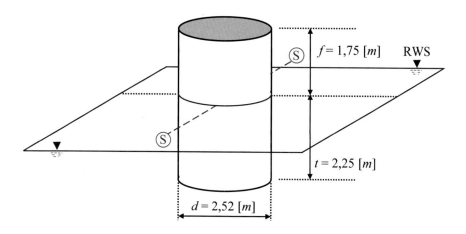

<u>Gesucht:</u> Wichte des Schwimmkörpers sowie h_m mit Schwimmstabilitätsnachweis.

Lösung 18 – vereinfachter Nachweis für kleine Krängungswinkel

$$F_A = V_A \cdot \gamma_W = \frac{\pi \cdot d^2}{4} \cdot t \cdot \gamma_W = \frac{\pi \cdot 2,52^2 \ m^2}{4} \cdot 2,25 \ m \cdot 10 \frac{kN}{m^3} = 112,221 \ kN$$

$$F_G = F_A \Rightarrow \gamma_K = \frac{F_A}{\frac{\pi \cdot d^2}{4} \cdot (t+f)} = \frac{112,221 \ kN}{\frac{\pi \cdot 2,52^2 \ m^2}{4} \cdot (2,25 \ m + 1,75 \ m)} = 5,625 \frac{kN}{m^3}$$

Die Schwerpunkte von Körper~ und Auftriebsvolumen liegen, wegen der Symmetrie der Konstruktion, in einer Achse. Es treten keine Ausmittigkeiten auf!

Abstand Massenschwerpunkt bezogen auf die Unterkante der Konstruktion:

$$h = f + t = 1,75 \ m + 2,25 \ m = 4,00 \ m$$

$$s_G = \frac{h}{2} = 2,00 \ m$$

Abstand Auftriebsschwerpunkt bezogen auf die Unterkante der Konstruktion:

$$s_A = \frac{t}{2} = 1,125 \ m$$

Der Abstand beider Schwerpunkte voneinander:

$$s = |s_A - s_G| = |1,125 - 2,00| = 0,875 \ m$$

Auftriebsvolumen (= verdrängtes Wasservolumen):

$$V_A = A \cdot t = \frac{\pi \cdot d^2}{4} \cdot 2,25 \ m = \frac{\pi \cdot 2,52^2}{4} \cdot 2,25 \ m = 11,222 \ m^3$$

Flächenträgheitsmoment um die Kippachse S-S:

$$I_{y_{S-S}} = \frac{\pi \cdot d^4}{64} = \frac{\pi \cdot 2,52^4 \ m^4}{64} = 1,980 \ m^4$$

Metazentrische Höhe für die Kippachse 1-1:

$$h_{m_{S-S}} = \frac{I_{y_{S-S}}}{V_A} - s = \frac{1,980 \ m^4}{11,222 \ m^3} - 0,875 \ m = -0,699 \ m \ < \ 0$$

Schwimmstabilität:

Die Konstruktion besitzt nur eine Kippachse S-S, da die Wasserfläche einen Kreis darstellt. Die Schwimmlage ist instabil. Wenn dieser Schwimmkörper „kentert", würde sich eine indifferente Schwimmlage (analog zu Beispiel 17) einstellen.

Beispiel 19 – Senkkasten

Gegeben: ein inhomogener rechtwinkliger Körper (gemäß Zeichnung), der auf Schwimmstabilität geprüft werden soll. – Die spezifischen Gewichte von Wasser und Konstruktion betragen $\gamma_W = 10 \ [kN/m^3]$ respektive $\gamma_K = 17 \ [kN/m^3]$.

Gesucht: Tauchtiefe des Schwimmkörpers sowie Schwimmstabilitätsnachweis.

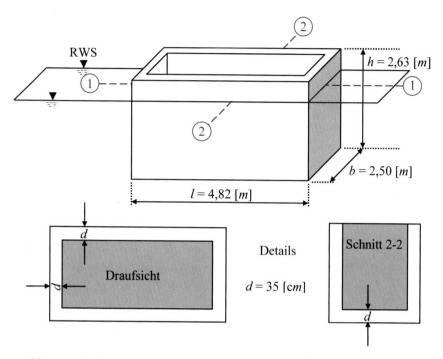

Lösung 19 – vereinfachter Nachweis für kleine Krängungswinkel

Berechnung der Volumina:

$$V_{voll} = l \cdot b \cdot h = 4,82 \cdot 2,50 \cdot 2,63 = 31,692 \ m^3$$

$$V_{hohl} = (l - 2d) \cdot (b - 2d) \cdot (h - d)$$

$$V_{hohl} = (4,82 - 2 \cdot 0,35) \cdot (2,50 - 2 \cdot 0,35) \cdot (2,63 - 0,35) = 16,908 \ m^3$$

$$V_K = V_{voll} - V_{hohl} = 31,692 - 16,908 = 14,783 \ m^3$$

Kräftegleichgewicht:

$$F_G = V_K \cdot \gamma_K = 14,783 \ m \cdot 17 \frac{kN}{m^3} = 251,311 \ kN$$

$$F_A = F_G \Rightarrow t = \frac{F_A}{l \cdot b \cdot \gamma_W} = \frac{251,311 \ kN}{4,82 \ m \cdot 2,50 \ m \cdot 10 \dfrac{kN}{m^3}} = 2,086 \ m$$

Auftriebsvolumen:

$$V_A = l \cdot b \cdot t = 4,82 \cdot 2,50 \cdot 2,086 = 25,131 \ m^3$$

Die Schwerpunkte von Körper- und Auftriebsvolumen liegen, wegen der Symmetrie der Konstruktion, in einer Achse. Es treten keine Ausmittigkeiten auf!

Der Abstand des <u>Massenschwerpunktes</u> bezogen auf die Unterkante der Konstruktion beträgt:

$$s_G = \frac{\dfrac{h}{2} \cdot V_{voll} - \left(\dfrac{h-d}{2} + d\right) \cdot V_{hohl}}{V_k}$$

$$s_G = \frac{\dfrac{2,63\,m}{2} \cdot 31,692 m^3 - \left(\dfrac{2,63\,m - 0,35\,m}{2} + 0,35\,m\right) \cdot 16,908\,m^3}{14,783\,m^3} = 1,115\,m$$

Der Abstand des <u>Auftriebsschwerpunktes</u> bezogen auf die Unterkante der Konstruktion beträgt:

$$s_A = \frac{t}{2} = \frac{2,086}{2} = 1,043\,m$$

Der Abstand beider Schwerpunkte voneinander ist:

$$s = |s_A - s_G| = |1,043 - 1,115| = 0,072\,m$$

Flächenträgheitsmoment um die Kippachse 1-1

$$I_{y1-1} = \frac{l \cdot b^3}{12} = \frac{4,82\,m \cdot 2,50^3\,m^3}{12} = 6,276\,m^4$$

Flächenträgheitsmoment um die die Kippachse 2-2

$$I_{y2-2} = \frac{b \cdot l^3}{12} = \frac{2,50\,m \cdot 4,82^3\,m^3}{12} = 23,329\,m^4$$

Metazentrische Höhe für die Kippachse 1-1

$$h_{m1-1} = \frac{I_{y1-1}}{V_A} - s = \frac{6,276\,m^4}{25,131\,m^3} - 0,072\,m = 0,178\,m \ > \ 0$$

Metazentrische Höhe für die Kippachse 2-2

$$h_{m2-2} = \frac{I_{y2-2}}{V_A} - s = \frac{23,329\,m^4}{25,131\,m^3} - 0,072\,m = 0,856\,m \ > \ 0$$

Schwimmstabilität:

> Da die Konstruktion bereits bei dem kleineren Flächenträgheitsmoment um die Kippachse 1-1 über Schwimmstabilität verfügt, ist der Nachweis für das größere Flächenträgheitsmoment um die Achse 2-2 entbehrlich.

> **Merke:** Grundsätzlich gilt diese Feststellung für alle Schwimmstabilitätsnachweise an getauchten Körpern mit zwei Kippachsen!

Beispiel 20 – Symmetrischer Ponton (Schwimmkonstruktion)

<u>Gegeben:</u> eine Schwimmkonstruktion (gemäß Zeichnung), die auf Schwimmstabilität geprüft werden soll. Auf dem Ponton befindet sich – mittig platziert – eine Röhre mit einer Gewichtskraft von 17 [kN]. – Das spezifische Gewicht des Wassers beträgt $\gamma_W = 10$ [kN/m^3].

<u>Gesucht:</u> Tauchtiefe des Schwimmkörpers sowie Schwimmstabilitätsnachweis.

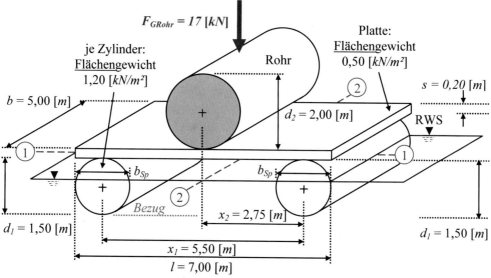

Lösung 20 – vereinfachter Nachweis für kleine Krängungswinkel

Berechnung der Gewichtskräfte (bei den in der Zeichnung angegebenen Werten handelt es sich um <u>Flächengewichte</u>, d. h. für die beiden Schwimmzylinder sind je Zylinder 2-fach die Stirn- und 1-fach die Mantelfläche anzusetzen):

$$A_{Platte} = l \cdot b = 7,00 \cdot 5,00 = 35,00 \ m^2$$

$$A_{Zylinder} = 2 \cdot \frac{\pi \cdot d_1^2}{4} + \pi \cdot d_1 \cdot b = 2 \cdot \frac{\pi \cdot 1,50^2}{4} + \pi \cdot 1,50 \cdot 5,00 = 27,096 \ m^2$$

$$F_{G_{Rohr}} = 17 \ kN$$

$$F_{G_{Platte}} = A_{Platte} \cdot 0,50 \frac{kN}{m^2} = 35,00 \ m^2 \cdot 0,50 \frac{kN}{m^2} = 17,50 \ kN$$

$$F_{G_{Zylinder}} = 2 \cdot A_{Zylinder} \cdot 1,20 \frac{kN}{m^2} = 27,096 \ m^2 \cdot 1,20 \frac{kN}{m^2} = 65,030 \ kN$$

$$F_G = F_{GRohr} + F_{GPlatte} + F_{GZylinder} = 17,00 + 17,50 + 65,030 = 99,530 \ kN$$

Kräftegleichgewicht:

$$F_A = F_G$$

Auftriebsfläche <u>eines</u> teilgetauchten Zylinders (Kreissegment/Kreisabschnitt) (vergl. Anhang):

$$A_A = \frac{r_1^2}{2} (\hat{\alpha} - \sin(\alpha)) = \frac{d_1^2}{8} (\hat{\alpha} - \sin(\alpha)) = \frac{1,50^2}{8} \cdot (\hat{\alpha} - \sin(\alpha)) = 0,281 \ m^2 \cdot (\hat{\alpha} - \sin(\alpha))$$

Auftriebskraft <u>beider</u> Zylinder:

$$F_A = 2 \cdot A_A \cdot b \cdot \gamma_W \quad \Rightarrow \quad \frac{F_A}{2 \cdot b \cdot \gamma_W \cdot 0,281} = 3,539 = \hat{\alpha} - \sin(\alpha)$$

Zur Lösung von α bedient man sich der Potenzreihenentwicklung der Sinus-Funktion, es gilt nach [12], (vergl. auch Anhang):

$$\sin(\alpha) = \sum_{n=0}^{\infty} (-1)^n \frac{\hat{\alpha}^{2n+1}}{(2n+1)!} = \hat{\alpha} - \frac{\hat{\alpha}^3}{3!} + \frac{\hat{\alpha}^5}{5!} - \ldots \quad \alpha = \text{reell}$$

Somit ergibt sich für die unbekannte Größe α und die zu lösende Gleichung mit $n = 3$ (hinreichend genau):

$$3,539 = \hat{\alpha} - \hat{\alpha} - \frac{\hat{\alpha}^3}{3!} + \frac{\hat{\alpha}^5}{5!} - \frac{\hat{\alpha}^7}{7!} = -\frac{\hat{\alpha}^3}{6} + \frac{\hat{\alpha}^5}{120} - \frac{\hat{\alpha}^7}{5040}$$

Als Ergebnis erhält als man:

$$\hat{\alpha} = 3,341 \Rightarrow \alpha = 191,419°$$

Die <u>Auftriebs</u>fläche eines Schwimmkörpers beträgt demnach:

$$A_A = \frac{d_1^2}{8} (\hat{\alpha} - \sin(\alpha)) = \frac{1,50^2 \, m^2}{8} (3,341 - \sin(191,419°)) = 0,995 \, m^2$$

Damit lässt sich auch die Tauchtiefe der zylindrischen Schwimmkörper angeben:

$$t = d_1 \cdot \sin\left(\frac{\alpha}{4}\right)^2 = 1,50 \, m \cdot \sin\left(\frac{191,419°}{4}\right)^2 = 0,825 \, m$$

Zur Berechnung der Schwimmstabilität ist nun in Abhängigkeit vom Mittelpunktswinkel die Wasserspiegelbreite (Sehnenlänge) an den Stirnflächen der zylindrischen Auftriebskörper zu berechnen (vergl. Anhang):

$$b_{Sp} = s_{Seg} = d_1 \cdot \sin\left(\frac{\alpha}{2}\right) = 1,50 m \cdot \sin\left(\frac{191,419°}{2}\right) = 1,493 \, m$$

Die Schwerpunkte von Körper~ und Auftriebsvolumen liegen, wegen der Symmetrie der Konstruktion, in einer Achse. Es treten keine Ausmittigkeiten auf!

Berechnung der Vertikalschnitte und der Gesamtschnittfläche der Konstruktion:

$$A_S = A_{SRohr} + A_{SPlatte} + 2 \cdot A_{SZylinder}$$

$$A_{SRohr} = \frac{\pi \cdot d_2^2}{4} = \frac{\pi \cdot 2,00^2}{4} = 3,142 \, m^2$$

$$A_{SPlatte} = l \cdot s = 7,00 \cdot 0,20 = 1,400 \, m^2$$

$$A_{SZylinder} = \frac{\pi \cdot d_1^2}{4} = \frac{\pi \cdot 1,50^2}{4} = 1,767 \, m^2$$

$$A_S = 3,142 \, m^2 + 1,400 \, m^2 + 2 \cdot 1,767 \, m^2 = 8,076 \, m^2$$

Berechnung des Massenschwerpunkts, Bezug – Unterkante der Auftriebskörper:

$$s_G = \frac{A_{SRohr} \cdot \left(d_1 + s + \frac{d_2}{2} \right) + A_{SPlatte} \cdot \left(d_1 + \frac{s}{2} \right) + 2 \cdot A_{SZylinder} \cdot \frac{d_1}{2}}{A_S}$$

$$s_G = \frac{3,142 \cdot \left(1,50 + 0,20 + \frac{2,00}{2} \right) + 1,400 \cdot \left(1,50 + \frac{0,20}{2} \right) + 2 \cdot 1,767 \cdot \frac{1,50}{2}}{8,076}$$

$$s_G = \frac{8,482 \, m^3 + 2,240 \, m^3 + 2,651 \, m^3}{8,076 \, m^2} = 1,656 \, m$$

Auftriebsvolumen (= verdrängtes Wasservolumen beider Auftriebkörper):

$$V_A = 2 A_A \cdot b = 2 \cdot 0,995 \, m^2 \cdot 5,00 \, m = 9,953 \, m^3$$

Berechnung des Auftriebsschwerpunkts, Bezug – Unterkante der Auftriebskörper:

$$z_S = \frac{b_{Sp}^3}{12 \cdot A_A} - \frac{d}{2} + t = \frac{1,493^3}{12 \cdot 0,995} - \frac{1,50}{2} + 0,825 = 0,353 \, m$$

$$s_A = t - z_S = 0,825 - 0,353 = 0,472 \, m$$

Der Abstand beider Schwerpunkte voneinander:

$$s = \left| s_A - s_G \right| = \left| 0,472 - 1,656 \right| = 1,184 \, m$$

Flächenträgheitsmoment um die Kippachse 1-1:

$$I_{y1-1} = 2 \cdot \frac{b_{Sp} \cdot b^3}{12} = 2 \cdot \frac{1,493 \cdot 5,00^3}{12} = 31,095 \, m^4$$

Flächenträgheitsmoment um die Kippachse 2-2:

$$I_{y2-2} = 2 \cdot \frac{b \cdot b_{Sp}^3}{12} + b \cdot b_{Sp} \cdot \left(x_2^2 + x_2^2 \right)$$

$$I_{y2-2} = 2 \cdot \frac{5,00 \cdot 1,493^3}{12} + 5,00 \cdot 1,493 \cdot \left(2,75^2 + 2,75^2 \right) = 115,646 \, m^4$$

Metazentrische Höhe für die Kippachse 1-1:

$$h_{m1-1} = \frac{I_{y1-1}}{V_A} - s = \frac{31,095 \, m^4}{9,953 \, m^3} - 1,184 \, m = 1,940 \, m > 0$$

Metazentrische Höhe für die Kippachse 2-2:

$$h_{m2-2} = \frac{I_{y2-2}}{V_A} - s = \frac{115,646 \, m^4}{9,953 \, m^3} - 1,184 \, m = 10,435 \, m > 0$$

Schwimmstabilität:

Die Konstruktion ist in beiden Kippachsen schwimmstabil. Auch hier hätte der Nachweis für das größere Flächenträgheitsmoment entfallen können.

Beispiel 21 – Unsymmetrischer Ponton

Gegeben: eine unsymmetrisch zusammengesetzte Schwimmkonstruktion gemäß Zeichnung, die auf Schwimmstabilität geprüft werden soll. Auf dem Ponton befindet sich – ausmittig platziert – eine Auflast F_{G1}. - Das spezifische Gewicht des Wassers beträgt $\gamma_W = 10\ [kN/m^3]$.

Gesucht: Auflast F_{G1} nach Größe und Lage x_1 sowie Schwimmstabilitätsnachweis.

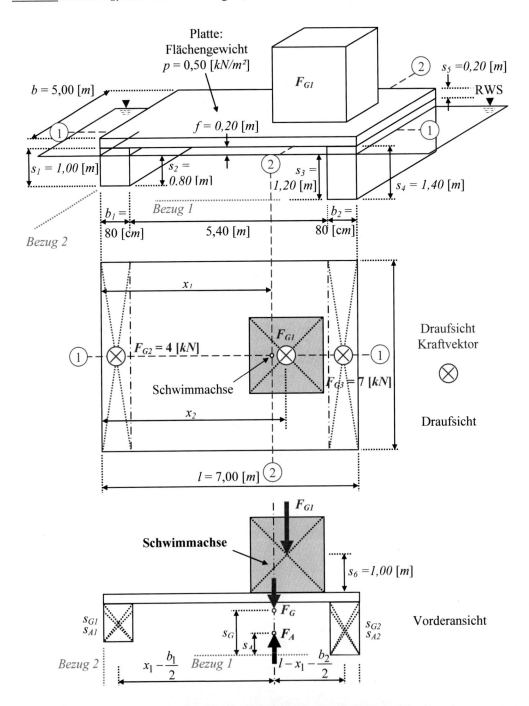

Lösung 21 – vereinfachter Nachweis für kleine Krängungswinkel

Berechnung der Gewichtskräfte:

$$F_G = F_{G1} + F_{G2_{Schwimmkörper\,(lks.)}} + F_{G3_{Schwimmkörper\,(re.)}} + F_{G_{Platte}}$$

$$F_{G_{PLatte}} = l \cdot b \cdot p = 7,00\,m \cdot 5,00\,m \cdot 0,50\,\frac{kN}{m^2} = 17,500\,kN$$

$$F_G = F_{G1} + 4,00\,kN + 7,00\,kN + 17,500\,kN = F_{G1} + 28,500\,kN$$

Berechnung der Auftriebskräfte:

$$F_{A_{Schwimmkörper\,(lks.)}} = b_1 \cdot s_2 \cdot b \cdot \gamma_W = 0,80\,m \cdot 0,80\,m \cdot 5,00\,m \cdot 10\,\frac{kN}{m^3} = 32,000\,kN$$

$$F_{A_{Schwimmkörper\,(re.)}} = b_2 \cdot s_3 \cdot b \cdot \gamma_W = 0,80\,m \cdot 1,20\,m \cdot 5,00\,m \cdot 10\,\frac{kN}{m^3} = 48,000\,kN$$

$$F_A = F_{A_{Schwimmkörper\,(lks.)}} + F_{A_{PSchwimmkörper\,(re.)}} = 32,00 + 48,00 = 80,000\,kN$$

Aus dem für die Schwimmfähigkeit erforderlichen Kräftegleichgewicht folgt:

$$F_A = F_G \implies 80,000\,kN = 28,500 + F_{G1} \implies F_{G1} = 51,500\,kN$$

Lage der Kippachse 2-2, Bezug 2 – linke Außenkante Schwimmkörper:

$$F_A \cdot x_1 = F_{A_{Schwimmkörper\,(lks.)}} \cdot \frac{b_1}{2} + F_{A_{PSchwimmkörper\,(re.)}} \cdot \left(l - \frac{b_2}{2}\right)$$

$$x_1 = \frac{F_{A_{Schwimmkörper\,(lks.)}} \cdot \dfrac{b_1}{2} + F_{A_{PSchwimmkörper\,(re.)}} \cdot \left(l - \dfrac{b_2}{2}\right)}{F_A}$$

$$x_1 = \frac{32,00\,kN \cdot \dfrac{0,80\,m}{2} + 48,00\,kN \cdot \left(7,00\,m - \dfrac{0,80\,m}{2}\right)}{80,000\,kN} = 4,120\,m$$

Die Schwerpunkte von Körper- und Auftriebsvolumen liegen um das Maß x_1 einachsig ausmittig in der vertikalen Schwimmachse!

Berechnung des Auftriebsschwerpunkts, Bezug 1 – Unterkante tiefster Schwimmkörper:

$$F_A \cdot s_A = F_{A_{Schwimmkörper\,(lks.)}} \cdot \left(s_3 - \frac{s_2}{2}\right) + F_{A_{PSchwimmkörper\,(re.)}} \cdot \frac{s_3}{2}$$

$$s_A = \frac{F_{A_{Schwimmkörper\,(lks.)}} \cdot \left(s_3 - \dfrac{s_2}{2}\right) + F_{A_{PSchwimmkörper\,(re.)}} \cdot \dfrac{s_3}{2}}{F_A}$$

$$s_A = \frac{32,00\,kN \cdot \left(1,20\,m - \dfrac{0,80\,m}{2}\right) + 48,00\,kN \cdot \dfrac{1,20\,m}{2}}{80,000\,kN} = 0,680\,m$$

Position des Auflast-Schwerpunkts, Bezug 2 – linke Außenkante Schwimmkörper:

$$F_G \cdot x_1 = F_{G_1} \cdot x_2 + F_{G_2} \cdot \frac{b_1}{2} + F_{G_3} \cdot \left(l - \frac{b_2}{2}\right) + F_{G_{Platte}} \cdot \frac{l}{2}$$

$$x_2 = \frac{F_G \cdot x_1 - F_{G_2} \cdot \frac{b_1}{2} - F_{G_3} \cdot \left(l - \frac{b_2}{2}\right) - F_{G_{Platte}} \cdot \frac{l}{2}}{F_{G_1}}$$

$$x_2 = \frac{80,00 \cdot 4,120 - 4,00 \cdot \frac{0,80}{2} - 7,00 \cdot \left(7,00 - \frac{0,80}{2}\right) - 17,50 \cdot \frac{7,00}{2}}{51,50} = 4,283\ m$$

Berechnung des Massenschwerpunkts, Bezug 1 – Unterkante tiefster Schwimmkörper:

$$F_G \cdot s_G = F_{G_1} \cdot (s_4 + s_5 + s_6) + F_{G_2} \cdot (s_4 - \frac{s_1}{2}) + F_{G_3} \cdot \frac{s_4}{2} + F_{G_{Platte}} \cdot \left(s_4 + \frac{s_5}{2}\right)$$

$$s_G = \frac{F_{G_1} \cdot (s_4 + s_5 + s_6) + F_{G_2} \cdot (s_4 - \frac{s_1}{2}) + F_{G_3} \cdot \frac{s_4}{2} + F_{G_{Platte}} \cdot \left(s_4 + \frac{s_5}{2}\right)}{F_G}$$

$$s_G = \frac{51,50 \cdot (1,40 + 0,20 + 1,00) + 4,00 \cdot (1,40 - \frac{1,00}{2}) + 7,00 \cdot \frac{1,40}{2} + 17,50 \cdot \left(1,40 + \frac{0,20}{2}\right)}{80,00}$$

$$s_G = 2,108\ m$$

Der Abstand beider Schwerpunkte voneinander:

$$s = |s_A - s_G| = |0,680 - 2,108| = 1,428\ m$$

Flächenträgheitsmoment um die Kippachse 1-1 mit $b_1 = b_2$:

$$I_{y_{1-1}} = 2 \cdot \frac{b_1 \cdot b^3}{12} = 2 \cdot \frac{0,80\ m \cdot 5,00^3\ m^3}{12} = 16,667\ m^4$$

Flächenträgheitsmoment um die Kippachse 2-2:

$$I_{y_{2-2}} = 2 \cdot \frac{b \cdot b_1^3}{12} + b \cdot b_1 \cdot \left[\left(x_1 - \frac{b_1}{2}\right)^2 + \left(l - x_1 - \frac{b_2}{2}\right)^2\right]$$

$$I_{y2-2} = 2 \cdot \frac{5,00 \cdot 0,80^3}{12} + 5,00 \cdot 0,80 \cdot \left[\left(4,120 - \frac{0,80}{2}\right)^2 + \left(7,00 - 4,120 - \frac{0,80}{2}\right)^2\right]$$

$$I_{y2-2} = 80,382\ m^4$$

Auftriebsvolumen:

$$V_A = (b_1 \cdot s_2 + b_2 \cdot s_3) \cdot b = (0,80 \cdot 0,80 + 0,80 \cdot 1,20) \cdot 5,00 = 8,000\ m^3$$

Metazentrische Höhe für die Kippachse 1-1:

$$h_{m_{1-1}} = \frac{I_{y_{1-1}}}{V_A} - s = \frac{16,667\,m^4}{8,000\,m^3} - 1,428\,m = 0,655\,m > 0$$

Metazentrische Höhe für die Kippachse 2-2:

$$h_{m_{2-2}} = \frac{I_{y_{2-2}}}{V_A} - s = \frac{80,382\,m^4}{8,000\,m^3} - 1,428\,m = 8,620\,m > 0$$

Schwimmstabilität:

Die Konstruktion ist in beiden Kippachsen schwimmstabil.

3 Hydrodynamik idealer Fluide

3.1 Theoretische Grundlagen

3.1.1 Definition

Die Hydrodynamik ist die Lehre von der Bewegung der Flüssigkeiten (Fluide) unter dem Einfluss von äußeren Kräften und Trägheitskräften. Äußere Kräfte sind z. B. Druckkräfte und Reibungskräfte. Trägheitskräfte entstehen durch die Erdanziehung (Fallbeschleunigung g).

In diesem Kapitel werden ausschließlich stationäre Fließzustände sowie ideale Flüssigkeiten behandelt. Als ideale Fluide bezeichnet man eine idealisierte Modellvorstellung einer Flüssigkeit, deren Eigenschaften sind:

- Inkompressibilität,

- keine innere Reibung der Flüssigkeitsmoleküle (verlustfrei),

- keine Oberflächenspannung,

- Schwerelosigkeit.

Obwohl es eine sehr starke Vereinfachung darstellt, lassen sich unter dieser Prämisse die Gesetzmäßigkeiten der Hydrodynamik verstehen und physikalisch beschreiben.

3.1.2 Kontinuitätsgleichung

Der Begriff Stromlinie wird zur Beschreibung des Fließzustandes einer Flüssigkeit verwendet. Betrachtet man ein Bündel benachbarter Stromlinien, spricht man von einer Stromröhre.

Die Stromröhre ist dadurch gekennzeichnet, dass die Flüssigkeit in ihr wie in einer festen Röhre strömt. Bei vielen Strömungsvorgängen, z. B. Abfluss durch Rohre oder Gerinne, ist es zulässig, den ganzen von Flüssigkeit erfüllten Raum als eine einzige Stromröhre mit einer mittleren Fließgeschwindigkeit v aufzufassen.

Für den Volumenstrom (Durchfluss) Q gilt die Kontinuitätsgleichung (nachfolgend kurz „Konti" genannt):

$$Q = v \cdot A = const. \tag{3.1}$$

Im Allgemeinen wird der Volumenstrom in der Dimension $[m^3/s]$ angegeben, so dass sich die Fließgeschwindigkeit in $[m/s]$ sowie die durchströmte Querschnittsfläche A in $[m^2]$ ergibt.

3.1.3 Energiegleichung

Eine weitere grundlegende Gleichung in der Hydrodynamik ist der Energieerhaltungssatz. Diese nach *Bernoulli* benannte Energiegleichung wird typischerweise so angegeben, dass alle Energieanteile über die Fallbeschleunigung und die Dichte des Fluids in Energiehöhen umgerechnet werden können. Die Summe der so definierten Geschwindigkeitshöhe, Druckhöhe und geodätischen Höhe ist für ideale Flüssigkeiten konstant.

Nur stationäre Fließzustände einer idealen Flüssigkeit, die lediglich der Schwerkraft unterworfen ist, zeichnen sich durch eine konstante Summe aus Geschwindigkeitshöhe $v^2/2g$, Druckhöhe $p/\rho \cdot g = p/\gamma_W$ sowie geodätischer Höhe z aus. Sämtliche Höhen werden zumeist in $[m]$ gemessen.

$$h_E = \frac{v^2}{2g} + \frac{p}{\rho \cdot g} + z = h_{kin} + h_{pot} + h_{geod} = const. \tag{3.2}$$

Diese Summe wird als Energiehöhe h_E bezeichnet, sie besteht aus der kinetischen (h_{kin}), potentiellen (h_{pot}) und geodätischen Höhe (h_{geod}).

3.2 Rohrhydraulik

Beispiel 22 – Behälterauslauf

<u>Gegeben:</u> ein Wasser-Hochbehälter mit konstantem Ausfluss und konstanter Wasserspiegellage. Die Fließgeschwindigkeit im Inneren des Behälters ist näherungsweise Null. An diesem Behälter ist eine Rohleitung gemäß Zeichnung angeschlossen, aus der das Wasser ins Freie auslaufen kann. Die spezifische Dichte des Fluids beträgt $\rho = 1000 \ [kg/m^3]$.

<u>Gesucht:</u> Verlauf der Energie-, Druck- und Geschwindigkeitshöhen für ideale Flüssigkeiten in den Positionen 0 bis 3, analytisch und grafisch.

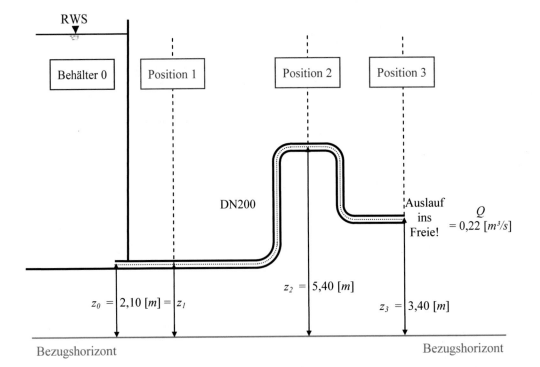

Lösung 22 – Behälterauslauf über einen gleich bleibenden Rohrquerschnitt

Rohrquerschnitt:

$$A = \frac{\pi \cdot d^2}{4} = \frac{\pi \cdot 0,20^2}{4} = 0,031 \, m^2$$

Geschwindigkeit aus Konti:

$$Q = v \cdot A \Rightarrow v = \frac{Q}{A} = \frac{0,22}{0,031} = 7,003 \, \frac{m}{s}$$

Wegen des gleichbleibenden Querschnitts ist die Fließgeschwindigkeit $v = v_1 = v_2 = v_3$, d. h. konstant, die Geschwindigkeitshöhe ist demnach:

$$\frac{v^2}{2g} = \frac{7,003^2}{2g} = 2,500 \, m$$

Zur Bestimmung der Energiehöhe nutzt man nun die Randbedingung $h_{D3} = p_3/(\rho \cdot g) = 0 \, [m]$, da der Druck des ausfließenden Wassers in den Atmosphärendruck übergeht und dieser bereits im Inneren der Rohrleitung sowie des Behälters herrscht. Dieser Druck wird als Referenzdruck zu null gesetzt.

$$h_E = h_{E_3} = z_3 + \frac{v_3^2}{2g} + \frac{p_3}{\rho \cdot g} = z_3 + \frac{v^2}{2g} = 3,40 + 2,500 = 5,900 \, m$$

Druckhöhe (Wasserspiegel) im Behälter (Position 0) mit der Randbedingung $v_0 = 0 \, [m/s]$:

$$h_E = h_{E_0} = z_0 + \frac{v_0^2}{2g} + \frac{p_0}{\rho \cdot g} = z_0 + \frac{p_0}{\rho \cdot g} = 2,10 + \frac{p_0}{\rho \cdot g} = 5,900 \, m$$

Druckhöhe:

$$h_{D_0} = \frac{p_0}{\rho \cdot g} = 5,900 - 2,10 = 3,800 \, m$$

bzw. Druck:

$$p_0 = (5,900 - 2,10) \cdot \rho \cdot g = 37,277 \, \frac{kN}{m^2}$$

in Position 1:

$$h_E = h_{E_1} = z_1 + \frac{v^2}{2g} + \frac{p_1}{\rho \cdot g} = 2,10 + \frac{7,003^2}{2g} + \frac{p_1}{\rho \cdot g} = 5,900 \, m$$

Druckhöhe:

$$h_{D_1} = 5,900 - 2,10 - 2,500 = 1,300 \, m$$

in Position 2:

$$h_E = h_{E_2} = z_2 + \frac{v^2}{2g} + \frac{p_2}{\rho \cdot g} = 5,40 + 2,500 + \frac{p_2}{\rho \cdot g} = 5,900 \, m$$

Druckhöhe:

$$h_{D_2} = 5,900 - 5,40 - 2,500 = -2,000 \ m$$

Es herrscht <u>Unterdruck</u> in der Position 2!

in Position 3:

$$h_E = h_{E_3} = z_3 + \frac{v^2}{2g} + \frac{p_3}{\rho \cdot g} = 3,40 \ m + 2,500 \ m + \frac{p_3}{\rho \cdot g} \ m = 5,900 \ m$$

Kontrolle der Druckhöhe:

$$h_{D_3} = 5,900 \ m - 3,40 \ m - 2,500 m = 0,000 \ m$$

Grafische Verteilung der Energieanteile:

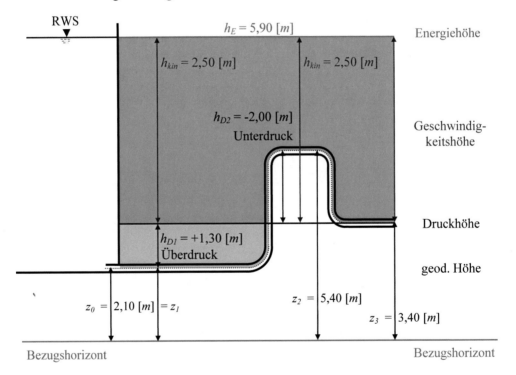

Beispiel 23 – Behälterauslauf

<u>Gegeben:</u> ein Wasser-Hochbehälter mit konstantem Ausfluss und konstanter Wasserspiegellage. Die Fließgeschwindigkeit im Inneren des Behälters ist näherungsweise Null. An diesem Behälter ist eine Rohleitung gemäß Zeichnung angeschlossen, aus der das Wasser ins Freie auslaufen kann. Die spezifische Dichte des Fluids beträgt $\rho = 1000 \ [kg/m^3]$.

<u>Gesucht:</u> Verlauf der Energie-, Druck- und Geschwindigkeitshöhen für ideale Flüssigkeiten in den Positionen 0 bis 3, analytisch und grafisch.

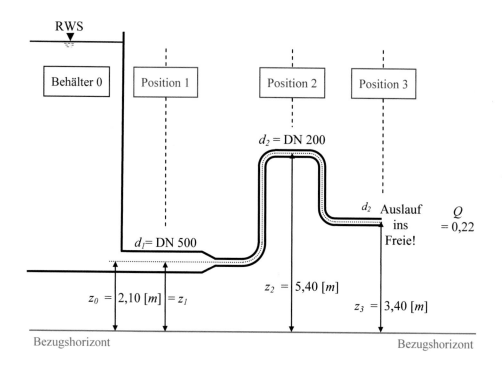

Lösung 23 – Behälterauslauf über veränderliche Rohrquerschnitte

Rohrquerschnitte:

$$A_1 = \frac{\pi \cdot d_1^2}{4} = \frac{\pi \cdot 0,50^2}{4} = 0,196 \, m^2$$

$$A_2 = \frac{\pi \cdot d_2^2}{4} = \frac{\pi \cdot 0,20^2}{4} = 0,031 \, m^2$$

Geschwindigkeiten aus Konti:

$$Q = v_1 \cdot A_1 = v_2 \cdot A_2$$

$$\Rightarrow v_1 = \frac{Q}{A_1} = \frac{0,22}{0,196} = 1,120 \, \frac{m}{s}$$

$$\Rightarrow v_2 = \frac{Q}{A_2} = \frac{0,22}{0,031} = 7,003 \, \frac{m}{s}$$

Geschwindigkeitshöhen:

$$\frac{v_1^2}{2g} = \frac{1,120^2}{2g} = 0,064 \, m \qquad \text{und} \qquad \frac{v_2^2}{2g} = \frac{7,003^2}{2g} = 2,500 \, m$$

Zur Bestimmung der Energiehöhe nutzt man nun die Randbedingung $h_{D3} = p_3/(\rho \cdot g) = 0$ [m], da der Druck des ausfließenden Wassers in den Atmosphärendruck übergeht und dieser bereits im Inneren der Rohrleitung sowie des Behälters herrscht und als Referenzdruck – wie zuvor – zu null gesetzt wurde.

$$h_E = h_{E_3} = z_3 + \frac{v_2^2}{2g} + \frac{p_3}{\rho \cdot g} = z_3 + \frac{v_2^2}{2g} = 3{,}40 + 2{,}500 = 5{,}900 \, m$$

Druckhöhe (Wasserspiegel) im Behälter (Position 0) mit der Randbedingung $v_0 = 0$ [m/s]:

$$h_E = h_{E_0} = z_0 + \frac{v_0^2}{2g} + \frac{p_0}{\rho \cdot g} = z_0 + \frac{p_0}{\rho \cdot g} = 2{,}10 \, m + \frac{p_0}{\rho \cdot g} \, m = 5{,}900 \, m$$

Druckhöhe:

$$h_{D_0} = \frac{p_0}{\rho \cdot g} = 5{,}900 \, m - 2{,}10 \, m = 3{,}800 \, m$$

in Position 1:

$$h_E = h_{E_1} = z_1 + \frac{v_1^2}{2g} + \frac{p_1}{\rho \cdot g} = 2{,}10 \, m + 0{,}064 \, m + \frac{p_1}{\rho \cdot g} \, m = 5{,}900 \, m$$

Druckhöhe:

$$h_{D_1} = 5{,}900 \, m - 2{,}10 \, m - 0{,}064 m = 3{,}736 \, m$$

in Position 2:

$$h_E = h_{E_2} = z_2 + \frac{v_2^2}{2g} + \frac{p_2}{\rho \cdot g} = 5{,}40 \, m + 2{,}500 \, m + \frac{p_2}{\rho \cdot g} \, m = 5{,}900 \, m$$

Druckhöhe:

$$h_{D_2} = 5{,}900 \, m - 5{,}40 \, m - 2{,}500 m = -2{,}000 \, m$$

Es herrscht <u>Unterdruck</u> in der Position 2!

in Position 3:

$$h_E = h_{E_3} = z_3 + \frac{v_2^2}{2g} + \frac{p_3}{\rho \cdot g} = 3{,}40 \, m + 2{,}500 \, m + \frac{p_3}{\rho \cdot g} \, m = 5{,}900 \, m$$

Kontrolle der Druckhöhe:

$$h_{D_3} = 5{,}900 \, m - 3{,}40 \, m - 2{,}500 m = 0{,}000 \, m$$

Grafische Verteilung der Energieanteile:

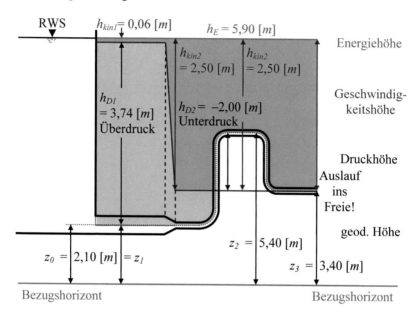

Beispiel 24 – Rohrdurchfluss

<u>Gegeben:</u> ein Wasser-Hochbehälter mit konstantem Ausfluss und konstanter Wasserspiegellage. Die Fließgeschwindigkeit im Inneren des Behälters ist näherungsweise Null. An diesem Behälter ist eine Rohleitung gemäß Zeichnung angeschlossen, aus der das Wasser ins Freie auslaufen kann. Die spezifische Dichte des Fluids beträgt $\rho = 1000 \ [kg/m^3]$.

<u>Gesucht:</u> Verlauf der Energie-, Druck- und Geschwindigkeitshöhen für ideale Flüssigkeiten in den Positionen 0 bis 3, analytisch und grafisch.

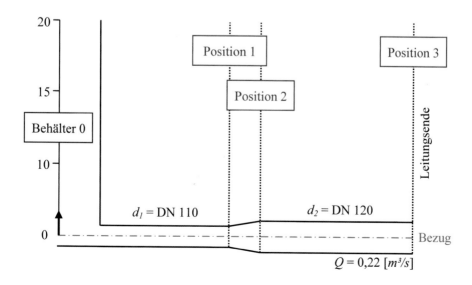

Lösung 24 – Auslauf über veränderliche Rohrquerschnitte

Rohrquerschnitte:

$$A_1 = \frac{\pi \cdot d_1^2}{4} = \frac{\pi \cdot 0{,}11^2}{4} = 0{,}010 \, m^2$$

$$A_2 = \frac{\pi \cdot d_2^2}{4} = \frac{\pi \cdot 0{,}12^2}{4} = 0{,}011 \, m^2$$

Geschwindigkeiten aus Konti:

$$Q = v_1 \cdot A_1 = v_2 \cdot A_2$$

$$\Rightarrow v_1 = \frac{Q}{A_1} = \frac{0{,}22 \, \dfrac{m^3}{s}}{0{,}010 \, m^2} = 23{,}150 \, \frac{m}{s}$$

$$\Rightarrow v_2 = \frac{Q}{A_2} = \frac{0{,}22 \, \dfrac{m^3}{s}}{0{,}011 \, m^2} = 19{,}452 \, \frac{m}{s}$$

Geschwindigkeitshöhen:

$$\frac{v_1^2}{2g} = \frac{23{,}150^2}{2g} = 27{,}324 \, m \qquad \text{und} \qquad \frac{v_2^2}{2g} = \frac{19{,}452^2}{2g} = 19{,}293 \, m$$

Zur Bestimmung der Energiehöhe nutzt man nun die Randbedingung, dass am Leitungsende $h_D = p/(\rho \cdot g) = 0$ [m] sein muss, da der Druck des ausfließenden Wassers in den Atmosphärendruck übergeht. Die geodätische Höhe wurde wegen des horizontalen Verlaufs des Rohrleitungssystems für alle Positionen zu null gewählt.

$$h_E = h_{E_3} = z_3 + \frac{v_2^2}{2g} + \frac{p_3}{\rho \cdot g} = \frac{v_2^2}{2g} = 19{,}293 \, m$$

Druckhöhe (Wasserspiegel) im Behälter (Position 0) mit der Randbedingung $v_0 = 0$ [m/s] und $z_0 = 0$ [m]:

$$h_E = h_{E_0} = z_0 + \frac{v_0^2}{2g} + \frac{p_0}{\rho \cdot g} = 19{,}293 \, m$$

Druckhöhe:

$$h_{D_0} = h_{E_0} = 19{,}293 \, m$$

in Position 1:

$$h_E = h_{E_1} = \frac{v_1^2}{2g} + \frac{p_1}{\rho \cdot g} = 27{,}324 + \frac{p_1}{\rho \cdot g} = 19{,}293 \, m$$

Druckhöhe:

$$h_{D_1} = 19{,}293 - 27{,}324 = -8{,}031 \, m$$

in Position 2:

$$h_E = h_{E_2} = \frac{v_2^2}{2g} + \frac{p_2}{\rho \cdot g} = 19{,}293 + \frac{p_2}{\rho \cdot g} = 19{,}293 \, m$$

Druckhöhe:

$$h_{D_2} = 19{,}293 - 19{,}293 = 0{,}000 \, m$$

in Position 3:

$$h_E = h_{E_3} = \frac{v_2^2}{2g} = 19{,}293 \, m$$

Kontrolle der Druckhöhe:

$$h_{D_3} = h_{E_3} - \frac{v_2^3}{2g} = 19{,}293 - 19{,}293 = 0{,}000 \, m$$

Grafische Verteilung der Energieanteile:

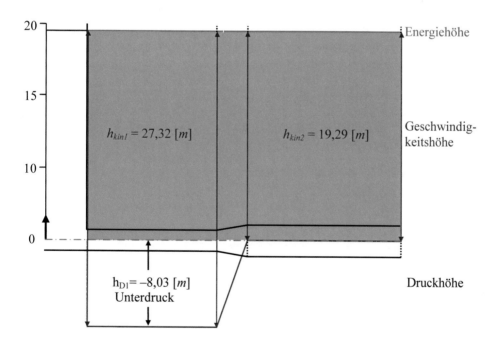

Beispiel 25 – Rohrdurchfluss

<u>Gegeben:</u> druckgefülltes Rohrleitungssystem mit konstantem Durchfluss gemäß Zeichnung. Die Energiehöhe h_E beträgt 5,25 [m]. Im Standrohr wird ein Wasserspiegel von $h_2 = 3{,}75$ [m] abgelesen.
<u>Gesucht:</u> Für die dargestellte Rohrleitung ist der Durchfluss Q zu ermitteln, und der Drucklinienverlauf ist grafisch darzustellen.

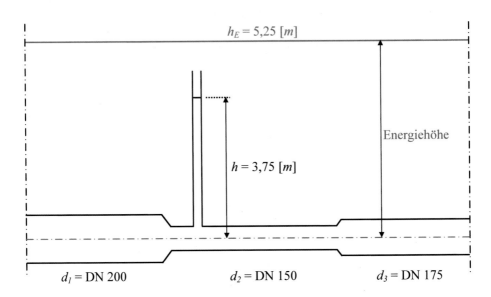

Lösung 25 – Durchfluss über veränderliche Rohrquerschnitte

Rohrquerschnitte:

$$A_1 = \frac{\pi \cdot d_1^2}{4} = \frac{\pi \cdot 0,20^2}{4} = 0,031\,m^2$$

$$A_2 = \frac{\pi \cdot d_2^2}{4} = \frac{\pi \cdot 0,15^2}{4} = 0,018\,m^2$$

$$A_3 = \frac{\pi \cdot d_3^2}{4} = \frac{\pi \cdot 0,175^2}{4} = 0,024\,m^2$$

Geschwindigkeit v_2 aus der Bernoulli-Gleichung:

$$h_2 = h_{D_2} = 3,75\,m$$

$$h_E = h_{E_2} = h_{D_2} + \frac{v_2^2}{2g} = 5,25\,m$$

$$v_2 = \sqrt{\left(h_E - h_{D_2}\right) \cdot 2g} = \sqrt{(5,25 - 3,75) \cdot 2 \cdot 9,81} = 5,424\frac{m}{s}$$

$$\frac{v_2^2}{2g} = \frac{5,4525^2}{2g} = 1,500\,m$$

Weitere Geschwindigkeiten bzw. Geschwindigkeitshöhen aus Konti:

$$Q = v_2 \cdot A_2 = 5,424 \cdot 0,018 = 0,096\frac{m^3}{s}$$

$$v_1 = \frac{Q}{A_1} = \frac{0,096}{0,031} = 3,051\frac{m}{s} \quad \text{und} \quad v_3 = \frac{Q}{A_3} = \frac{0,096}{0,024} = 3,985\frac{m}{s}$$

$$\frac{v_1^2}{2g} = \frac{3,051^2}{2g} = 0,475\ m \qquad \text{und} \qquad \frac{v_3^2}{2g} = \frac{3,985^2}{2g} = 0,810\ m$$

Zur Bestimmung der fehlenden Druckhöhen nutzt man die Energiehöhe. Die geodätische Höhe wurde wegen des horizontalen Verlaufs des Rohrleitungssystems für alle Positionen zu null gesetzt.

$$h_E = h_{E_1} = \frac{v_1^2}{2g} + \frac{p_1}{\rho \cdot g} = 0,475 + h_{D_1} = 5,25\ m$$

$$h_{D_1} = 5,25 - 0,475 = 4,775\ m$$

$$h_E = h_{E_3} = \frac{v_3^2}{2g} + \frac{p_3}{\rho \cdot g} = 0,810\ m + h_{D_3} = 5,25\ m$$

$$h_{D_3} = 5,25 - 0,810 = 4,440\ m$$

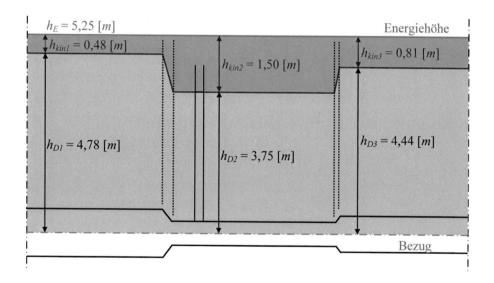

3.3 Gerinnehydraulik

Beispiel 26 – Vollkommener Wehrüberfall

<u>Gegeben:</u> Rechteckgerinne mit einem rundkronigen Wehr. – Die Wehrfeldbreite beträgt $b = 8,00\ [m]$, die Wehrhöhe ist $W = 2,00\ [m]$. Das Rechteckgerinne entspricht in seiner Wasserspiegelbreite dem des Wehrfelds. Zum Abfluss gelangen $Q = 17,50\ [m^3/s]$.

<u>Gesucht:</u> Fließzustand auf der Wehrkrone sowie die korrespondierenden Wassertiefen im Oberwasser (OW) und im Unterwasser (UW) mit den zugehörigen Fließgeschwindigkeiten.

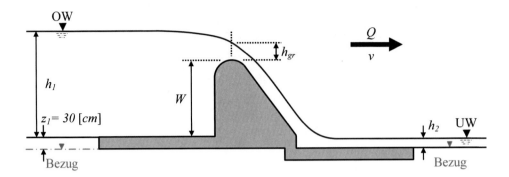

Lösung 26 – Strömung über ein rundkroniges und waagerechtes Wehr

Auf der Krone des Wehres tritt ein Fließartenwechsel zwischen Strömen und Schießen ein, diese Stelle wird durch eine sogenannte Grenzwassertiefe gekennzeichnet. Aus der Zusammenstellung der Grenzwassertiefen verschiedener geometrischer Profile lassen sich neben h_{gr} auch die Grenzfließgeschwindigkeit v_{gr} und die minimale Energiehöhe $h_{E,min}$ entnehmen (s. Anhang).

Für das Rechteckgerinne folgt:

$$h_{gr} = \sqrt[3]{\frac{Q^2}{g \cdot b^2}} = \sqrt[3]{\frac{17{,}50^2}{g \cdot 8{,}00^2}} = 0{,}787\,m$$

Die Grenzgeschwindigkeit auf der Wehrkrone (Rechteck) beträgt:

$$v_{gr} = \sqrt{g \cdot h_{gr}} = \sqrt{g \cdot 0{,}787} = 2{,}779\,\frac{m}{s}$$

$$\frac{v_{gr}^2}{2g} = \frac{2{,}779^2}{2g} = 0{,}394\,m$$

Die minimale Energiehöhe beträgt:

$$h_{E_{min}} = h_{gr} + \frac{v_{gr}^2}{2g} \quad \text{oder für ein Rechteckgerinne} \quad h_{E_{min}} = \frac{3}{2}h_{gr}$$

$$h_{E_{min}} = 0{,}787 + 0{,}394 = 1{,}181\,m \quad \text{bzw.}$$

$$h_{E_{min}} = \frac{3}{2}0{,}787 = 1{,}181\,m$$

Die Energiebetrachtung liefert die Energiehöhe:

$$h_E = h_{E_1} = h_{E_{min}} + W + z_1 = h_{E_2}$$
$$h_E = 1{,}181 + 2{,}00 + 0{,}30 = 3{,}481\,m$$

Durch gemeinsame Verwendung von *Bernoulli* und Konti lässt sich nun die Wassertiefe im Oberwasser berechnen:

$$h_E = h_{E_1} = h_{E_{min}} + W + z_1 = h_{E_2} = 3{,}481\,m = h_1 + \frac{v_1^2}{2g} + z_1 = h_2 + \frac{v_2^2}{2g}$$

$$Q = Q_1 = Q_{\ddot{u}} = Q_2 = 17,50\frac{m^3}{s} = v_1 \cdot A_1 = v_2 \cdot A_2$$

Ersetzt man nun die Querschnittsfläche A_1 durch die Fläche des durchströmten Rechtecks mit der bekannten Breite b und substituiert anschließend in die Energiehöhengleichung h_{E1}, erhält man:

$$17,50\frac{m^3}{s} = v_1 \cdot b \cdot h_1 \quad \Rightarrow \quad v_1 = \frac{17,50}{b \cdot h_1} = \frac{17,50}{8,00 \cdot h_1} = \frac{2,188\frac{m^2}{s}}{h_1}$$

$$\frac{v_1^2}{2g} = \frac{2,188^2}{2g \cdot h_1^2} = \frac{0,244}{h_1^2}$$

$$3,481\,m = h_1 + \frac{v_1^2}{2g} + z_1 = h_1 + \frac{0,244}{h_1^2} + 0,30$$

Die ursprünglich vorliegenden 2 Gleichungen mit den 2 Unbekannten v_1 und h_1 konnten somit auf eine Gleichung mit einer Unbekannten h_1 reduziert werden. Durch Multiplikation der Gleichung mit h_1^2 erhält man folgendes Polynom 3. Grades:

$$3,481h_1^2 = h_1^3 + 0,244 + 0,30h_1^2$$

$$0 = h_1^3 - 3,181h_1^2 + 0,244$$

Die zugehörigen Nullstellen dieses Polynoms erhält man durch die abstrakte Form des *Newton*'schen Iterationsverfahrens (nach *T. Simpson*), dazu ist u. a. die erste Ableitung des Polynoms zu bilden (vergl. Gleichungen rechts unten). Die Ergebnisse eines Iterationsschrittes werden als Anfangswert des jeweiligen nächsten Iterationsschrittes übernommen, bis das Ergebnis eine nur noch geringe Abweichung vom vorangegangenen Rechenschritt aufweist.

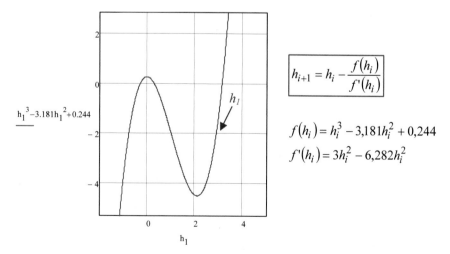

$$h_1^3 - 3.181h_1^2 + 0.244$$

$$\boxed{h_{i+1} = h_i - \frac{f(h_i)}{f'(h_i)}}$$

$$f(h_i) = h_i^3 - 3,181h_i^2 + 0,244$$

$$f'(h_i) = 3h_i^2 - 6,282h_i^2$$

Als Startwert für die Wassertiefe h_1 im Oberwasser wählt man sinnvollerweise einen Wert für die Iteration, der in etwa der Energiehöhe entspricht. Im OW herrscht eine strömende Fließart mit sehr geringer Fließgeschwindigkeit bzw. Geschwindigkeitshöhe aber großer Wassertiefe!

Startwert: $h_i \approx h_E - z_1 \approx 3{,}481 - 0{,}30 \approx 3{,}18$ m

i	h_i	$f(h_i)$	$f'(h_i)$	h_{i+1}
0	3,18	0,234784	10,106619	3,1568
1	3,1568	0,003419	9,812786	3,1564
2	3,1564	0,000001	9,808404	3,1564

Wie im Graphen auf der vorhergehenden Seite zu erkennen ist, verfügt das Polynom 3. Grades über 3 reelle Nullstellen, diese sind neben der obigen Lösung:

- +0,2905 und

- −0,2660.

Beide Werte kommen nicht in Betracht, da lediglich eine Wassertiefe zutreffend sein kann, die selbst größer ist, als die Wehrhöhe.

Die Wassertiefe im Oberwasser beträgt deshalb:

$h_1 = 3{,}156 \, m$

Die zugehörige Geschwindigkeit bzw. Geschwindigkeitshöhe im Oberwasser beträgt damit:

$$17{,}50\frac{m^3}{s} = v_1 \cdot b \cdot h_1 \;\Rightarrow\; v_1 = \frac{17{,}50}{b \cdot h_1} = \frac{17{,}50}{8{,}00 \cdot 3{,}156} = 0{,}693\frac{m}{s}$$

$$\frac{v_1^2}{2g} = \frac{0{,}693^2}{2g} = 0{,}024 \, m$$

Mit der sehr geringen Geschwindigkeitshöhe im Oberwasser konnte bestätigt werden, dass die Annahme für den Startwert von h_1 korrekt war!

Die Wassertiefe im Unterwasser ist wegen $z_2 = 0$ mit neuen Gleichungen zu berechnen:

$$f(h_i) = h_i^3 - 3{,}481 h_i^2 + 0{,}244$$

$$f'(h_i) = 3h_i^2 - 6{,}962 h_i^2$$

Im Unterwasser dominiert die Geschwindigkeit bzw. Geschwindigkeitshöhe. Die Wassertiefe h_2 ist zwar sehr viel kleiner als h_1, aber größer als Null!

Startwert: $h_i \approx 0{,}25$ [m] (fiktiv angenommen!), ggf. sind weitere Iterationsschritte erforderlich.

i	h_i	$f(h_i)$	$f'(h_i)$	h_{i+1}
0	0,25	0,042043	-1,402954	0,2800
1	0,2800	-0,006921	-1,545958	0,2755
2	0,2755	0,000699	-1,524938	0,2759

Die Wassertiefe im Unterwasser beträgt damit:

$h_2 = 0{,}276 \, m$

Die zugehörige Geschwindigkeit bzw. Geschwindigkeitshöhe im Unterwasser beträgt:

$$17{,}50\frac{m^3}{s} = v_2 \cdot b \cdot h_2 \;\Rightarrow\; v_2 = \frac{17{,}50}{b \cdot h_2} = \frac{17{,}50}{8{,}00 \cdot 0{,}276} = 7{,}928\frac{m}{s}$$

$$\frac{v_2^2}{2g} = \frac{7,928^2}{2g} = 3,205 \ m$$

Grafische Verteilung der Wassertiefen, Geschwindigkeitshöhen und Energiehöhen:

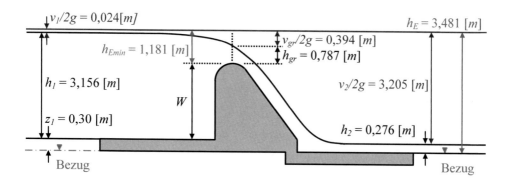

Beispiel 27 – Vollkommener Wehrüberfall

<u>Gegeben:</u> Parabelgerinne mit einem rundkronigen Wehr. – Die Wehrfeldbreite beträgt $b = 8,00$ [m], die Wehrhöhe ist $W = 2,00$ [m]. Das Parabelgerinne entspricht einem Öffnungsmaß von a $= 0,05$ [m^{-1}], vor dem Wehrkörper wird eine Überfallhöhe von $h_ü = 75$ [cm] gemessen, für das Wehr gilt der theoretische Überfallbeiwert μ.

<u>Gesucht:</u> die korrespondierenden Wassertiefen im Oberwasser- (OW-Parabel) und im Unterwasserbereich (UW-Parabel) mit den zugehörigen Fließgeschwindigkeiten.

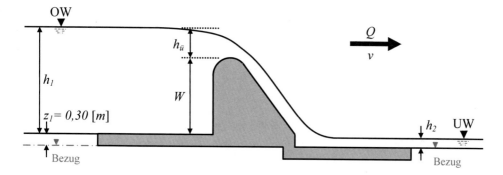

Lösung 27 – Strömung über ein rundkroniges und waagerechtes Wehr

Mit der Wassertiefe $h_Ü$ lässt sich mit einem Beiwert μ die zugehörige Überfallwassermenge nach der Formel von *Poleni* bestimmen. Dieser Beiwert wird als Überfallbeiwert (s. Anhang) bezeichnet, er berücksichtigt die Verallgemeinerung der Energiegleichung infolge der konvex gekrümmten Stromlinien und des eigentlich erforderlichen Druckhöhenbeiwertes (Korrekturwert β).

Der theoretische Überfallbeiwert $\mu = \dfrac{1}{\sqrt{3}}$ ist ein brauchbarer Mittelwert und es gilt:

$$Q_{\ddot{u}} = \frac{2}{3} \cdot \mu \cdot b \cdot \sqrt{2g} \cdot h_{\ddot{u}}^{\frac{3}{2}} = \frac{2}{3} \cdot \frac{1}{\sqrt{3}} \cdot b \cdot \sqrt{2g} \cdot h_{\ddot{u}}^{\frac{3}{2}}$$

$$Q_{\ddot{u}} = \frac{2}{3} \cdot \frac{1}{\sqrt{3}} \cdot 8,00 \cdot \sqrt{2g} \cdot 0,75^{\frac{3}{2}} = 8,857 \frac{m^3}{2}$$

Obwohl es sich hier um ein Parabelgerinne handelt, sind die Grenzwassertiefe h_{gr}, die Grenz-fließgeschwindigkeit v_{gr} und die minimale Energiehöhe h_{Emin}, auf dem waagerechten Wehr-überfall, wie beim Rechteckgerinne zu bemessen. Die Gleichungen sind dem Anhang zu ent-nehmen:

$$h_{gr} = \sqrt[3]{\frac{Q^2}{g \cdot b^2}} = \sqrt[3]{\frac{8,857^2}{g \cdot 8,00^2}} = 0,500 \, m$$

Die Grenzgeschwindigkeit auf der Wehrkrone (Rechteck) beträgt:

$$v_{gr} = \sqrt{g \cdot h_{gr}} = \sqrt{g \cdot 0,500} = 2,214 \frac{m}{s}$$

$$\frac{v_{gr}^2}{2g} = \frac{2,214^2}{2g} = 0,250 \, m$$

Die minimale Energiehöhe beträgt:

$$h_{E\min} = h_{gr} + \frac{v_{gr}^2}{2g} \quad \text{oder für ein Rechteckgerinne} \quad h_{E\min} = \frac{3}{2} h_{gr}$$

$$h_{E\min} = 0,500 + 0,250 = 0,750 \, m \quad \text{bzw.}$$

$$h_{E\min} = \frac{3}{2} 0,500 = 0,750 \, m$$

Die Energiebetrachtung liefert die Energiehöhe:

$$h_E = h_{E_1} = h_{E\min} + W + z_1 = h_{E_2}$$

$$h_E = 0,750 + 2,00 + 0,30 = 3,050 \, m$$

Durch gemeinsame Verwendung von *Bernoulli* und Konti lässt sich nun die Wassertiefe im Oberwasser berechnen:

$$h_E = h_{E_1} = h_{E\min} + W + z_1 = h_{E_2} = 3,050 \, m = h_1 + \frac{v_1^2}{2g} + z_1 = h_2 + \frac{v_2^2}{2g}$$

$$Q = Q_1 = Q_{\ddot{u}} = Q_2 = 8,857 \frac{m^3}{s} = v_1 \cdot A_1 = v_2 \cdot A_2$$

Ersetzt man nun die Querschnittsfläche A_1 durch die Fläche des durchströmten Parabelquer-schnitts und substituiert anschließend in die Energiehöhengleichung h_{E1}, erhält man:

$$A_1 = \frac{2}{3} \sqrt{\frac{h_1^3}{a}} = \frac{2}{3} \cdot \sqrt{\frac{h_1^3}{0,05}} = 2,981 \cdot h_1^{\frac{3}{2}}$$

$$8{,}857\,\frac{m^3}{s} = v_1 \cdot 2{,}981 \cdot h_1^{\frac{3}{2}} \quad \Rightarrow \quad v_1 = \frac{8{,}857}{2{,}981 \cdot h_1^{\frac{3}{2}}} = \frac{2{,}971}{h_1^{\frac{3}{2}}}$$

$$\frac{v_1^2}{2g} = \frac{2{,}971^2}{2g \cdot \left(h_1^{\frac{3}{2}}\right)^2} = \frac{0{,}450}{h_1^3}$$

$$3{,}050\,m = h_1 + \frac{v_1^2}{2g} + z_1 = h_1 + \frac{0{,}450}{h_1^3} + 0{,}30$$

Die ursprünglich vorliegenden 2 Gleichungen mit den 2 Unbekannten v_1 und h_1 konnten somit auf eine Gleichung mit einer Unbekannten h_1 reduziert werden. Durch Multiplikation der Gleichung mit h_1^3 erhält man folgendes Polynom 4. Grades:

$$3{,}050 h_1^3 = h_1^4 + 0{,}450 + 0{,}30 h_1^3$$
$$0 = h_1^4 - 2{,}750 h_1^3 + 0{,}450$$

Die zugehörigen Nullstellen dieses Polynoms erhält man durch die abstrakte Form des *Newton*'schen Iterationsverfahrens (siehe Beispiel 26).

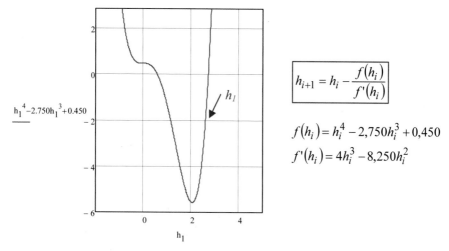

$$\boxed{h_{i+1} = h_i - \frac{f(h_i)}{f'(h_i)}}$$

$$f(h_i) = h_i^4 - 2{,}750 h_i^3 + 0{,}450$$
$$f'(h_i) = 4 h_i^3 - 8{,}250 h_i^2$$

Als Startwert für die Wassertiefe h_1 im Oberwasser wählt man sinnvollerweise einen Wert für die Iteration, der in etwa der Energiehöhe entspricht. Im OW herrscht eine strömende Fließart mit sehr geringer Fließgeschwindigkeit bzw. Geschwindigkeitshöhe aber großer Wassertiefe!

Startwert: $h_i \approx h_E - z_1 \approx 3{,}050 - 0{,}30 \approx 2{,}75\ [m]$:

i	h_i	$f(h_i)$	$f'(h_i)$	h_{i+1}
0	2,75	0,450000	20,796875	2,7284
1	2,7284	0,010539	19,826604	2,7278
2	2,7278	0,000006	19,803058	2,7278

Wie im Graphen auf der vorhergehenden Seite zu erkennen ist, verfügt das Polynom 4. Grades nur über 2 reelle Nullstellen, des Weiteren existieren noch 2 imaginäre Nullstellen, die hier nicht interessieren.

Die Wassertiefe im Oberwasser beträgt wegen $h_1 > W$:

$$h_1 = 2,728\,m$$

Die zugehörige Geschwindigkeit bzw. Geschwindigkeitshöhe im Oberwasser beträgt:

$$8,857\frac{m^3}{s} = v_1 \cdot 2,981 \cdot h_1^{\frac{3}{2}} \;\Rightarrow\; v_1 = \frac{8,857}{2,981 \cdot h_1^{\frac{3}{2}}} = \frac{8,857}{2,981 \cdot 2,728^{\frac{3}{2}}} = 0,659\frac{m}{s}$$

$$\frac{v_1^2}{2g} = \frac{0,659^2}{2g} = 0,022\,m$$

Mit der sehr geringen Geschwindigkeitshöhe im Oberwasser konnte bestätigt werden, dass die Annahme für den Startwert von h_1 korrekt war!

Die Wassertiefe im Unterwasser ist, wegen $z_2 = 0$, mit neuen Gleichungen zu berechnen:

$$f(h_i) = h_i^4 - 3,050h_i^3 + 0,450$$
$$f'(h_i) = 4h_i^3 - 9,150h_i^2$$

Startwert: $h_i \approx 0,50\,[m]$ (fiktiv angenommen!), ggf. sind weitere Iterationsschritte erforderlich.

i	h_i	$f(h_i)$	$f'(h_i)$	h_{i+1}
0	0,50	0,131250	-1,787500	0,5734
1	0,5734	-0,016965	-2,254473	0,5659
2	0,5659	-0,000185	-2,205329	0,5658

Die Wassertiefe im Unterwasser beträgt damit:

$$h_2 = 0,566\,m$$

Die zugehörige Geschwindigkeit bzw. Geschwindigkeitshöhe im Unterwasser beträgt:

$$8,857\frac{m^3}{s} = v_2 \cdot 2,981 \cdot h_2^{\frac{3}{2}} \;\Rightarrow\; v_2 = \frac{8,857}{2,981 \cdot h_2^{\frac{3}{2}}} = \frac{8,857}{2,981 \cdot 0,566^{\frac{3}{2}}} = 6,980\frac{m}{s}$$

$$\frac{v_2^2}{2g} = \frac{6,980^2}{2g} = 2,484\,m$$

Grafische Verteilung der Wassertiefen, Geschwindigkeitshöhen und Energiehöhen:

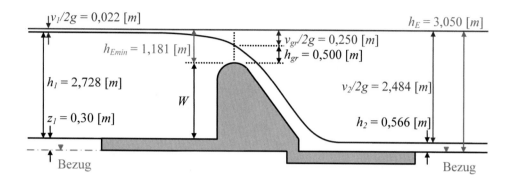

Beispiel 28 – Vollkommener Wehrüberfall

<u>Gegeben:</u> symmetrisches Trapezgerinne mit einem scharfkantigen und belüfteten Wehr. – Die Wehrfeldbreite beträgt $b = 5,00$ $[m]$, die Wehrhöhe ist $W = 2,00$ $[m]$. Das Trapezgerinne hat eine Böschungsneigung von $1:m = 1:3,5$, die Sohlbreite des Gerinnes beträgt $b_S = 3,75$ $[m]$. Vor dem Wehrkörper wird eine Überfallhöhe von $h_ü = 65$ $[cm]$ gemessen, für das Wehr gilt der Überfallbeiwert $\mu = 0,64$ (gemäß Anhang).

<u>Gesucht:</u> Fließzustand auf der Wehrkrone sowie die korrespondierenden Wassertiefen im Oberwasser- (OW-Trapez) und im Unterwasserbereich (UW-Trapez) mit den zugehörigen Fließgeschwindigkeiten.

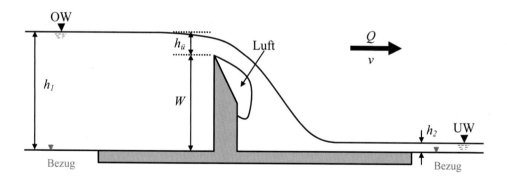

Lösung 28 – Strömung über ein scharfkantiges und waagerechtes Wehr

Mit der Wassertiefe $h_Ü$ lässt sich auch mit einem Beiwert; die zugehörige Überfallwassermenge nach *Poleni* bestimmen. Der Beiwert für scharfkantige Wehre mit belüftetem Überfallstrahl beträgt $\mu \approx 0,64$ (s. Anhang).

$$Q_ü = \frac{2}{3} \cdot \mu \cdot b \cdot \sqrt{2g} \cdot h_ü^{\frac{3}{2}} = \frac{2}{3} \cdot 0,64 \cdot 8,00 \cdot \sqrt{2g} \cdot 0,65^{\frac{3}{2}} = 4,951 \frac{m^3}{2}$$

Obwohl es sich hier um ein symmetrisches Trapezgerinne handelt, sind die Grenzwassertiefe h_{gr}, die Grenzfließgeschwindigkeit v_{gr} und die minimale Energiehöhe $h_{E\,min}$ auf dem waagerechten Wehrüberfall, wie beim Rechteckgerinne, zu bemessen. Die Gleichungen sind dem Anhang zu entnehmen.

$$h_{gr} = \sqrt[3]{\frac{Q^2}{g \cdot b^2}} = \sqrt[3]{\frac{4,951^2}{g \cdot 5,00^2}} = 0,464 \ m$$

Die Grenzgeschwindigkeit auf der Wehrkrone (Rechteck) beträgt:

$$v_{gr} = \sqrt{g \cdot h_{gr}} = \sqrt{g \cdot 0,464} = 2,133 \frac{m}{s}$$

$$\frac{v_{gr}^2}{2g} = \frac{2,133^2}{2g} = 0,232 \ m$$

Die minimale Energiehöhe beträgt:

$$h_{E_{min}} = h_{gr} + \frac{v_{gr}^2}{2g} \quad \text{oder für ein Rechteckgerinne} \quad h_{E_{min}} = \frac{3}{2} h_{gr}$$

$$h_{E_{min}} = 0,464 + 0,232 = 0,696 \ m \quad \text{bzw.}$$

$$h_{E_{min}} = \frac{3}{2} 0,464 = 0,696 \ m$$

Die Energiebetrachtung liefert die Energiehöhe:

$$h_E = h_{E_1} = h_{E_{min}} + W = h_{E_2}$$
$$h_E = 0.696 + 2,00 = 2,696 \ m$$

Durch gemeinsame Verwendung von *Bernoulli* und Konti lässt sich nun die Wassertiefe im Oberwasser berechnen:

$$h_E = h_{E_1} = h_{E_{min}} + W = h_{E_2} = 2,696 \ m = h_1 + \frac{v_1^2}{2g} = h_2 + \frac{v_2^2}{2g}$$

$$Q = Q_1 = Q_{\ddot{u}} = Q_2 = 4,951 \frac{m^3}{s} = v_1 \cdot A_1 = v_2 \cdot A_2$$

Ersetzt man nun die Querschnittsfläche A_1 durch die Fläche des durchströmten symmetrischen Trapezquerschnitts und substituiert anschließend in die Energiehöhengleichung h_{E1}, erhält man:

$$A_1 = b_S \cdot h_1 + m \cdot h_1^2 = 3,75 \cdot h_1 + 3,5 \cdot h_1^2$$

$$4,951 \frac{m^3}{s} = v_1 \cdot \left(3,75 \cdot h_1 + 3,5 \cdot h_1^2\right) \implies v_1 = \frac{4,951}{3,75 \cdot h_1 + 3,5 \cdot h_1^2}$$

$$\frac{v_1^2}{2g} = \frac{4,951^2}{2g \cdot \left(3,75 \cdot h_1 + 3,5 \cdot h_1^2\right)^2} = \frac{1,250}{14,063 \cdot h_1^2 + 26,250 \cdot h_1^3 + 12,250 \cdot h_1^4}$$

$$2,696 \ m = h_1 + \frac{v_1^2}{2g} = h_1 + \frac{1,250}{14,063 \cdot h_1^2 + 26,250 \cdot h_1^3 + 12,250 \cdot h_1^4}$$

$$2,696 \cdot \left(14,063 h_1^2 + 26,250 h_1^3 + 12,250 h_1^4\right) - h_1 \cdot \left(14,063 h_1^2 + 26,250 h_1^3 + 12,250 h_1^4\right) = 1,250$$

Die ursprünglich vorliegenden 2 Gleichungen mit den 2 Unbekannten v_1 und h_1 konnten somit auf eine Gleichung mit einer Unbekannten h_1 reduziert werden. Durch Multiplikation der gesamten Gleichung mit dem Nenner (siehe zuvor) erhält man folgendes Polynom 5. Grades:

$$1,250 = 37,915 \cdot h_1^2 + 56,713 \cdot h_1^3 + 6,779 \cdot h_1^4 - 12,25 \cdot h_1^5$$

$$0 = 37,915 \cdot h_1^2 + 56,713 \cdot h_1^3 + 6,779 \cdot h_1^4 - 12,250 \cdot h_1^5 - 1,250$$

Die zugehörigen Nullstellen dieses Polynom erhält man durch die abstrakte Form des *Newton*'schen Iterationsverfahrens (siehe Beispiel 26).

$$f\left(h_i\right) = 37,915 \cdot h_1^2 + 56,713 \cdot h_1^3 + 6,779 \cdot h_1^4$$
$$- 12,250 \cdot h_1^5 - 1,250$$

$$f'\left(h_i\right) = 75,831 \cdot h_1 + 170,139 \cdot h_1^2$$
$$+ 27,114 \cdot h_1^3 - 61,25 \cdot h_1^4$$

Als Startwert für die Wassertiefe h_1 im Oberwasser wählt man sinnvollerweise einen Wert für die Iteration, der in etwa der Energiehöhe entspricht. Im OW herrscht eine strömende Fließart mit sehr geringer Fließgeschwindigkeit bzw. Geschwindigkeitshöhe aber großer Wassertiefe!

Startwert: $h_i \approx h_E \approx 2,696 \approx 2,70 \; [m]$

i	h_i	$f(h_i)$	$f'(h_i)$	h_{i+1}
0	2,70	-6,044925	-1276,334253	2,6953
1	2,6953	-0,036372	-1261,065145	2,6952
2	2,6952	-0,000002	-1260,972473	2,6952

Wie im zuvor gezeigten Graphen zu erkennen ist, verfügt das Polynom 5. Grades über 5 reelle Nullstellen, davon liegt aber nur eine im relevanten Bereich von h_1,

Die Wassertiefe im Oberwasser beträgt wegen $h_1 > W$:

$$h_1 = 2,695 \, m$$

Die zugehörige Geschwindigkeit bzw. Geschwindigkeitshöhe im Oberwasser beträgt:

$$A_1 = b_S \cdot h_1 + m \cdot h_1^2 = 3,75 \cdot 2,695 + 3,5 \cdot 2,695^2 = 35,532 \, m^2$$

$$v_1 = \frac{Q}{A_1} = \frac{4,951}{35,532} = 0,139 \frac{m}{s} \quad bzw. \quad \frac{v_1^2}{2g} = \frac{0,139^2}{2g} = 0,001 \, m$$

Mit der sehr geringen Geschwindigkeitshöhe im Oberwasser konnte bestätigt werden, dass die Annahme für den Startwert von h_1 korrekt war!

Die Wassertiefe h_2 wird wegen des gleichen Bezugshorizontes mit denselben Gleichungen wie zuvor berechnet, allerdings mit einem wesentlich kleineren Startwert.

$$1{,}250 = 37{,}915 \cdot h_1^2 + 56{,}713 \cdot h_1^3 + 6{,}779 \cdot h_1^4 - 12{,}25 \cdot h_1^5$$

$$0 = 37{,}915 \cdot h_1^2 + 56{,}713 \cdot h_1^3 + 6{,}779 \cdot h_1^4 - 12{,}250 \cdot h_1^5 - 1{,}250$$

Startwert: $h_i \approx 0{,}15 \ [m]$ (fiktiv angenommen!), ggf. sind weitere Iterationsschritte erforderlich.

i	h_i	$f(h_i)$	$f'(h_i)$	h_{i+1}
0	0,15	-0,203004	15,263279	0,1633
1	0,1633	0,011445	16,994822	0,1626
2	0,1626	0,000030	16,905672	0,1626

Die Wassertiefe im Unterwasser beträgt damit:

$$h_2 = 0{,}163 \ m$$

Dieser Wert stellt die 2. positive Nullstelle für das Polynom 5. Grades dar (vergl. Graphen auf vorhergehender Seite). Die zugehörige Geschwindigkeit bzw. Geschwindigkeitshöhe im Unterwasser beträgt:

$$A_2 = b_S \cdot h_2 + m \cdot h_2^2 = 3{,}75 \cdot 0{,}163 + 3{,}5 \cdot 0{,}163^2 = 0{,}702 \ m^2$$

$$v_2 = \frac{Q}{A_2} = \frac{4{,}951}{0{,}702} = 7{,}049 \, \frac{m}{s}$$

$$\frac{v_2^2}{2g} = \frac{7{,}049^2}{2g} = 2{,}553 \ m$$

Plausibilitätskontrolle: Bei identischer Gleichung $f(h_i)$ für Ober- und Unterwasser gilt stets folgende Ungleichung:

$$h_{OW} > h_{gr} > h_{UW} \quad \text{bzw.} \quad v_{OW} < v_{gr} < v_{UW} \quad \text{bzw.} \quad \frac{v_{OW}^2}{2g} < \frac{v_{gr}^2}{2g} < \frac{v_{UW}^2}{2g}$$

Grafische Verteilung der Wassertiefen, Geschwindigkeitshöhen und Energiehöhen:

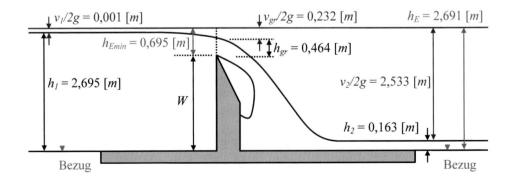

Beispiel 29 – Wechselsprung im Rechteckgerinne

<u>Gegeben:</u> Rechteckgerinne mit einer Breite von $b = 8,00$ [m] und einem Volumenstrom von Q $= 7,50$ [m^3/s]. Die im Oberwasser vorherrschende Wassertiefe beträgt $h_1 = 0,25$ [m], die beobachtete Wassertiefe im Unterstrom ist deutlich größer als die von h_1.

<u>Gesucht:</u> Findet in diesem Gewässerabschnitt ein Fließartenwechsel in Form eines Wechselsprungs statt?

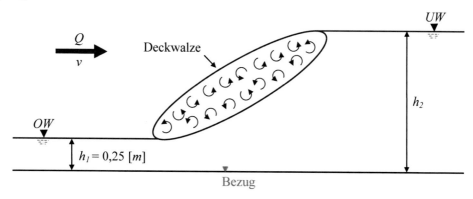

Lösung 29 – Wechselsprung zwischen Fließartenwechsel

Sofern hier ein Fließartenwechsel (Übergang vom schießenden zum strömenden Abfluss) vorliegt, müsste gelten:

$$h_1 < h_{gr} < h_2 \quad bzw. \quad v_1 > v_{gr} > v_2$$

Im Folgenden wird nun zuerst die Grenzwassertiefe für das Rechteckgerinne berechnet. h_{gr} liegt in expliziter Gleichungsform vor (vergl. Anhang):

$$h_{gr} = \sqrt[3]{\frac{Q^2}{g \cdot b^2}} = \sqrt[3]{\frac{7,50^2}{g \cdot 8,00^2}} = 0,488 \ m$$

Nun wird die konjugierte Wassertiefe h_2 gesucht, die zugehörige Energiegleichung bzw. „Konti"-Gleichung lautet:

$$h_1 + \frac{v_1^2}{2g} = h_2 + \frac{v_2^2}{2g} \quad bzw. \quad v_1 \cdot A_1 = v_2 \cdot A_2$$

Darin lässt sich v_1 aus Konti berechnen sowie v_2 durch h_2 substituieren:

$$v_1 = \frac{Q}{A_1} = \frac{Q}{b \cdot h_1} = \frac{7,50}{8,00 \cdot 0,25} = 3,750 \frac{m}{s} \quad \Rightarrow \quad \frac{v_1^2}{2g} = \frac{3,750^2}{2g} = 0,717 \ m$$

$$v_2 = \frac{Q}{A_2} = \frac{Q}{b \cdot h_2} = \frac{7,50}{8,00 \cdot h_2} = \frac{0,938}{h_2} \quad \Rightarrow \quad \frac{v_2^2}{2g} = \frac{0,045}{h_2^2}$$

Die Wassertiefe im Unterwasser lässt sich damit quantifizieren:

$$0,25 + 0,717 = 0,967 \ m \quad \Rightarrow \quad 0,967 \ m = h_2 + \frac{0,045}{h_2^2}$$

Die zugehörigen Nullstellen dieses Polynoms erhält man durch die abstrakte Form des *Newton*'schen Iterationsverfahrens (siehe Beispiel 26).

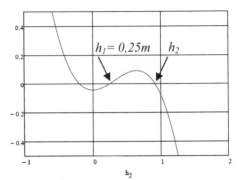

$$f(h_2) = 0.967h_2^2 - h_2^3 - 0,045$$

$$f'(h_2) = 1,934h_2 - 3h_2^2$$

Für h_2 ist ein Wert deutlich größerer als h_1 zu wählen, gewählt wurde $h_i = 0,90$ [m]:

i	h_i	$f(h_i)$	$f'(h_i)$	h_{i+1}
0	0,90	0,009401	-0,689422	0,9136
1	0,9136	-0,000325	-0,737241	0,9132
2	0,9132	0,000000	-0,735679	0,9132

Die Wassertiefe im Unterwasser beträgt: $h_2 = 0,913\ m$

$$h_1 < h_{gr} < h_2 \quad \Rightarrow \quad 0,25\ m < 0,488\ m < 0,913\ m$$

Diese Ungleichung wird erfüllt, d. h. es liegt zwischen h_1 und h_2 ein Wechselsprung (Fließartenwechsel) vor.

Beispiel 30 – Wechselsprung im Parabelgerinne

Gegeben: Parabelgerinne mit einer Wasserspiegelbreite von $b = 8,00$ [m] und einem Volumenstrom von $Q = 7,50$ [m³/s]. Das Öffnungsmaß der Parabel beträgt $a = 0,01$ [m^{-1}]. Die im Oberwasser vorherrschende Wassertiefe beträgt $h_1 = 0,25$ [m], die beobachtete Wassertiefe im Unterstrom ist größer als die von h_1.
Gesucht: Findet in diesem Gewässerabschnitt ein Fließartenwechsel in Form eines Wechselsprungs statt?
Abbildung: analog Aufgabe 29

Lösung 30 – Wechselsprung zwischen Fließartenwechsel

Bei Fließartenwechsel (Übergang vom strömenden zum schießenden Abfluss) gilt auch hier:

$$h_1 < h_{gr} < h_2 \quad \text{bzw.} \quad v_1 > v_{gr} > v_2$$

Im Folgenden wird nun zuerst die Grenzwassertiefe für das Parabelgerinne berechnet. h_{gr} liegt in expliziter Gleichungsform vor (vergl. Anhang):

$$h_{gr} = \sqrt[4]{\frac{27 \cdot a \cdot Q^2}{8g}} = \sqrt[4]{\frac{27 \cdot 0,01 \cdot 7,50^2}{8g}} = 0,663\ m$$

Nun wird die unterwasserseitige Wassertiefe h_2 gesucht, die zugehörige Energiegleichung lautet:

$$h_1 + \frac{v_1^2}{2g} = h_2 + \frac{v_2^2}{2g} \quad bzw. \quad v_1 \cdot A_1 = v_2 \cdot A_2$$

Darin lässt sich v_1 aus Konti berechnen sowie v_2 mit h_2 substituieren:

$$v_1 = \frac{Q}{A_1} = \frac{Q}{2\sqrt[3]{\frac{h_1^3}{a}}} = \frac{7,50}{\frac{2}{3}\sqrt{\frac{0,25^3}{0,01}}} = 9,000 \frac{m}{s} \quad \Rightarrow \quad \frac{v_1^2}{2g} = \frac{9,000^2}{2g} = 4,130\ m$$

$$v_2 = \frac{Q}{A_2} = \frac{3 \cdot Q \cdot \sqrt{a}}{2\sqrt{h_2^3}} = \frac{3 \cdot 7,50 \cdot \sqrt{0,01}}{2\sqrt{h_2^3}} = \frac{1,125}{\sqrt{h_2^3}} \quad \Rightarrow \quad \frac{v_2^2}{2g} = \frac{1,125^2}{2g \cdot h_2^3} = \frac{0,065}{h_2^3}$$

Die Wassertiefe im Unterwasser lässt sich damit quantifizieren:

$$0,25 + 4,130 = 4,380\ m \quad \Rightarrow \quad 4,380\ m = h_2 + \frac{0,065}{h_2^3}$$

Die zugehörigen Nullstellen dieses Polynoms erhält man durch die abstrakte Form des *Newton*'schen Iterationsverfahrens (siehe Beispiel 26).

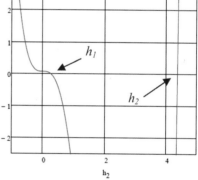

$$f(h_2) = h_2^4 - 4,380h_2^3 + 0,065$$

$$f'(h_2) = 4h_2^3 - 13,140h_2^2$$

Für h_2 ist ein Wert deutlich größerer als h_1 zu wählen, gewählt wurde $h_i = 4,20\ [m]$:

i	h_i	$f(h_i)$	$f'(h_i)$	h_{i+1}
0	4,20	-13,260247	64,570303	4,4054
1	4,4054	2,245588	86,981045	4,3795
2	4,3795	0,038803	83,983832	4,3791

Die Wassertiefe im Unterwasser beträgt: $h_2 = 4,379\ m$

$$h_1 < h_{gr} < h_2 \quad \Rightarrow \quad 0,25\ m < 0,663\ m < 4,379\ m$$

Diese Ungleichung wird erfüllt, d. h. es liegt zwischen h_1 und h_2 ein Fließartenwechsel (Wechselsprung) vor.

Beispiel 31 – Wechselsprung im symmetrischen Trapezgerinne

Gegeben: Symmetrisches Trapezgerinne mit einer Böschungsneigung von $1:m = 1:3,5$ und eine Sohlbreite von $b_S = 3,75$ [m]. Der Volumenstrom beträgt $Q = 7,50$ [m^3/s]. Die im Oberwasser vorherrschende Wassertiefe beträgt $h_1 = 0,25$ [m], die beobachtete Wassertiefe im Unterstrom ist größer als die von h_1.

Gesucht: Findet in diesem Gewässerabschnitt ein Fließartenwechsel in Form eines Wechselsprungs statt?

Abbildung: analog Aufgabe 29

Lösung 31 – Wechselsprung zwischen Fließartenwechsel

Bei Fließartenwechsel (Übergang vom strömenden zum schießenden Abfluss) gilt auch hier:

$$h_1 < h_{gr} < h_2 \quad \text{bzw.} \quad v_1 > v_{gr} > v_2$$

Im Folgenden wird nun versucht, die Grenzwassertiefe für das Trapezgerinne zu bestimmen. Die Berechnung ist nicht direkt möglich, da sich die Wasserspiegelbreite mit der Höhe ändert, d. h. h_{gr} liegt hier nur in impliziter Gleichungsform vor (vergl. Anhang):

$$Q_{gr} = \sqrt{\frac{g \cdot b_S^2 \cdot \left(1 + \dfrac{m}{b_S} \cdot h_{gr}\right)^3 \cdot h_{gr}^3}{1 + \dfrac{2m}{b_S} \cdot h_{gr}}}$$

Diese Gleichung lässt sich ebenfalls durch die abstrakte Form des *Newton*'schen Iterationsverfahrens (siehe Beispiel 26) lösen.

$$Q_{gr}^2 \cdot \left(1 + \frac{2m}{b_s} \cdot h_{gr}\right) = g \cdot b_S^2 \cdot \left(1 + \frac{m}{b_S} \cdot h_{gr}\right)^3 \cdot h_{gr}^3$$

$$h_{gr} = \left[g \cdot b_S^2 \cdot \left(1 + \frac{m}{b_S} \cdot h_{gr}\right)^3 \cdot h_{gr}^3 - Q_{gr}^2\right] \cdot \frac{b_S}{2m \cdot Q_{gr}^2}$$

Ausmultiplizieren und Zusammenfassen:

$$h_{gr} = \left[g \cdot 3,75^2 \cdot \left(1 + \frac{3,5}{3,75} \cdot h_{gr}\right)^3 \cdot h_{gr}^3 - 7,50^2\right] \cdot \frac{3,75}{2 \cdot 3,5 \cdot 7,50^2}$$

$$0 = 1,313 \cdot h_{gr}^3 \cdot \left(1 + 0,933 \cdot h_{gr}\right)^3 - h_{gr} - 0,536$$

Polynom 6. Grades:

$$f\left(h_{gr}\right) = 1,313 h_{gr}^3 + 3,677 h_{gr}^4 + 3,432 h_{gr}^5 + 1,068 h_{gr}^6 - h_{gr} - 0,536$$

$$f'\left(h_{gr}\right) = 3,940 h_{gr}^2 + 14,710 h_{gr}^3 + 17,162 h_{gr}^4 + 6,407 h_{gr}^5 - 1$$

Als Startwert wird $h_{gr} = 0,60$ [m] gewählt:

i	h_i	$f(h_i)$	$f'(h_i)$	h_{i+1}
0	0,60	-0,058712	5,750752	0,6102
1	0,6102	0,007885	6,159056	0,6089
2	0,6089	-0,000698	6,106872	0,6090

Die Grenzwassertiefe ist mit $h_{gr} = 0,609$ [m] größer als die Wassertiefe im Oberwasser. Nun wird noch die konjugierte Wassertiefe h_2 gesucht, um die Ungleichung zu überprüfen. Die zugehörige Energiegleichung lautet:

$$h_1 + \frac{v_1^2}{2g} = h_2 + \frac{v_2^2}{2g} \quad bzw. \quad v_1 \cdot A_1 = v_2 \cdot A_2$$

Darin lässt sich v_1 aus Konti berechnen sowie v_2 durch h_2 substituieren:

$$v_1 = \frac{Q}{A_1} = \frac{Q}{b_S \cdot h_1 + m \cdot h_1^2} = \frac{7,50}{3,75 \cdot 0,25 + 3,5 \cdot 0,25^2} = 6,486 \frac{m}{s}$$

$$\frac{v_1^2}{2g} = \frac{6,486^2}{2g} = 2,145 \ m$$

$$v_2 = \frac{Q}{A_2} = \frac{Q}{b_S \cdot h_2 + m \cdot h_2^2} = \frac{7,50}{3,75h_2 + 3,5h_2^2}$$

$$\frac{v_2^2}{2g} = \frac{7,50^2}{2g \cdot \left(3,75h_2 + 3,5h_2^2\right)^2} = \frac{2,868}{14,063h_2^2 + 26,250h_2^3 + 12,250h_2^4}$$

Die Wassertiefe im Unterwasser lässt sich damit quantifizieren:

$$0,25 + 2,145 = 2,395 \ m \quad \Rightarrow \quad 2,395 \ m = h_2 + \frac{2,868}{14,063h_2^2 + 26,250h_2^3 + 12,250h_2^4}$$

Die zugehörigen Nullstellen dieses Polynoms erhält man durch die abstrakte Form des *Newton*'schen Iterationsverfahrens (siehe Beispiel 26).

$$f\left(h_2\right) = 12,250h_2^5 - 3,091h_2^4$$
$$- 48,812h_2^3 - 33,683h_2^2 + 2,868$$
$$f'\left(h_2\right) = 61,250h_2^4 - 12,365h_2^3$$
$$- 146,435h_2^2 - 67,365h_2$$

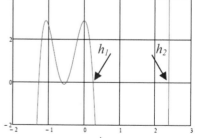

Für h_2 ist ein Wert deutlich größerer als h_1 zu wählen, gewählt wurde $h_i = 2,20$ [m]:

i	h_i	$f(h_i)$	$f'(h_i)$	h_{i+1}
0	2,20	-120,995299	446,208886	2,4712
1	2,4712	74,180560	1036,793062	2,3996
2	2,3996	6,617446	855,129589	2,3919

Die Wassertiefe im Unterwasser beträgt: $h_2 = 2,392\ m$

$$h_1 < h_{gr} < h_2 \quad \Rightarrow \quad 0,25\ m < 0,609\ m < 2,392\ m$$

Diese Ungleichung wird erfüllt, d. h. es liegt zwischen h_1 und h_2 ein Fließartenwechsel (Wechselsprung) vor.

Beispiel 32 – Sohlvertiefung

Gegeben: Rechteckgerinne mit einer Breite von $b = 8,00\ [m]$. Die vom Oberwasser kontrollierte Wassertiefe beträgt $h_1 = 2,85\ [m]$, die zugehörige Fließgeschwindigkeit beträgt im Mittel $v_1 = 4,75\ [m/s]$. Auf der Strecke ist – gemäß Zeichnung – eine Sohlvertiefung, mit gemäßigtem Übergang zu verzeichnen. Der Wasserspiegel unterscheidet sich an dieser Stelle von der Normalabflusshöhe h_1.

Gesucht: Wie groß ist der Volumenstrom Q und wie verändert sich der Wasserspiegel bezogen auf das Normalniveau? Tritt hier ggf. ein Wechselsprung auf?

Lösung 32 – Rechteckgerinne mit Sohlvertiefung

Die Energiegleichung lautet hier:

$$h_E = h_{E_1} = h_{E_2} \quad \text{bzw.} \quad \frac{v_1^2}{2g} + h_1 = \frac{v_2^2}{2g} + h_2 - \Delta z$$

$$\frac{v_1^2}{2g} + h_1 + \Delta z = \frac{v_2^2}{2g} + h_2$$

In Zahlen:

$$\frac{4,75^2}{2g} + 2,85 + 0,65 = \frac{v_2^2}{2g} + h_2$$

$$4,650m = \frac{v_2^2}{2g} + h_2$$

Durch die zusätzliche Verwendung der Konti-Gleichung lässt sich auch die Wassertiefe an der Stelle der Sohlvertiefung berechnen:

$$Q = Q_1 = Q_2 = v_1 \cdot A_1 = v_2 \cdot A_2$$

Ersetzt man nun die Querschnittsfläche A_2 durch die Fläche des durchströmten Rechtecks mit der bekannten Breite b und substituiert anschließend in die Energiehöhengleichung h_{E2}, erhält man:

$$v_1 \cdot b \cdot h_1 = 4{,}75\frac{m}{s} \cdot 8{,}00\, m \cdot 2{,}85\, m = 108{,}300\frac{m^3}{2}$$

$$108{,}300 = v_2 \cdot A_2 \quad \Rightarrow \quad v_2 = \frac{108{,}300}{b \cdot h_2} = \frac{13{,}538}{h_2}$$

$$\frac{v_2^2}{2g} = \frac{13{,}538^2}{2g \cdot h_2^2} = \frac{9{,}344}{h_2^2}$$

$$4{,}650\, m = h_2 + \frac{v_2^2}{2g} = h_2 + \frac{9{,}344}{h_2^2}$$

Die ursprünglich vorliegenden 2 Gleichungen mit den 2 Unbekannten v_2 und h_2 konnten somit auf eine Gleichung mit einer Unbekannten h_2 reduziert werden. Durch Multiplikation der Gleichung mit h_2^2 erhält man folgendes Polynom 3. Grades:

$$4{,}650 h_2^2 = h_2^3 + 9{,}344$$

$$0 = h_2^3 - 4{,}650 h_2^2 + 9{,}344$$

Die zugehörigen Nullstellen dieses Polynoms erhält man durch die abstrakte Form des *Newton*'schen Iterationsverfahrens (siehe Beispiel 26).

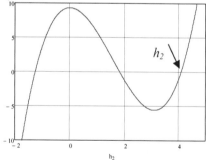

$$\underline{f(h_2) = h_2^3 - 4{,}650 h_2^2 + 9{,}344}$$

$$f'(h_2) = 3 h_2^2 - 9{,}301 h_2$$

Das Polynom 3. Grades liefert hier zunächst 2 mögliche Nullstellen (der negative Wert ist physikalisch unbedeutend!), die Zuordenbarkeit wird deshalb mit der Grenzwassertiefe des Rechteckgerinnes überprüft:

$$h_{gr} = \sqrt[3]{\frac{Q^2}{g \cdot b^2}} = \sqrt[3]{\frac{108{,}30^2}{g \cdot 8{,}00^2}} = 2{,}654\, m$$

Eine der beiden positiven Nullstellen des Polynoms ist mit $h = 1{,}816$ [m] kleiner als die Grenzwassertiefe h_{gr}. – Es ist aber zu beachten, dass bei gleich bleibendem Volumenstrom Q und mit zunehmender Wassertiefe die Geschwindigkeit bzw. die Geschwindigkeitshöhe abnehmen. Der in diesem Bereich langsamer abfließende Volumenstrom wird von dem aus dem Bereich h_1 kommenden und schneller fließenden Volumen „überrollt". Die Erklärung für dieses Phänomen liegt in der Definition der Konti-Gleichung. Es wird also eine Nullstelle zu suchen sein, die größer als h_{gr} ist.

Als Startwert wurde $h_i = 4,00$ [m] gewählt (ggf. sind weitere Iterationsschritte erforderlich!).

i	h_i	$f(h_i)$	$f'(h_i)$	h_{i+1}
0	4,00	-1,062019	10,797061	4,0984
1	4,0984	0,072060	12,271933	4,0925
2	4,0925	0,000263	12,182258	4,0925

Die Wassertiefe an der Stelle der Sohlvertiefung beträgt $h_2 = 4,09$ [m], damit sind sowohl h_1 als auch h_2 größer als h_{gr}. Es liegt also hier <u>kein Wechselsprung</u> vor, jedoch beträgt die Anhebung des Wasserspiegels:

$$\Delta h = h_2 - h_1 - \Delta z = 4,09 - 2,85 - 0,65 = 0.59 \ m$$

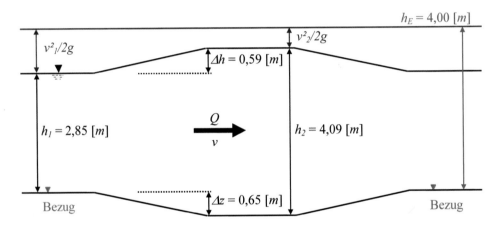

Beispiel 33 – Sohlschwelle

<u>Gegeben:</u> Rechteckgerinne mit einer Breite von $b = 8,00$ [m]. Die vom Oberwasser kontrollierte Wassertiefe beträgt $h_1 = 2,85$ [m], die zugehörige Fließgeschwindigkeit beträgt im Mittel $v_1 = 2,15$ [m/s]. Auf der Strecke ist – gemäß Zeichnung – eine Sohlschwelle mit gemäßigtem Übergang zu verzeichnen. Der Wasserspiegel unterscheidet sich an dieser Stelle von der Normalabflusshöhe h_1.

<u>Gesucht:</u> Wie groß ist der Volumenstrom Q und wie verändert sich der Wasserspiegel bezogen auf das Normalniveau? Tritt hier ggf. ein Wechselsprung auf?

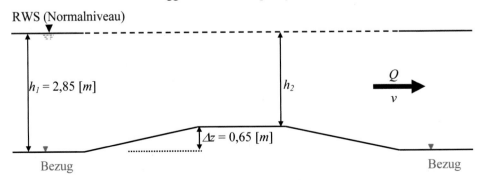

Lösung 33 – Rechteckgerinne mit Sohlschwelle

Die Energiegleichung lautet hier:

$$h_E = h_{E_1} = h_{E_2} \quad \text{bzw.} \quad \frac{v_1^2}{2g} + h_1 = \frac{v_2^2}{2g} + h_2 + \Delta z$$

$$\frac{v_1^2}{2g} + h_1 - \Delta z = \frac{v_2^2}{2g} + h_2$$

In Zahlen:

$$\frac{2{,}15^2}{2g} + 2{,}85 - 0{,}65 = \frac{v_2^2}{2g} + h_2$$

$$2{,}436\,m = \frac{v_2^2}{2g} + h_2$$

Durch die zusätzliche Verwendung der Konti-Gleichung lässt sich auch die Wassertiefe an der Stelle der Sohlvertiefung berechnen:

$$Q = Q_1 = Q_2 = v_1 \cdot A_1 = v_2 \cdot A_2$$

Ersetzt man nun die Querschnittsfläche A_2 durch die Fläche des durchströmten Rechtecks mit der bekannten Breite b und substituiert anschließend in die Energiehöhengleichung h_{E2}, erhält man:

$$v_1 \cdot b \cdot h_1 = 2{,}15\frac{m}{s} \cdot 8{,}00\,m \cdot 2{,}85\,m = 49{,}020\frac{m^3}{2}$$

$$49{,}020 = v_2 \cdot A_2 \quad \Rightarrow \quad v_2 = \frac{49{,}020}{8{,}00 \cdot h_2} = \frac{6{,}127}{h_2} \quad \text{bzw.} \quad \frac{v_2^2}{2g} = \frac{6{,}127^2}{2g \cdot h_2^2} = \frac{1{,}914}{h_2^2}$$

$$2{,}436\,m = h_2 + \frac{v_2^2}{2g} = h_2 + \frac{1{,}914}{h_2^2}$$

Die ursprünglich vorliegenden 2 Gleichungen mit den 2 Unbekannten v_2 und h_2 konnten somit auf eine Gleichung mit einer Unbekannten h_2 reduziert werden. Durch Multiplikation der Gleichung mit h_2^2 erhält man folgendes Polynom 3. Grades:

$$2{,}436 h_2^2 = h_2^3 + 1{,}914$$

$$0 = h_2^3 - 2{,}436 h_2^2 + 1{,}914$$

Die zugehörigen Nullstellen dieses Polynoms erhält man durch die abstrakte Form des *Newton*'schen Iterationsverfahrens (siehe Beispiel 26).

$$\underline{f(h_2) = h_2^3 - 2{,}436 \cdot h_2^2 + 1{,}914}$$

$$f'(h_2) = 3h_2^2 - 4{,}871 \cdot h_2$$

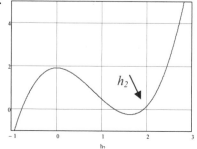

Das Polynom 3. Grades liefert hier zunächst 2 mögliche Nullstellen (negative Werte sind physikalisch unbedeutend!), die Zuordenbarkeit wird deshalb auch hier mit der Grenzwassertiefe des Rechteckgerinnes überprüft:

$$h_{gr} = \sqrt[3]{\frac{Q^2}{g \cdot b^2}} = \sqrt[3]{\frac{49,02^2}{g \cdot 8,00^2}} = 1,564 \; m$$

Einer der beiden positiven Werte des Polynoms ist aber kleiner als die Grenzwassertiefe h_{gr}, d. h. es tritt hier <u>kein Wechselsprung</u> auf und für h_2 kann nur ein Wert zutreffen, der kleiner als h_1 und größer als h_{gr} ist. Als Startwert wurde $h_i = 2,00 \; [m]$ gewählt (ggf. sind weitere Iterationsschritte erforderlich!).

i	h_i	$f(h_i)$	$f'(h_i)$	h_{i+1}
0	2,00	0,171599	2,257272	1,9240
1	1,9240	0,020159	1,732688	1,9123
2	1,9123	0,000450	1,655462	1,9121

Die Wassertiefe h_2 an der Stelle der Sohlvertiefung beträgt $h_2 = 1,91 \; m$.

Die Erklärung für dieses Phänomen liegt in der Konti-Gleichung. Mit abnehmender Wassertiefe und bei gleich bleibendem Volumenstrom Q steigen die Geschwindigkeit bzw. die Geschwindigkeitshöhe an, der hier schneller abfließende Volumenstrom „läuft" dem langsameren, gleich großen Volumenstrom aus dem Bereich von h_1 davon.

Es liegt also auch hier <u>kein Wechselsprung</u> vor, die Absenkung des Wasserspiegels beträgt jedoch:

$$\Delta h = h_1 - h_2 - \Delta z = 2,85 - 1,91 - 0,65 = 0.29 \; m$$

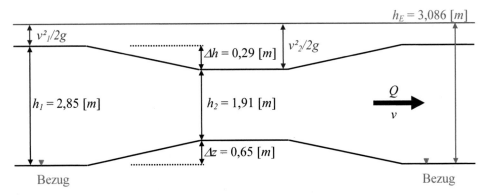

Beispiel 34 – Wehrüberströmung

<u>Gegeben:</u> Rechteckgerinne mit einem rundkronigen Wehr. – Die Wehrfeldbreite beträgt $b = 8,00 \; [m]$, die Wehrhöhe ist $W = 2,00 \; [m]$. Die vor dem Wehrkörper gemessene Überfallhöhe beträgt $h_ü = 0,75 \; [m]$.
<u>Gesucht:</u> lotrechte Wassertiefe in der Position der halben Wehrhöhe hinter der Wehrkrone.

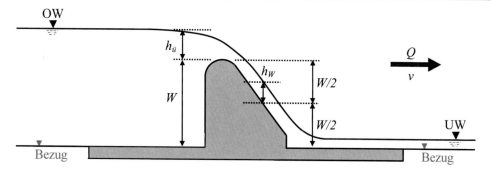

Lösung 34 – Wasserhöhe im Überströmungsbereich des Wehrs

Auch hier lässt sich aus der Überfallhöhe, die zugehörige Überfallwassermenge $Q_{\ddot{u}}$ bestimmen. Mit dem theoretischen Überfallbeiwert aus Beispiel 27 ergibt sich dafür:

$$Q_{\ddot{u}} = \frac{2}{3} \cdot \mu \cdot b \cdot \sqrt{2g} \cdot h_{\ddot{u}}^{\frac{3}{2}} = \frac{2}{3} \cdot \frac{1}{\sqrt{3}} \cdot b \cdot \sqrt{2g} \cdot h_{\ddot{u}}^{\frac{3}{2}}$$

$$Q_{\ddot{u}} = \frac{2}{3} \cdot \frac{1}{\sqrt{3}} \cdot 8,00 \cdot \sqrt{2g} \cdot 0,75^{\frac{3}{2}} = 8,857 \frac{m^3}{2}$$

Die Grenzwassertiefe h_{gr} im Rechteckgerinne liefert die minimale Energiehöhe $h_{E\min}$ auf dem waagerechten Wehrüberfall. Die Gleichungen sind dem Anhang zu entnehmen.

$$h_{gr} = \sqrt[3]{\frac{Q^2}{g \cdot b^2}} = \sqrt[3]{\frac{8,857^2}{g \cdot 8,00^2}} = 0,500 \, m$$

Die minimale Energiehöhe beträgt:

$$h_{E\min} = \frac{3}{2} h_{gr} \quad \text{bzw.} \quad h_{E\min} = \frac{3}{2} 0,500 = 0,750 \, m$$

Für die Position $W/2$ ist die Energiegleichung mit der minimalen Energiehöhe zu verwenden:

$$0,750 \, m = h_W + \frac{v_w^2}{2g} - \frac{W}{2} \quad \Rightarrow \quad 0,750 + \frac{2,00}{2} = 1,750 = h_W + \frac{v_w^2}{2g}$$

Wegen der Kontinuität gilt weiterhin für die Position $W/2$:

$$Q_{\ddot{u}} = Q_w = v_w \cdot A_w = 8,857 \frac{m^3}{3} \quad \Rightarrow \quad v_w = \frac{Q_w}{b \cdot h_w} = \frac{8,857}{8 \cdot h_w} = \frac{1,107}{h_w^2} \quad \Rightarrow \quad \frac{v_w^2}{2g} = \frac{0,062}{h_w^2}$$

Substituiert man nun den Ausdruck für $v_w^2/2g$ in die Energiehöhengleichung $h_{E\min}$, so erhält man:

$$1,750 \, m = h_w + \frac{v_w^2}{2g} = h_w + \frac{0,062}{h_w^2}$$

Die ursprünglich vorliegenden 2 Gleichungen mit den 2 Unbekannten v_w und h_w konnten somit auf eine Gleichung mit einer Unbekannten h_w reduziert werden. Durch Multiplikation der Gleichung mit h_w^2 erhält man folgenden Polynom 3. Grades:

$$1{,}750 h_2^2 = h_2^3 + 0{,}062$$

$$0 = h_2^3 - 1{,}750 h_2^2 + 0{,}062$$

Die zugehörigen Nullstellen dieses Polynoms erhält man durch die abstrakte Form des *Newton*'schen Iterationsverfahrens (siehe Beispiel 26).

$$\underline{f(h_2)} = h_2^3 - 1{,}750 h_2^2 + 0{,}062$$

$$f'(h_2) = 3 h_2^2 - 3{,}50 h_2$$

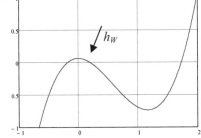

Das Polynom 3. Grades liefert hier zunächst wieder 2 mögliche Nullstellen (negative Werte sind physikalisch unbedeutend!), die Zuordenbarkeit wird deshalb mit der Grenzwassertiefe des Rechteckgerinnes überprüft.

Einer der beiden positiven Werte des Polynoms ist aber größer als die Grenzwassertiefe h_{gr}. Da der Fließartenwechsel vom Strömen zum Schießen jedoch bei h_{gr} auftritt, ist hier nur eine Wassertiefe h_w kleiner als h_{gr} zu erwarten. Als Startwert wurde $h_i = 0{,}20\ [m]$ gewählt (ggf. sind weitere Iterationsschritte erforderlich!).

i	h_i	$f(h_i)$	$f'(h_i)$	h_{i+1}
0	0,20	0,000500	-0,580000	0,2009
1	0,2009	-0,000001	-0,581981	0,2009
2	0,2009	0,000000	-0,581977	0,2009

Im schießenden Abflussbereich beträgt die Wasserhöhe bzw. Wassertiefe h_w auf halber Wehrhöhe $h_w = 0{,}20\ [m]$.

Beispiel 35 – Planschütz

<u>Gegeben:</u> Rechteckgerinne mit einem unterströmten Planschütz (Wehr). – Die Schützbreite beträgt $b = 1{,}00\ [m]$, die Wassertiefe unter dem Schütz ist $h_s = 0{,}25\ [m]$, zum Abfluss gelangen $Q = 2{,}50\ [m^3/s]$.
<u>Gesucht:</u> Wassertiefen h_1 und h_2.

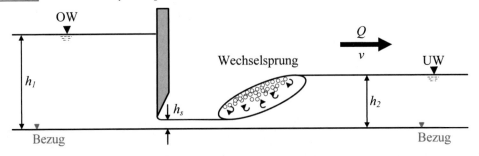

Lösung 35 – Konjugierte Wassertiefe eines Wechselsprungs

Die im Oberwasser ankommende Wassermenge entspricht der Wassermenge sowohl unterhalb des Planschützes als auch im Unterwasserbereich. Es gilt aus Gründen der Kontinuität:

$$Q = Q_1 = Q_s = Q_2 = 4{,}50\frac{m^3}{s} \quad \text{bzw.} \quad v_1 \cdot b \cdot h_1 = v_s \cdot b \cdot h_s = v_2 \cdot b \cdot h_2 \quad |:b$$

$$v_1 \cdot h_1 = v_s \cdot h_s = v_2 \cdot h_2$$

Es ist zielorientiert, mit der Lösung der konjugierten Wassertiefe zu beginnen, h_s und h_2 verhalten sich nämlich wie konjugierte Wassertiefen, allgemein gilt (vergl. Formelanhang):

$$\frac{h_u}{h_o} = \frac{1}{2}\left(\sqrt{1 + 8Fr_o^2} - 1\right) \quad \text{bzw.} \quad \frac{h_o}{h_u} = \frac{1}{2}\left(\sqrt{1 + 8Fr_u^2} - 1\right)$$

$$Fr_o = \frac{v_0}{\sqrt{g \cdot \dfrac{A_o}{b_{Sp_o}}}} \qquad\qquad Fr_u = \frac{v_u}{\sqrt{g \cdot \dfrac{A_u}{b_{Sp_u}}}}$$

Hierbei steht der Index „o" für die oberwasserseitige Wassertiefe bzw. der Index „u" für die unterwasserseitige Wassertiefe vor und hinter dem Wechselsprung.

Bezogen auf dieses Beispiel ergeben sich folgende Analogien:

$$\frac{h_2}{h_s} \equiv \frac{h_u}{h_o} \quad \Rightarrow \quad \frac{h_2}{h_s} = \frac{1}{2}\left(\sqrt{1 + 8Fr_o^2} - 1\right) = \frac{1}{2}\left(\sqrt{1 + 8\left(\frac{v_s}{\sqrt{g \cdot h_s}}\right)^2} - 1\right)$$

$$v_s = \frac{Q}{A_s} = \frac{Q_s}{b \cdot h_s} = \frac{2{,}50}{1{,}00 \cdot 0{,}25} = 10{,}0\frac{m}{s}$$

Durch Einsetzen der Zahlenwerte für v_s und h_s lässt sich nun die konjugierte Wassertiefe h_2 berechnen:

$$h_2 = \frac{1}{2}\left(\sqrt{1 + 8\left(\frac{10{,}00}{\sqrt{g \cdot 0{,}25}}\right)^2} - 1\right) \cdot 0{,}25 = 2{,}136\ m$$

Aus der Energiegleichung folgt nun zur Bestimmung von h_1:

$$h_{E1} = h_{E_s}$$

$$h_1 + \frac{v_1^2}{2g} = 0{,}25 + \frac{10{,}00^2}{2g} = 5{,}349\ m$$

$$5{,}349 = h_1 + \frac{10{,}00^2}{2g \cdot h_1^2} = h_1 + \frac{0{,}319}{h_1^2} \quad | \cdot h_1^2 \quad \Rightarrow \quad 0 = h_1^3 - 5{,}349h_1^2 + 0{,}319$$

Die zugehörigen Nullstellen dieses Polynoms erhält man durch die abstrakte Form des *Newton*'schen Iterationsverfahrens (siehe Beispiel 26).

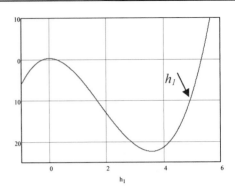

$$f(h_2) = h_2^3 - 5{,}349h_2^2 + 0{,}319$$

$$f'(h_2) = 3h_2^2 - 10{,}697h_2$$

Das Polynom 3. Grades liefert hier zunächst wieder 2 mögliche Nullstellen (negative Werte sind physikalisch unbedeutend!), die Zuordenbarkeit ist hier simpel, da der kleinere Wert die Wassertiefe unter dem Schütz darstellt. Der gesuchte Wert ist der größere positive Wert.

Startwert für $h_1 = 5{,}00$ [m]:

i	h_i	$f(h_i)$	$f'(h_i)$	h_{i+1}
0	5,00	-8,395865	21,514189	5,3902
1	5,3902	1,529279	29,503960	5,3384
2	5,3384	0,028936	28,390129	5,3374

Der gesuchte Wert für den Aufstau vor dem Schütz beträgt $h_1 = 5{,}34$ m!

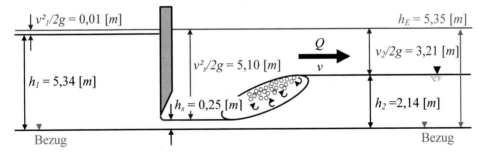

Beispiel 36 – Unvollkommener Wehrüberfall

Gegeben: Rechteckgerinne mit einem rundkronigen Wehr mit $r = 45$ [cm]. – Die Wehrfeldbreite beträgt $b = 2{,}50$ [m], die Wehrhöhe beträgt $W_O = 2{,}00$ [m] bzw. $W_U = 2{,}30$ [m]. Das Rechteckgerinne entspricht in seiner Wasserspiegelbreite dem des Wehrfelds.

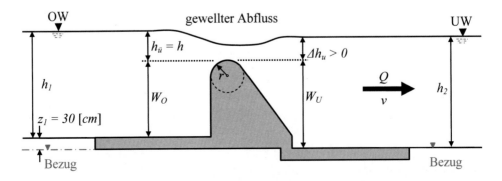

Zum Abfluss gelangen maximal $Q = 3,50$ $[m^3/s]$. Durch den gewellten Abfluss auf der Wehr-krone zeichnet sich ein Wasserstand von $\Delta h_u = 50$ $[cm]$ ab.
<u>Gesucht:</u> Wie groß sind die maximalen Wassertiefen im Ober- (OW) und Unterwasser (UW).

Lösung 36 – Unvollkommene Strömung über ein rundkroniges Wehr

Bei diesem unvollkommenen Wehrüberfall wird der Abfluss durch den Unterwasserstand h_2 beeinflusst. Die Strömungsverhältnisse sind komplex und werden sowohl von der Wehrform als auch vom Verhältnis $\Delta h_u/h$ bestimmt. Eine probate Methode ist es dennoch, die Berech-nung des unvollkommenen Überfalls in Bezug auf den vollkommenen Überfall – zum Beispiel nach der *Poleni*-Gleichung – durchzuführen. Das Ergebnis wird dann je nach geometrischer Gegebenheit (z. B. rundkroniges Wehr) abgemindert.

Aus der *Poleni*-Gleichung folgt mit $h_{\ddot{u}} = h$ und $Q_{\ddot{u}} = Q$:

$$Q = \varphi \cdot \frac{2}{3} \cdot \mu \cdot b \cdot \sqrt{2g} \cdot h^{\frac{3}{2}} \quad \Rightarrow \quad h = \left(\frac{3 \cdot Q}{2 \cdot \varphi \cdot \mu \cdot b \cdot \sqrt{2g}} \right)^{\frac{2}{3}}$$

Der Überfallbeiwert μ ist funktional sowohl abhängig von der Überfallhöhe h als auch von der Abminderung φ. Der Abminderungsfaktor φ stellt sich hierbei als Funktion vom Verhältnis $\Delta h_u/h$ dar. Für diese Gleichung wird eine iterative Lösungsweise vorgestellt.

Als Startwert für den theoretischen Überfallbeiwert wird der Wert $\mu = 1/\sqrt{3} = 0,577$ aus Bei-spiel 27 übernommen, für jeden weiteren Iterationsschritt gilt die *Rehbock*-Formel für Recht-eckwehre mit ausgerundeter Krone [8]:

$$\mu = 0,312 + \sqrt{0,30 - 0,01 \cdot \left(5 - \frac{h}{r} \right)^2 + 0,09 \cdot \frac{h}{W_O}}$$

Der Startwert für den Abminderungsbeiwert ist $\varphi = 1$ (= keine Abminderung), danach muss für jeden Iterationsschritt φ neu aus dem unterhalb stehenden Diagramm nach [10] bestimmt wer-den:

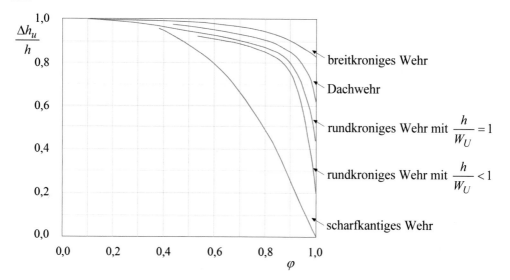

Iterationsschritt 1:

$\mu = 0,577 \qquad \varphi = 1$

$$h = \left(\frac{3 \cdot Q}{2 \cdot \varphi \cdot \mu \cdot b \cdot \sqrt{2g}} \right)^{\frac{2}{3}} = 0,877\ m \ \Rightarrow \qquad \frac{h}{W_O} = 0,439 \qquad\qquad \frac{\Delta h_u}{h} = 0,570$$

Iterationsschritt 2:

$$\mu = 0,312 + \sqrt{0,30 - 0,01 \cdot \left(5 - \frac{h}{r} \right)^2} + 0,09 \cdot \frac{h}{W_O} = 0,806 \qquad \varphi = 0,950 \left(\text{für } \frac{h}{W_U} < 1 \right)$$

$$h = \left(\frac{3 \cdot Q}{2 \cdot \varphi \cdot \mu \cdot b \cdot \sqrt{2g}} \right)^{\frac{2}{3}} = 0,726\ m \ \Rightarrow \qquad \frac{h}{W_O} = 0,439 \qquad\qquad \frac{\Delta h_u}{h} = 0,688$$

Iterationsschritt 3:

$$\mu = 0,312 + \sqrt{0,30 - 0,01 \cdot \left(5 - \frac{h}{r} \right)^2} + 0,09 \cdot \frac{h}{W_O} = 0,775 \qquad \varphi = 0,922 \left(\text{für } \frac{h}{W_U} < 1 \right)$$

$$h = \left(\frac{3 \cdot Q}{2 \cdot \varphi \cdot \mu \cdot b \cdot \sqrt{2g}} \right)^{\frac{2}{3}} = 0,761\ m \ \Rightarrow \qquad \frac{h}{W_O} = 0,363 \qquad\qquad \frac{\Delta h_u}{h} = 0,657$$

Iterationsschritt 4:

$$\mu = 0,312 + \sqrt{0,30 - 0,01 \cdot \left(5 - \frac{h}{r} \right)^2} + 0,09 \cdot \frac{h}{W_O} = 0,783 \qquad \varphi = 0,931 \left(\text{für } \frac{h}{W_U} < 1 \right)$$

$$h = \left(\frac{3 \cdot Q}{2 \cdot \varphi \cdot \mu \cdot b \cdot \sqrt{2g}} \right)^{\frac{2}{3}} = 0,751\ m \ \Rightarrow \qquad \frac{h}{W_O} = 0,380 \qquad\qquad \frac{\Delta h_u}{h} = 0,666$$

Iterationsschritt 5:

$$\mu = 0,312 + \sqrt{0,30 - 0,01 \cdot \left(5 - \frac{h}{r} \right)^2} + 0,09 \cdot \frac{h}{W_O} = 0,781 \qquad \varphi = 0,926 \left(\text{für } \frac{h}{W_U} < 1 \right)$$

$$h = \left(\frac{3 \cdot Q}{2 \cdot \varphi \cdot \mu \cdot b \cdot \sqrt{2g}} \right)^{\frac{2}{3}} = 0,755\ m \ \Rightarrow \qquad \frac{h}{W_O} = 0,375 \qquad\qquad \frac{\Delta h_u}{h} = 0,662$$

Iterationsschritt 6:

$$\mu = 0,312 + \sqrt{0,30 - 0,01 \cdot \left(5 - \frac{h}{r} \right)^2} + 0,09 \cdot \frac{h}{W_O} = 0,781 \qquad \mu = \text{const.}$$

Die Iteration endet im 6. Schritt, als Oberwassertiefe erhält man:

$$h_1 = W_O + h = 2,00 + 0,755 = 2,755 \ m$$

Die Unterwassertiefe beträgt:

$$\frac{\Delta h_u}{h} = 0,662 \Rightarrow \Delta h_u = 0,662 \cdot 0,755 = 0,500 \ m$$

$$h_2 = W_U + \Delta h_u = 2,30 + 0,50 = 2,80 \ m$$

Anmerkung:

Ein häufiger Fehler in der Berechnung unvollkommener Wehrüberfälle liegt im falschen Ansatz der Wehrhöhe. Wie im Diagramm zuvor zu sehen ist, geht für die Berechnung des Abminderungsfaktors φ die unterwasserseitige Wehrhöhe W_U ein und nicht, wie fast durchgängig in der Literatur zu finden, die oberwasserseitige Wehrhöhe.

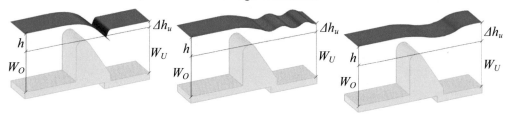

Unvollkommene Wehrüberfälle bei konstantem Q (nach [8]):

Beispiel 37 – Unvollkommener Wehrüberfall

<u>Gegeben:</u> Zur Abflussmengenbestimmung wird ein Rechteckgerinne mit einem unvollkommenen, scharfkantigen, dreiecksförmig eingeengten Wehr genutzt. – Die Wehrfeldbreite beträgt b = 2,00 [m], die Überfallbreite ist $b_{ü}$ = 1,55 [m] und die Wehrhöhe W_O = 1,58 [m]. Der Öffnungswinkel für das Dreieckswehr ist α = 74°.
<u>Gesucht:</u> Überfallwassermenge Q für h = 0,35 [m] und h_2 = 2,58 [m].

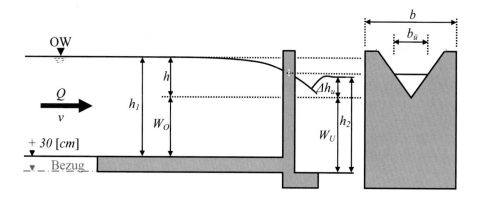

Lösung 37

Strömung über ein scharfkantig senkrechtes dreieckförmig eingeengtes Wehr

Bei kleinen Durchflüssen bis 0,1 [m³/s] werden Thomson-Wehre (Dreiecksüberfall) den Rechteckwehren (bis 1,0 [m³/s]) vorgezogen, da sie genauere Ergebnisse liefern. Die entsprechende Durchflussformel für vollkommene und unvollkommene Überfälle nach [8] lautet:

Überfallgleichung (vollkommener Überfall):

$$Q = \frac{8}{15} \cdot \mu \cdot \tan\left(\frac{\alpha}{2}\right) \cdot \sqrt{2g} \cdot h^{\frac{5}{2}}$$

Überfallgleichung (unvollkommener Überfall):

$$Q = \varphi \cdot \frac{8}{15} \cdot \mu \cdot \tan\left(\frac{\alpha}{2}\right) \cdot \sqrt{2g} \cdot h^{\frac{5}{2}}$$

Die Strömungsverhältnisse sind komplex und werden auch hier sowohl von geometrischen als auch hydraulischen Faktoren bestimmt. Unter der Voraussetzung, dass $h > 0,05$ [m], $W_O > h$ sowie $20° < \alpha < 110°$ ist, gilt in diesen Einsatzgrenzen für den Abminderungsfaktor [8]:

$$\varphi = \left(1 - \left(\frac{\Delta h_u}{h}\right)^{2,50}\right)^{0,385}$$

sowie für den Überfallbeiwert:

$$\mu = \frac{1}{\sqrt{3}} \cdot \left(1 + \left[\frac{h^2 \cdot \tan\left(\frac{\alpha}{2}\right)}{3b \cdot (h + W_O)}\right]^2\right) \cdot \left(1 + \frac{0,66}{1000 h^{\frac{3}{2}} \cdot \tan\left(\frac{\alpha}{2}\right)}\right)$$

Beide Faktoren sind ohne Iteration berechenbar. Für den Abminderungsfaktor gilt:

$$\varphi = \left(1 - \left(\frac{\Delta h_u}{h}\right)^{2,50}\right)^{0,385} = \left(1 - \left(\frac{1,90 - 1,58 + 0,30}{0,35}\right)^{2,50}\right)^{0,385} = 1,000 \, [-]$$

Für den Überfallbeiwert erhält man unter der Beachtung, dass sich nur mit dem Zusatz in den eckigen Klammern am Ende der Gleichung mit den gegebenen Werten ein dimensionsloser Wert ergibt:

$$\mu = \frac{1}{\sqrt{3}} \cdot \left(1 + \left[\frac{h^2 \cdot \tan\left(\frac{\alpha}{2}\right)}{3b \cdot (h + W_O)}\right]^2\right) \cdot \left(1 + \frac{0,66}{1000 h^{\frac{3}{2}} \cdot \tan\left(\frac{\alpha}{2}\right)}\right) \cdot \left[m^{\frac{3}{2}}\right]$$

$$\mu = \frac{1}{\sqrt{3}} \cdot \left(1 + \left[\frac{0,35^2 \cdot \tan\left(\dfrac{74°}{2}\right)}{3 \cdot 2,00 \cdot (0,35+1,58)} \right]^2 \right) \cdot \left(1 + \frac{0,66}{1000 \cdot 0,35^{\frac{3}{2}} \cdot \tan\left(\dfrac{74°}{2}\right)} \right) \cdot = 0,580\,[-]$$

Mit diesen Werten ergibt sich ein Volumenstrom von:

$$Q = \varphi \cdot \frac{8}{15} \cdot \mu \cdot \tan\left(\frac{\alpha}{2}\right) \cdot \sqrt{2g} \cdot h^{\frac{5}{2}} = 1,000 \cdot \frac{8}{15} \cdot 0,580 \cdot \tan\left(\frac{74°}{2}\right) \cdot \sqrt{2g} \cdot 0,35^{\frac{5}{2}} = 75\,\frac{l}{s}$$

Beispiel 38 – Unvollkommener Überfall an scharfkantigem Wehr

Gegeben: Zur Abflussmengenbestimmung wird ein Rechteckgerinne mit einem unvollkommenen, scharfkantigen Wehr genutzt. Das Wehr wird vom Wasser überströmt und erzeugt dabei einen sogenannten Wellstrahl. – Die Wehrfeldbreite und Überfallbreite betragen $b = 2,00\,[m]$, die Wehrhöhe ist $W_O = 1,58\,[m]$.
Gesucht: Überfallwassermenge Q für $h = 1,17\,[m]$ und $h_2 = 2,44\,[m]$.

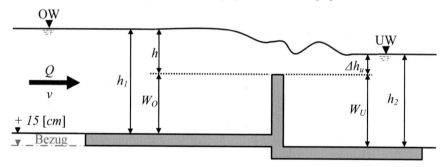

Lösung 38 – Wehrüberströmung mit Wellstrahl

Die zugehörige Überfallformel für den unvollkommenen Überfall über scharfkantige Wehre lautet nach [8]:

$$Q = \frac{2}{3} \cdot \mu \cdot \varphi \cdot b \cdot \sqrt{2g} \cdot h^{\frac{3}{2}}$$

Die Strömungsverhältnisse sind komplex und werden auch hier sowohl von geometrischen als auch hydraulischen Faktoren bestimmt. Unter der Voraussetzung, dass:

$$0,30 > \frac{h - \Delta h_u}{W_U} > 0,20 \ldots 0,1\overline{6}$$

gilt in diesen Einsatzgrenzen für den Überfallbeiwert:

$$\mu = 0,6035 + 0,0813 \cdot \frac{h}{W_O}$$

sowie für den Abminderungsfaktor, sofern folgende Ungleichung erfüllt ist:

$$f_1 > f_2 \qquad f_1 = \frac{1}{0,40 \cdot \left(1 + 0,30 \cdot \dfrac{W_U}{\Delta h_u}\right)} \qquad f_2 = \frac{h - \Delta h_u}{W_U}$$

$$\varphi = \cdot \left(1,08 + 0,18 \cdot \frac{\Delta h_u}{W_U}\right) \cdot \sqrt[3]{1 - \frac{\Delta h_u}{h}}$$

Beide Faktoren lassen sich ohne Iteration berechnen. Für den Überfallbeiwert gilt:

$$0,30 > \frac{h - \Delta h_u}{W_U} > 0,20 \ldots 0,1\overline{6} \qquad \text{mit} \qquad W_U = W_O + 0,15 = 1,73 \, m$$

$$\Delta h_u = h_2 - W_U = 2,44 - 1,73 = 0,71 \, m$$

$$0,30 > \frac{1,17 - 0,71}{1,73} > 0,20 \ldots 0,1\overline{6} \qquad \Rightarrow \qquad 0,30 > 0,266 > 0,20 \ldots 0,1\overline{6}$$

Damit wird die Ungleichung erfüllt und es gilt für den Überfallbeiwert:

$$\mu = 0,6035 + 0,0813 \cdot \frac{1,17}{1,58} = 0,664$$

Für den Abminderungsfaktor erhält man nach Prüfung der Ungleichung:

$$f_1 > f_2 \qquad f_1 = \frac{1}{0,40 \cdot \left(1 + 0,30 \cdot \dfrac{1,73}{0,71}\right)} = 1,444 \qquad f_2 = \frac{1,17 - 0,71}{1,73} = 0,266$$

$$1,444 > 0,266$$

Die Ungleichung wird ebenfalls erfüllt und es gilt für den Abminderungsfaktor:

$$\mu = 0,6035 + 0,0813 \cdot \frac{1,17}{1,58} = 0,664$$

Mit diesen Werten ergibt sich ein Volumenstrom von:

$$Q = \frac{2}{3} \cdot \mu \cdot \varphi \cdot \sqrt{2g} \cdot h^{\frac{3}{2}} = \frac{2}{3} \cdot 0,664 \cdot 1,134 \cdot \sqrt{2g} \cdot h^{\frac{3}{2}} = 5,625 \frac{m^3}{s}$$

4 Hydrodynamik realer, reibungsbehafteter Fluide

4.1 Theoretische Grundlagen

Im Bauwesen trifft die Annahme einer idealen Flüssigkeit nicht zu, da nahezu alle Flüssigkeiten reibungsbehaftet sind (reale Fluide). Es tritt ein Verlust an Energiehöhe auf, der in einer Erweiterung der *Bernoulli*-Gleichung (Energiegleichung) ausgedrückt wird. Der Anteil an „verlorener" Energie wird irreversibel in Schall und Wärme umgewandelt.

4.1.1 Energiegleichung

In Fließrichtung kommt es zu einer Abnahme der Energiehöhe, d. h. zwischen zwei benachbarten Querschnitten tritt ein Energiehöhenverlust auf, der dem Energieliniengefälle in Strömungsrichtung entspricht.

$$h_E = \frac{v_1^2}{2g} + \frac{p_1}{\rho \cdot g} + z_1 = \frac{v_2^2}{2g} + \frac{p_2}{\rho \cdot g} + z_2 + \Sigma h_v \tag{4.1}$$

Die Summe wird weiterhin als Energiehöhe h_E bezeichnet, sie besteht aus der kinetischen (h_{kin}), potentiellen (h_{pot}) und der geodätischen Höhe (h_{geod}). In Fließrichtung, am benachbarten Querschnitt, reduziert sich die Energiehöhe allerdings um das Maß der Summe aller Verlusthöhen (Σh_v) auf dem Fließweg.

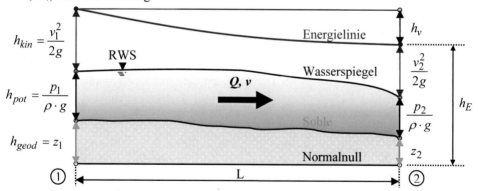

4.1.2 Reibungsverluste

Energiehöhenverluste bzw. hydraulische Verluste werden in kontinuierliche und örtliche Verluste unterteilt.

$$h_v = h_{v_{kont.}} + h_{v_{örtl.}} \tag{4.2}$$

Kontinuierliche Verluste treten entlang des Fließweges in Rohrleitungen und Gerinnen auf, sie werden sowohl als Folge innerer und äußerer Reibung durch Schubspannungen zwischen Flüssigkeit und Rohrwandung bzw. Gerinneböschung/Sohle als auch durch die sich unterschiedlich schnell bewegenden Wasserteilchen induziert. Weiterhin sind sie von der Beschaffenheit der festen Berandung (rau, glatt) und von der Art der Strömung (laminar, turbulent) abhängig und wachsen proportional zur Länge des Fließweges kontinuierlich an.

Neben den kontinuierlichen Verlusten treten an Armaturen (Schieber, Rückschlagklappe usw.) sowie an Formstücken (Krümmer, Rohrverengung oder -erweiterung usw.) durch Ablöseerscheinungen sog. örtlich konzentrierte Verluste auf, die rechnerisch punktuell berücksichtigt werden [7].

4.1.3 Berechnung der kontinuierlichen Verluste

Aus empirischen Überlegungen an Rohrleitungen wurde aus dem allgemeinen Fließgesetz von *Darcy-Weisbach* das allgemeine Widerstandsgesetz abgeleitet. Die kontinuierliche Verlusthöhe errechnet sich zu:

$$h_{v_{kont}} = \lambda \cdot \frac{L}{d} \cdot \frac{v^2}{2g} \tag{4.2}$$

Um diese Gleichung sowohl für teilgefüllte Rohrleitungen als auch für beliebig geformte Gerinne anwenden zu können, wird der geometrische Durchmesser d in Gleichung (4.2) durch einen hydraulischen Durchmesser d_{hy} ersetzt.

$$d_{hy} = 4 \cdot r_{hy} \qquad r_{hy} = \frac{A}{l_u} \tag{4.3}$$

Dabei ist l_u der vom Wasser benetzte Umfang des durchströmten Querschnitts und es gilt allgemein für Leitungen und Freispiegelgerinne:

$$h_{v_{kont}} = \lambda \cdot \frac{L}{d_{hy}} \cdot \frac{v^2}{2g} \tag{4.4}$$

Der verwendete Reibungsverlust λ weist im üblichen Anwendungsbereich eine Größenordnung von etwa $0,015 < \lambda < 0,035$ auf, für grobe Überschlagsrechnungen kann deshalb ein Wert von $\lambda \approx 0,025$ angenommen werden! Der Reibungsbeiwert, auch Widerstandsbeiwert genannt, hängt von der Zähigkeit des Wassers (innerer Verlust) und der Rauheit der Leitung bzw. des Gerinnes (äußerer Verlust) ab. Die Zähigkeit wird mit der *Reynolds*zahl ausgedrückt, sie ist das rechnerische Kriterium zur Unterscheidung zwischen laminarer und turbulenter Strömung, die rechnerisch unbedeutende Grenze liegt bei Re = 2320.

$$\text{Re} = \frac{v \cdot d_{hy}}{v} \tag{4.5}$$

Mit v im Nenner der Gleichung (4.5) wird die kinematische Viskosität des Fluids in der Dimension [m²/s] beschrieben, sodass die *Reynolds*zahl insgesamt dimensionslos ist. Für den Fall laminarer Strömung (Re < 2320) lässt sich der Widerstandsbeiwert λ als ausschließliche Funktion der *Reynolds*zahl schreiben (vergleiche hierzu auch das *Moody*-Diagramm im Anhang).

$$\lambda = \frac{64}{Re} \tag{4.6}$$

Das *Prandtl-Colebrook* Widerstandsgesetz (Gleichung 4.7) zur Ermittlung des Widerstandsbeiwertes λ ist geschlossen analytisch nicht lösbar, sodass häufig auch auf das bereits zitierte *Moody*-Diagramm zurückgegriffen wird. – Für den turbulenten Bereich des Widerstandsbeiwertes ist die relative Rauheit $\varepsilon = k/d_{hy}$ zu verwenden, k stellt die äquivalente Rauheit in [mm] dar (materialabhängige k-Werte befinden sich im Anhang).

$$\frac{1}{\sqrt{\lambda}} = -2\log\left[\frac{2{,}51}{Re\cdot\sqrt{\lambda}} + \frac{\frac{k}{d_{hy}}}{3{,}71}\right] = -2\log\left[\frac{2{,}51}{Re\cdot\sqrt{\lambda}} + \frac{\varepsilon}{3{,}71}\right] \tag{4.7}$$

Analytisch löst man die Gleichung (4.7) iterativ, d. h. durch Schätzung eines Startwertes. Durch Vernachlässigung des Re-Terms im 1. Iterationsschritt ist die Gleichung analytisch eindeutig lösbar. Mit dem so ermittelten Wert für den Widerstandsbeiwert besteht im 2. Iterationsschritt die Möglichkeit, nun auch den Re-Term zu berechnen. Wiederholt man jetzt Schritt 2, so erhält man zumeist auf 4 Nachkommastellen genau den exakten Widerstandsbeiwert.

$$\text{Schritt 1:} \qquad \frac{1}{\sqrt{\lambda_1}} = -2\log\left[\frac{\frac{k}{d_{hy}}}{3{,}71}\right] = -2\log\left[\frac{\varepsilon}{3{,}71}\right]$$

$$\text{Schritt 2:} \qquad \frac{1}{\sqrt{\lambda_2}} = -2\log\left[\frac{2{,}51}{Re\cdot\sqrt{\lambda_1}} + \frac{\frac{k}{d_{hy}}}{3{,}71}\right] = -2\log\left[\frac{2{,}51}{Re\cdot\sqrt{\lambda_1}} + \frac{\varepsilon}{3{,}71}\right] \tag{4.7}$$

$$\text{Schritt 3:} \qquad \frac{1}{\sqrt{\lambda_3}} = -2\log\left[\frac{2{,}51}{Re\cdot\sqrt{\lambda_2}} + \frac{\frac{k}{d_{hy}}}{3{,}71}\right] = -2\log\left[\frac{2{,}51}{Re\cdot\sqrt{\lambda_2}} + \frac{\varepsilon}{3{,}71}\right]$$

Eine weitere, hier nicht verfolgte Möglichkeit zur Bestimmung des Widerstandsbeiwertes λ bietet das grafische Verfahren nach *Mock* mit den sogenannten Mock-Diagrammen.

4.2 Rohrhydraulik

Beispiel 39 – Auslauf eines Behälters über ein Rohrleitungssystem

<u>Gegeben:</u> ein Wasser-Hochbehälter mit konstantem Ausfluss und konstanter Wasserspiegellage. Die Fließgeschwindigkeit im Inneren des Behälters ist näherungsweise Null. An diesem

Behälter ist eine Rohrleitung gemäß Zeichnung angeschlossen, aus der das Wasser ins Freie auslaufen kann. Die Rohrleitung ragt weit ins Innere des Behälters hinein und ist <u>kantig, normal gebrochen,</u> weiterhin ist die Leitung unterteilt in insgesamt 5 Teilstrecken L_1 bis L_5 und verfügt über 4 Krümmer (90°-Kr.), wobei für Kr_1 gilt <u>$r = 2d$</u> sowie für die Krümmer Kr_2 bis Kr_4 <u>$r = d$</u>. Alle Krümmer verfügen über eine glatte Oberfläche. Die spezifische Dichte des Fluids beträgt $\rho = 1000\ [kg/m^3]$, die äquivalente Rauhigkeit des Rohres beträgt $k = 1\ [mm]$.

<u>Gesucht:</u> austretende Wassermenge sowie der Verlauf der Energie-, Druck- und Geschwindigkeitshöhen für reale Flüssigkeiten in den Positionen 0 bis 3, analytisch und grafisch.

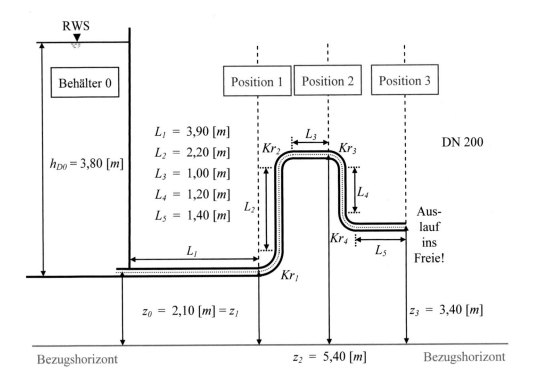

Lösung 39 – Rohrleitung mit konstantem Querschnitt

Die Energiehöhe für reale Flüssigkeiten verringert sich aufgrund von Reibungsverlusten auf dem Fließweg durch das Rohrleitungssystem.

Für den Ausgangszustand im Behälter gilt mit $v_0 \approx 0\ [m/s]$:

$$h_{E_0} = z_0 + h_{D_0} = 2,10 + 3,80 = 5,90\ m$$

Am Ende des Rohrleitungssystems hat sich die Ausgangsenergiehöhe h_{E0} um die Summe aller Verluste auf dem Fließweg reduziert, für die Energiehöhe h_{E3} gilt mit $h_{D3} = 0$:

$$h_{E_3} = z_3 + \frac{v^2}{2g} = h_{E_0} - \Sigma h_v \Rightarrow \qquad \Delta h = h_{E0} - z_3 = \frac{v^2}{2g} + \Sigma h_v$$

Um aus dieser Gleichung die Fließgeschwindigkeit im Inneren der Rohrleitung berechnen zu können, wird nun in erster Näherung mit der äquivalenten Rauhigkeit der λ_1-Wert berechnet:

Schritt 1:

$$\frac{1}{\sqrt{\lambda_1}} = -2\log\left[\frac{k}{d_{hy}\cdot 3,71}\right] = -2\log\left[\frac{1}{200\cdot 3,71}\right] = 5,74081 \qquad \lambda_1 = 0,030343$$

Nunmehr ist die Geschwindigkeit in der ersten Näherung zu bestimmen, es gilt für die Summe aller Verluste am Rohrende:

$$\Sigma h_v = \frac{v^2}{2g}\left[\zeta_{ein} + \zeta_{Kr1} + 3\cdot\zeta_{Kr2} + \lambda_1\cdot\frac{\Sigma L}{d}\right]$$

und damit für die Fließgeschwindigkeit:

$$v = \sqrt{\frac{\Delta h\cdot 2g}{1 + \zeta_{ein} + \zeta_{Kr1} + 3\cdot\zeta_{Kr2} + \lambda_1\cdot\dfrac{\Sigma L}{d}}}$$

Mit den weiteren Werten für die örtlichen Verluste aus dem Anhang:

$$\zeta_{ein} = 0,6 \qquad \zeta_{Kr1}(r = 2d) = 0,14 \qquad \zeta_{Kr2}(r = d) = 0,21$$

und der Summe der geraden Rohrelemente

$$L = L_1 + L_2 + L_3 + L_4 + L_5 = 9,70\ m$$

berechnet sich die Fließgeschwindigkeit aus der verminderten Energiehöhe h_{E3} am Ende der Rohrleitung wie folgt:

$$v = \sqrt{\frac{(5,90 - 3,40)\cdot 2g}{1 + 0,6 + 0,14 + 3\cdot 0,21 + 0,030343\cdot\dfrac{9,70}{0,20}}} = \sqrt{\frac{49,0333}{3,8416}} = 3,573\ \frac{m}{s}$$

Mit dieser Geschwindigkeit lassen sich nunmehr die Re-Zahl und somit der 2. und 3. Iterationsschritt für die λ-Werte durchführen.

$$\mathrm{Re} = \frac{v\cdot d_{hy}}{v} = \frac{3,573\cdot 0,20}{1,31\cdot 10^{-6}} = 5,454\cdot 10^5\,[-]$$

Schritt 2:

$$\frac{1}{\sqrt{\lambda_2}} = -2\log\left[\frac{2,51}{\mathrm{Re}\cdot\sqrt{\lambda_1}} + \frac{k}{d_{hy}\cdot 3,71}\right] = -2\log\left[\frac{2,51}{5,454\cdot 10^5\cdot\sqrt{0,030343}} + \frac{1}{200\cdot 3,71}\right]$$

$$\frac{1}{\sqrt{\lambda_2}} = 5,72395 \quad\Rightarrow\quad \lambda_2 = 0,030522$$

Schritt 3:

$$\frac{1}{\sqrt{\lambda_3}} = -2\log\left[\frac{2,51}{\mathrm{Re}\cdot\sqrt{\lambda_2}} + \frac{k}{d_{hy}\cdot 3,71}\right] = -2\log\left[\frac{2,51}{5,454\cdot 10^5\cdot\sqrt{0,030522}} + \frac{1}{200\cdot 3,71}\right]$$

$$\frac{1}{\sqrt{\lambda_3}} = 5,72400 \quad\Rightarrow\quad \lambda_3 = 0,030521$$

Der Widerstandsbeiwert ist auf 4 Nachkommastellen genau genug bestimmt worden, alternativ könnte er auch direkt aus dem Moody-Diagramm (vergl. Anhang) abgelesen werden.

Mit λ_3 wird die Geschwindigkeit nun neu berechnet:

$$v_{neu} = \sqrt{\frac{(5,90 - 3,40) \cdot 2g}{1 + 0,6 + 0,14 + 3 \cdot 0,21 + 0,030521 \cdot \dfrac{9,70}{0,20}}} = \sqrt{\frac{49,0333}{3.8503}} = 3,569\,\frac{m}{s}$$

Die Veränderung der von der Geschwindigkeit ebenfalls abhängigen Re-Zahl bewirkt allerdings keine weiter Veränderung des Widerstandsbeiwertes, λ und v sind damit hinreichend genau bestimmt worden.

Über den konstanten Durchmesser der Rohrleitung und die zuvor neu berechnete Geschwindigkeit lässt sich nun der Volumenstrom bestimmen:

$$Q = v_{neu} \cdot A = 3,569 \cdot \frac{\pi \cdot 0,20^2}{4} = 0,112\,\frac{m^3}{s}$$

Wegen des gleich bleibenden Querschnitts ist die Fließgeschwindigkeit $v = v_1 = v_2 = v_3$, d. h. auch konstant, die Geschwindigkeitshöhe beträgt damit:

$$\frac{v_{neu}^{\,2}}{2g} = \frac{3,569^2}{2g} = 0,649\,m$$

Zur Bestimmung des Energiehöhenverlaufs nutzt man nun die Anfangsbedingung h_{E0} und arbeitet sich unter Berücksichtigung der Teilverlusthöhen h_{v1} bis h_{v3} bis zum Ende der Rohrleitung vor.

$$h_{E_1} = h_{E_0} - \Sigma h_{v_1} = h_{E_0} - \frac{v_{neu}^{\,2}}{2g}\left[\zeta_{ein} + \lambda_3 \cdot \frac{L_1}{d}\right]$$

$$h_{E_1} = 5,90 - 0,776 = 5,124\,m$$

$$h_{E_2} = h_{E_0} - \Sigma h_{v_2} = h_{E_0} - \frac{v_{neu}^{\,2}}{2g}\left[\zeta_{ein} + \zeta_{Kr1} + \zeta_{Kr2} + \lambda_3 \cdot \frac{L_1 + L_2 + L_3}{d}\right]$$

$$h_{E_2} = 5,90 - 1,320 = 4,580\,m$$

$$h_{E_3} = h_{E_0} - \Sigma h_v = h_{E_0} - \frac{v_{neu}^{\,2}}{2g}\left[\zeta_{ein} + \zeta_{Kr1} + 3 \cdot \zeta_{Kr2} + \lambda_3 \cdot \frac{\Sigma L}{d}\right]$$

$$h_{E_3} = 5,90 - 1,851 = 4,049\,m$$

Druckhöhe in Position 1:

$$h_{D_1} = h_{E_1} - z_1 - \frac{v_{neu}^{\,2}}{2g} = 5,124 - 2,10 - 0,649 = 2,375\,m$$

in Position 2:

$$h_{D_2} = h_{E_2} - z_2 - \frac{v_{neu}^{\,2}}{2g} = 4,580 - 5,40 - 0,649 = -1,470\,m \text{ (Unterdruck!)}$$

Kontrolle in Position 3:

$$h_{D_3} = h_{E_3} - z_3 - \frac{v_{neu}^2}{2g} = 4{,}049 - 3{,}40 - 0{,}649 = 0{,}00 \; m$$

Wichtiger Hinweis!

Unter der Annahme, dass am Ende der Rohrleitung kein Austrittsverlust auftritt ($\zeta_{aus} = 0$), ist der Strahlinnendruck bereits vor dem Rohrende null!

Grafische Verteilung der Energieanteile:

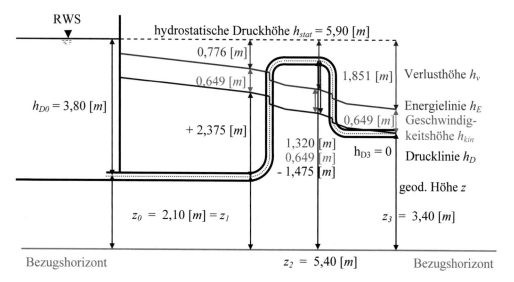

Zur exakten Berechnung des hier nur qualitativ dargestellten Energielinienverlaufs sind detaillierte Ermittlungen der zunehmenden Verluste h_v durchzuführen. Sie beginnen mit der lokalen Störstelle am Einlauf und werden dann ergänzt um den kontinuierlichen Verlust in der Strecke L_1, gefolgt von dem ersten Krümmer, bis hin zur Summe aller Verluste auf der Fließstrecke am Ende (jedoch noch im Inneren der Rohrleitung). Dieser Verlauf ist durch vertikale Sprünge und durch unterschiedlich geneigte Linien gekennzeichnet.

Beispiel 40 – Behälterauslauf über ein Rohrleitungssystem unterschiedlicher Nennweiten

<u>Gegeben:</u> ein Wasser-Hochbehälter mit konstantem Ausfluss und konstanter Wasserspiegellage. Die Fließgeschwindigkeit im Inneren des Behälters ist näherungsweise Null. An diesem Behälter ist gemäß Zeichnung eine Rohrleitung in unterschiedlichen Durchmessern $\varnothing_1 = 0{,}60$ [m] und $\varnothing_2 = 0{,}25$ [m] mit einer äquivalenten Rauhigkeit $k = 0{,}4$ [mm] angeschlossen, aus der das Wasser ins Freie auslaufen kann. Für den Übergang zwischen den unterschiedlichen Nennweiten ist ein Reduzierstück (Red) mit einer konischen Verengung ($\alpha = 30°$) vorgesehen. Der Einlauf vom Behälter in die Rohrleitung ist <u>kantig und normal gebrochen</u>, die 4 Krümmer (90°-Kr.) sind von glatter Oberfläche, für Kr_1 ist $r = 2d$, für die übrigen Krümmer gilt $r = d$. Für den Auslauf gilt $\zeta_{Aus} = 1{,}00$ [–]. Die spezifische Dichte des Fluids beträgt $\rho = 1000$ [kg/m³].

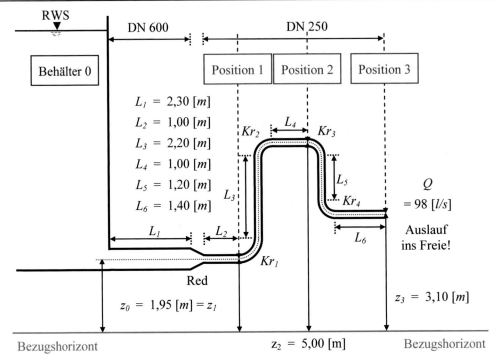

Gesucht: Berechnung der Widerstandsbeiwerte in grober Näherung (Schritt 1) und grafische Verbesserung mittels Moody-Diagramm, Verlauf der Energie-, Druck- und Geschwindigkeitshöhen für reale Flüssigkeiten in den Positionen 0 bis 3, analytisch und grafische Darstellung.

Lösung 40 – Rohrleitung mit veränderlichen Querschnitten

Am Ende des Rohrleitungssystems hat sich die Ausgangsenergiehöhe $h_E = h_{E0}$ um die Summe aller Verluste auf dem Fließweg reduziert, für die Energiehöhe h_E gilt mit $h_{D3} = 0$:

$$h_E = h_{E_3} + \Sigma h_v = z_3 + \frac{v_2^2}{2g} + \Sigma h_v$$

Die Verluste auf dem Fließweg ergeben sich als Summe der Teilverluste:

$$\Sigma h_v = \Sigma h_{v_1} + \Sigma h_{v_2} = \frac{v_1^2}{2g} \cdot \Sigma \zeta_{v_1} + \frac{v_2^2}{2g} \cdot \Sigma \zeta_{v_2}$$

Zur Lösung sind sowohl die unterschiedlichen lokalen und kontinuierlichen Verluste als auch die unterschiedlichen Geschwindigkeiten im Vorfeld zu bestimmen, Widerstandsbeiwerte im Schritt 1:

$$\frac{1}{\sqrt{\lambda_1}} = -2\log\left[\frac{k}{d_{hy} \cdot 3{,}71}\right] = -2\log\left[\frac{0{,}4}{600 \cdot 3{,}71}\right] = 7{,}49093 \qquad \Rightarrow \qquad \lambda_1 = 0{,}01782$$

$$\frac{1}{\sqrt{\lambda_2}} = -2\log\left[\frac{k}{d_{hy} \cdot 3{,}71}\right] = -2\log\left[\frac{0{,}4}{250 \cdot 3{,}71}\right] = 6{,}73051 \qquad \Rightarrow \qquad \lambda_2 = 0{,}02208$$

Bestimmung der λ-Werte mittels Moody-Diagramm (Iterationsschritte 2 und 3):

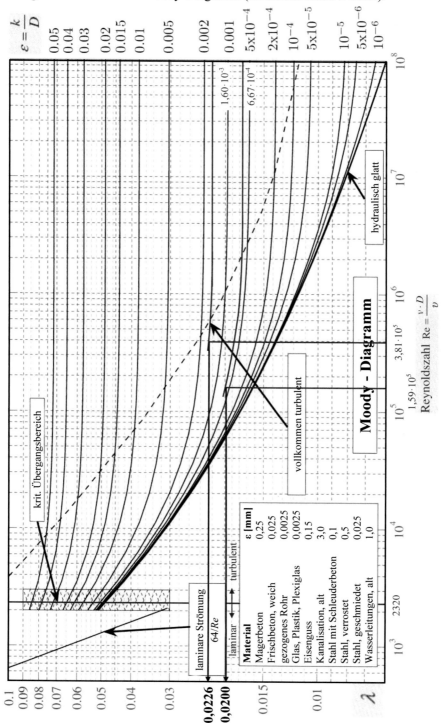

Widerstandsbeiwerte λ nach *Prandtl-Colebrook* (nach [3])

Zur Verwendung des Moody-Diagramms ist sowohl die Bestimmung der *Reynolds*zahlen als auch der relativen Rauhigkeiten erforderlich.

Rohrquerschnitte:

$$A_1 = \frac{\pi \cdot d_1^2}{4} = \frac{\pi \cdot 0{,}60^2}{4} = 0{,}283 \, m^2$$

$$A_2 = \frac{\pi \cdot d_2^2}{4} = \frac{\pi \cdot 0{,}25^2}{4} = 0{,}049 \, m^2$$

Geschwindigkeiten:

$$\Rightarrow v_1 = \frac{Q}{A_1} = \frac{0{,}098 \frac{m^3}{s}}{0{,}283 \, m^2} = 0{,}347 \frac{m}{s}$$

$$\Rightarrow v_2 = \frac{Q}{A_2} = \frac{0{,}098 \frac{m^3}{s}}{0{,}049 \, m^2} = 1{,}996 \frac{m}{s}$$

Eingangswerte für das Moody-Diagramm, *Reynolds*zahlen und relative Rauhigkeiten:

$$\mathrm{Re}_1 = \frac{v_1 \cdot d_{hy1}}{v} = \frac{0{,}347 \cdot 0{,}60}{1{,}31 \cdot 10^{-6}} = 1{,}587 \cdot 10^5 [-] \qquad \varepsilon_1 = \frac{k}{d_{hy1}} = \frac{0{,}4}{600} = 6{,}67 \cdot 10^{-4} [-]$$

$$\mathrm{Re}_2 = \frac{v_2 \cdot d_{hy2}}{v} = \frac{1{,}996 \cdot 0{,}25}{1{,}31 \cdot 10^{-6}} = 3{,}810 \cdot 10^5 [-] \qquad \varepsilon_2 = \frac{k}{d_{hy2}} = \frac{0{,}4}{250} = 1{,}60 \cdot 10^{-3} [-]$$

Die Ablesewerte für die Widerstandsbeiwerte sind auf der vorangegangen Seite in das Diagramm bereits eingetragen, sie lauten:

$$\lambda_{1_{neu}} = 0{,}0200 \, [-]$$

$$\lambda_{2_{neu}} = 0{,}0226 \, [-]$$

Mit den Geschwindigkeitshöhen,

$$\frac{v_1^2}{2g} = \frac{0{,}347^2}{2g} = 0{,}006 \, m \qquad \text{und} \qquad \frac{v_2^2}{2g} = \frac{1{,}996^2}{2g} = 0{,}203 \, m$$

den lokalen Verlusten,

$$\zeta_{ein} = 0{,}25 \qquad \zeta_{\mathrm{Red}} \approx 0 \qquad \zeta_{Kr1}(r = 2d) = 0{,}14 \qquad \zeta_{Kr2}(r = d) = 0{,}21$$

und den Teilsummen der geraden Rohrleitungselemente

$$\Sigma L_1 = L_1 = 2{,}30 \, m \qquad\qquad \Sigma L_2 = L_2 + L_3 + L_4 + L_5 + L_6 = 6{,}80 \, m$$

lässt sich nun die Summe aller Verluste berechnen:

$$\Sigma h_v = \frac{v_1^2}{2g} \cdot \left(\zeta_{ein} + \lambda_{1_{neu}} \cdot \frac{\Sigma L_1}{d_1} \right) + \frac{v_2^2}{2g} \cdot \left(\zeta_{Kon} + \zeta_{Kr1} + 3 \cdot \zeta_{Kr2} + \lambda_{2_{neu}} \cdot \frac{\Sigma L_2}{d_2} + \zeta_{aus} \right)$$

$$\Sigma h_v = 0{,}006 \cdot \left(0{,}25 + 0{,}0200 \cdot \frac{2{,}30}{0{,}60} \right) + 0{,}203 \cdot \left(0 + 0{,}14 + 3 \cdot 0{,}21 + 0{,}0226 \cdot \frac{6{,}40}{0{,}20} + 1{,}00 \right)$$

$$\Sigma h_v = 0{,}487 \, m$$

Nunmehr lässt sich auch die Ausgangsenergiehöhe unter Nutzung der Randbedingung $h_{D3} = p_3/(\rho \cdot g) = 0 \, [m]$ lösen:

$$h_{E_0} = z_3 + \frac{v_2^2}{2g} + \Sigma h_v = 3{,}10 + 0{,}203 + 0{,}487 = 3{,}790 \, m$$

Mit dieser Energiehöhe lässt sich die Druckhöhe (Wasserspiegel) sowohl im Behälter (Position 0) mit der Randbedingung $v_0 = 0 \, [m/s]$ ermitteln:

$$h_{D_0} = h_{E_0} - z_0 = 3{,}790 \, m - 1{,}95 \, m = 1{,}840 \, m$$

als auch in Position 1:

$$h_{D_1} = h_E - z_1 - \frac{v_1^2}{2g} \left(\zeta_{ein} + \lambda_{1_{neu}} \cdot \frac{L_1}{d_1} \right) - \frac{v_2^2}{2g} \left(1 + \zeta_{Re\,d} + \lambda_{2_{neu}} \cdot \frac{L_2}{d_2} \right)$$

$$h_{D_1} = 3{,}790 - 1{,}95 - 0{,}006 \cdot \left(0{,}25 + 0{,}0200 \cdot \frac{2{,}30}{0{,}60} \right) - 0{,}203 \cdot \left(1 + 0 + 0{,}0226 \cdot \frac{1{,}00}{0{,}25} \right) =$$

$$h_{D_1} = 1{,}616 \, m$$

in Position 2:

$$h_{D_2} = h_E - z_2 - \frac{v_1^2}{2g} \left(\zeta_{ein} + \lambda_{1_{neu}} \cdot \frac{L_1}{d_1} \right)$$

$$- \frac{v_2^2}{2g} \left(1 + \zeta_{Re\,d} + \zeta_{Kr1} + \zeta_{Kr2} + \lambda_{2_{neu}} \cdot \frac{L_2 + L_3 + L_4}{d_2} \right)$$

$$h_{D_2} = 3{,}790 \, m - 5{,}00 \, m - 0{,}006 \cdot \left(0{,}25 + 0{,}0200 \cdot \frac{2{,}30}{0{,}60} \right)$$

$$- 0{,}203 \cdot \left(1 + 0 + 0{,}14 + 0{,}21 + 0{,}0226 \cdot \frac{1{,}00 + 2{,}20 + 1{,}00}{0{,}25} \right)$$

$$h_{D_2} = -1{,}564 \, m \quad (\text{Unterdruck!})$$

und in Position 3:

$$h_{D_3} = h_E - \frac{v_2^2}{2g} - z_3 - \Sigma h_v = 3{,}790 - 0{,}203 - 3{,}10 - 0{,}487 = 0 \, m$$

Zum exakten Verlauf der Energiehöhe wird ergänzend der komplette Verlauf der Verlusthöhenzunahme analytisch in folgender Reihenfolge ermittelt:

1. örtlicher Einlaufverlust

2. wie zuvor, plus kontinuierlicher Rohrverlust der Strecke L_1

3. wie zuvor, plus örtlicher Verlust am konzentrischen Reduzierstück (Red)

4. wie zuvor, plus kontinuierlicher Rohrverlust der Strecke L_2

5. wie zuvor, plus örtlicher Verlust am Krümmer Kr_1

6. wie zuvor, plus kontinuierlicher Rohrverlust der Strecke L_3

7. wie zuvor, plus örtlicher Verlust am Krümmer Kr_2

8. wie zuvor, plus kontinuierlicher Rohrverlust der Strecke L_4

9. wie zuvor, plus örtlicher Verlust am Krümmer Kr_3

10. wie zuvor, plus kontinuierlicher Rohrverlust der Strecke L_5

11. wie zuvor, plus örtlicher Verlust am Krümmer Kr_4

12. wie zuvor, plus kontinuierlicher Rohrverlust der Strecke L_6

13. wie zuvor, plus örtlicher Austrittsverlust

in Zahlen:

$$h_{v_1} = \frac{v_1^2}{2g} \cdot \zeta_{ein} = 0{,}0015\,m$$

$$h_{v_2} = h_{v_1} + \frac{v_1^2}{2g} \cdot \lambda_{1neu} \frac{L_1}{d_1} = 0{,}0020\,m$$

$$h_{v_3} = h_{v_2} + \frac{v_2^2}{2g} \cdot \zeta_{Kon} = 0{,}0020\,m$$

$$h_{v_4} = h_{v_3} + \frac{v_2^2}{2g} \cdot \lambda_{2neu} \frac{L_2}{d_2} = 0{,}0204\,m$$

$$h_{v_5} = h_{v_4} + \frac{v_2^2}{2g} \cdot \zeta_{Kr_1} = 0{,}0489\,m$$

$$h_{v_6} = h_{v_5} + \frac{v_2^2}{2g} \cdot \lambda_{2neu} \frac{L_3}{d_2} = 0{,}0893\,m$$

$$h_{v_7} = h_{v_6} + \frac{v_2^2}{2g} \cdot \zeta_{Kr_2} = 0{,}1320\,m$$

$$h_{v_8} = h_{v_7} + \frac{v_2^2}{2g} \cdot \lambda_{2neu} \frac{L_4}{d_2} = 0{,}1504\,m$$

$$h_{v_9} = h_{v_8} + \frac{v_2^2}{2g} \cdot \zeta_{Kr_3} = 0{,}1931\,m$$

$$h_{v_{10}} = h_{v_9} + \frac{v_2^2}{2g} \cdot \lambda_{2neu} \frac{L_5}{d_2} = 0{,}2152\,m$$

$$h_{v_{11}} = h_{v_{10}} + \frac{v_2^2}{2g} \cdot \zeta_{Kr_4} = 0,2579 \ m$$

$$h_{v_{12}} = h_{v_{11}} + \frac{v_2^2}{2g} \cdot \lambda_{2_{neu}} \frac{L_6}{d_2} = 0,2836 \ m$$

$$h_{v_{13}} = h_{v_{12}} + \frac{v_2^2}{2g} \cdot \zeta_{Aus} = 0,4868 \ m = \Sigma h_v$$

Grafische Verteilung der Energieanteile:

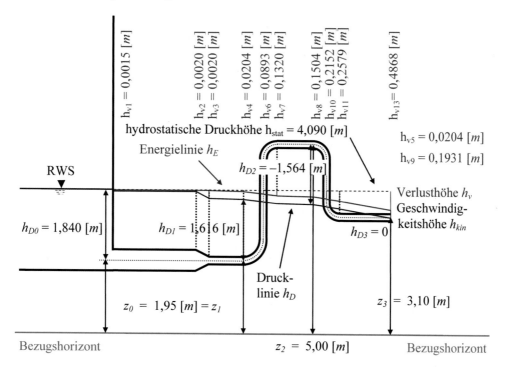

Beispiel 41 – Rohrdurchfluss

Gegeben: ein Wasser-Hochbehälter mit konstantem Ausfluss und konstanter Wasserspiegellage. Die Fließgeschwindigkeit im Inneren des Behälters ist näherungsweise Null. An diesem Behälter ist gemäß Zeichnung eine Rohrleitung in unterschiedlichen Durchmessern $\varnothing_1 = 0,30$ [m] und $\varnothing_2 = 0,31$ [m] mit einer äquivalenten Rauhigkeit $k = 1,5$ [mm] angeschlossen, aus der das Wasser ins Freie auslaufen kann. Für den Übergang zwischen den unterschiedlichen Nennweiten ist eine konische Aufweitung ($\alpha = 8°$) vorgesehen. Der Einlauf vom Behälter in die Rohrleitung ist kantig und normal gebrochen, für den Auslauf gilt $\zeta_{Aus} = 1,00$ [-]. Die spezifische Dichte des Fluids beträgt $\rho = 1000$ [kg/m³].

Gesucht: Verlauf der Energie-, Druck- und Geschwindigkeitshöhen für reale Flüssigkeiten in den Positionen 0 bis 3, analytisch und grafisch.

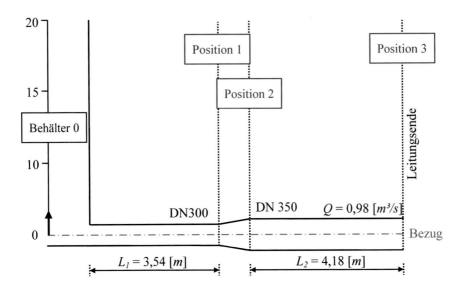

Lösung 41 – Auslauf über veränderliche Rohrquerschnitte

Die Verluste auf dem Fließweg ergeben sich als Summe der Teilverluste:

$$\Sigma h_v = \Sigma h_{v_1} + \Sigma h_{v_2} = \frac{v_1^2}{2g} \cdot \Sigma \zeta_{v_1} + \frac{v_2^2}{2g} \cdot \Sigma \zeta_{v_2}$$

Kontinuierliche Verluste im <u>Rohr 1 (Schritt 1)</u>:

$$\frac{1}{\sqrt{\lambda_1}} = -2\log\left[\frac{k}{d_{hy_1} \cdot 3{,}71}\right] = -2\log\left[\frac{1{,}5}{300 \cdot 3{,}71}\right] = 5{,}74081 \qquad \lambda_1 = 0{,}030343$$

Schritt 2:

$$A_1 = \pi \cdot \frac{d_{hy_1}^2}{4} = 0{,}071\,m^2 \qquad v_1 = \frac{Q}{A_1} = 13{,}864\,\frac{m}{2} \qquad Re_1 = \frac{v_1 \cdot d_{hy_1}}{\upsilon} = 3{,}175 \cdot 10^6$$

$$\frac{1}{\sqrt{\lambda_2}} = -2\log\left[\frac{2{,}51}{Re_1 \cdot \sqrt{\lambda_1}} + \frac{k}{d_{hy_1} \cdot 3{,}71}\right] = -2\log\left[\frac{2{,}51}{3{,}175 \cdot 10^6 \cdot \sqrt{0{,}030343}} + \frac{1{,}5}{300 \cdot 3{,}71}\right]$$

$$\frac{1}{\sqrt{\lambda_2}} = 5{,}73789 \qquad\qquad \lambda_2 = 0{,}030374$$

Schritt 3:

$$\frac{1}{\sqrt{\lambda_3}} = -2\log\left[\frac{2{,}51}{Re_1 \cdot \sqrt{\lambda_2}} + \frac{k}{d_{hy_1} \cdot 3{,}71}\right] = -2\log\left[\frac{2{,}51}{3{,}175 \cdot 10^6 \cdot \sqrt{0{,}030374}} + \frac{1{,}5}{300 \cdot 3{,}71}\right]$$

$$\frac{1}{\sqrt{\lambda_3}} = 5{,}73789 \qquad\qquad \lambda_3 = 0{,}030374$$

Kontinuierliche Verluste im <u>Rohr 2 (Schritt 1)</u>:

$$\frac{1}{\sqrt{\lambda_1}} = -2\log\left[\frac{k}{d_{hy_2}\cdot 3{,}71}\right] = -2\log\left[\frac{1{,}5}{350\cdot 3{,}71}\right] = 5{,}76929 \qquad \lambda_1 = 0{,}030044$$

Schritt 2:

$$A_2 = \pi\cdot\frac{d_{hy_2}^2}{4} = 0{,}075\,m^2 \qquad v_2 = \frac{Q}{A_2} = 12{,}984\,\frac{m}{2} \qquad Re_2 = \frac{v_2\cdot d_{hy_2}}{\upsilon} = 3{,}073\cdot 10^6$$

$$\frac{1}{\sqrt{\lambda_2}} = -2\log\left[\frac{2{,}51}{Re_2\cdot\sqrt{\lambda_1}} + \frac{k}{d_{hy_2}\cdot 3{,}71}\right] = -2\log\left[\frac{2{,}51}{3{,}073\cdot 10^6\cdot\sqrt{0{,}030044}} + \frac{1{,}5}{310\cdot 3{,}71}\right]$$

$$\frac{1}{\sqrt{\lambda_2}} = 5{,}76616 \qquad \lambda_2 = 0{,}030076$$

Schritt 3:

$$\frac{1}{\sqrt{\lambda_3}} = -2\log\left[\frac{2{,}51}{Re_2\cdot\sqrt{\lambda_2}} + \frac{k}{d_{hy_2}\cdot 3{,}71}\right] = -2\log\left[\frac{2{,}51}{3{,}073\cdot 10^6\cdot\sqrt{0{,}030076}} + \frac{1{,}5}{310\cdot 3{,}71}\right]$$

$$\frac{1}{\sqrt{\lambda_3}} = 5{,}76616 \qquad \lambda_3 = 0{,}030076$$

Die Widerstandsbeiwerte der Rohre lauten damit:

Rohr 1 – $\lambda_1 = 0{,}030374$

Rohr 2 – $\lambda_2 = 0{,}030076$

Im ersten Rohr beträgt die von der Geschwindigkeitshöhe abhängige Summe der Zeta-Werte:

$$\Sigma\zeta_1 = \zeta_{Ein} + \lambda_1\cdot\frac{L_1}{d_1} = 0{,}25 + 0{,}030374\cdot\frac{3{,}54}{0{,}30} = 0{,}608\,[-]$$

Im benachbarten Rohr lautet die Summe der Zeta-Werte:

$$\Sigma\zeta_2 = \zeta_{Kon} + \lambda_2\cdot\frac{L_2}{d_2} + \zeta_{Aus} = c_{Kon}\left[1+\frac{A_2}{A_1}\right]^2 + \lambda_2\cdot\frac{L_2}{d_2} + \zeta_{Aus}$$

Für die konzentrische Aufweitung wird gemäß Anhang ein Wert für c_{Red} ($\alpha = 8°$) zwischen 0,15 und 0,20 vorgeschlagen, gewählt $c_{Red} = 0{,}175$.

$$\Sigma\zeta_2 = 0{,}175\cdot\left[1+\frac{0{,}075}{0{,}071}\right]^2 + 0{,}030076\cdot\frac{4{,}18}{0{,}31} + 1{,}00 = 1{,}406\,[-]$$

Nunmehr ist die Gesamtverlusthöhe am Ende des Rohres 2 berechenbar:

$$\Sigma h_v = \frac{v_1^2}{2g}\cdot\Sigma\zeta_1 + \frac{v_2^2}{2g}\cdot\Sigma\zeta_2 = \frac{13{,}864^2}{2g}\cdot 0{,}608 + \frac{12{,}984^2}{2g}\cdot 1{,}406 = 18{,}051\,m$$

Die Anfangs-Energiehöhe $h_E = h_{E0}$ im Behälter lautet unter den Bedingungen $z_0 = 0$ und $v_0 = 0$:

$$h_E = h_{E_0} = \frac{v_2^{\ 2}}{2g} + \Sigma h_v = \frac{12{,}984^2}{2g} + 18{,}051 = 26{,}647\ m$$

Die Drückhöhe im Behälter (Position 0) beträgt ebenfalls wegen $z_0 = 0$ und $v_0 = 0$:

$$h_{D_0} = h_{E_0} = 26{,}647\ m$$

Druckhöhe in Position 1 (h_{d1} steht für den Anfangswert):

$$h_{d_1} = h_{E_0} - \frac{v_1^{\ 2}}{2g} \cdot (1 + \zeta_{Ein}) = 26{,}647 - \frac{13{,}864^2}{2g} \cdot (1 + 0{,}25) = 14{,}396\ m$$

$$h_{D_1} = h_{E_0} - \frac{v_1^{\ 2}}{2g} \cdot (1 + \Sigma\zeta_1) = 26{,}647 - \frac{13{,}864^2}{2g} \cdot (1 + 0{,}608) = 10{,}884\ m$$

Druckhöhe in Position 2:

$$h_{D2} = h_{E_0} - \frac{v_1^{\ 2}}{2g} \cdot \Sigma\zeta_1 - \frac{v_2^2}{2g} \cdot (1 + \zeta_{Kon})$$

$$h_{D_2} = 26{,}647 - \frac{13{,}864^2}{2g} \cdot 0{,}608 - \frac{12{,}984^2}{2g} \cdot \left(1 + 0{,}175 \cdot \left[1 + \frac{0{,}075}{0{,}071}\right]^2\right) = 12{,}081\ m$$

Druckhöhe in Position 3 (h_{d3} steht für den Anfangswert):

$$h_{d_3} = h_{E_0} - \frac{v_1^{\ 2}}{2g} \cdot \Sigma\zeta_1 - \frac{v_2^2}{2g} \cdot \left(1 + c_{Kon}\left[1 + \frac{A_2}{A_1}\right]^2 + \lambda_2 \cdot \frac{L_2}{d_2}\right)$$

$$h_{d3} = 26{,}647 - \frac{13{,}864^2}{2g} \cdot 0{,}608 - \frac{12{,}984^2}{2g} \cdot 1{,}406 = 8{,}596\ m$$

$$h_{D_3} = h_{E_0} - \frac{v_1^{\ 2}}{2g} \cdot \Sigma\zeta_1 - \frac{v_2^2}{2g} \cdot (1 + \Sigma\zeta_2)$$

$$h_{D_3} = 26{,}647 - \frac{13{,}864^2}{2g} \cdot 0{,}608 - \frac{12{,}984^2}{2g} \cdot 2{,}406 = 0\ m$$

Die Energiehöhe in Position 1:

$$h_{E_1} = \frac{v_1^2}{2g} + h_{D_1} = \frac{13{,}864^2}{2g} + 10{,}884 = 20{,}684\ m$$

in Position 2:

$$h_{E_2} = \frac{v_2^2}{2g} + h_{D_2} = \frac{12{,}984^2}{2g} + 12{,}081 = 20{,}677\ m$$

in Position 3:

$$h_{E_3} = \frac{v_2^2}{2g} + h_{D_3} = \frac{12{,}984^2}{2g} + 0 = 8{,}596\,m$$

Die Verluste im Detail:

$$h_{v_1} = \frac{v_1^2}{2g} \cdot \zeta_{ein} = 2{,}450\,m$$

$$h_{v_2} = h_{v_1} + \frac{v_1^2}{2g} \cdot \lambda_1 \frac{L_1}{d_1} = 5{,}963\,m$$

$$h_{v_3} = h_{v_2} + \frac{v_2^2}{2g} \cdot \zeta_{Kon} = 5{,}970\,m$$

$$h_{v_4} = h_{v_3} + \frac{v_2^2}{2g} \cdot \lambda_2 \frac{L_2}{d_2} = 9{,}455\,m$$

$$h_{v_5} = h_{v_4} + \frac{v_2^2}{2g} \cdot \zeta_{Aus} = 18{,}051\,m = \Sigma h_v$$

Grafische Verteilung der Energieanteile (es ist die Indexschreibweise h_{di} und h_{Di} zu beachten):

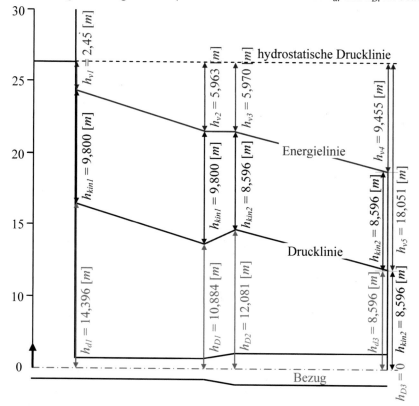

Beispiel 42 – Rohrdurchfluss

Gegeben: druckgefülltes Rohrleitungssystem mit konstantem Durchfluss gemäß Zeichnung. Im Rohr 2 werden mit einem *Prandtl*-Standrohr (Pitotrohr) im Druckrohr ein Wasserspiegel sowie im Staudruck die Summe aus Geschwindigkeitshöhe und statischem Druck abgelesen. Die Übergänge zwischen den verschiedenen Nennweiten erfolgen durch plötzliche Verengungen und Erweiterungen. Die äquivalente Rauhigkeit der Rohre beträgt einheitlich $k = 1$ [*mm*]. Die spezifische Dichte des Fluids beträgt $\rho = 1000$ [*kg/m³*].

Gesucht: Für die dargestellte Rohrleitung ist der Durchfluss Q zu ermitteln und der Energie- und Drucklinienverlauf für reale Flüssigkeiten grafisch darzustellen.

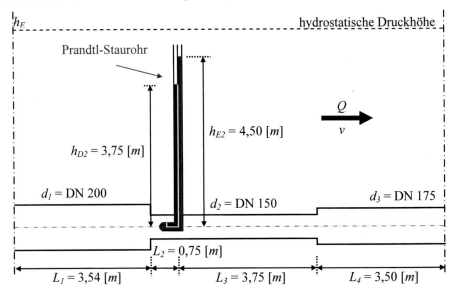

Lösung 42 – Rohrdurchfluss über veränderliche Querschnitte

Rohrquerschnitte:

$$A_1 = \frac{\pi \cdot d_1^2}{4} = \frac{\pi \cdot 0,20^2}{4} = 0,031\, m^2$$

$$A_2 = \frac{\pi \cdot d_2^2}{4} = \frac{\pi \cdot 0,15^2}{4} = 0,018\, m^2$$

$$A_3 = \frac{\pi \cdot d_3^2}{4} = \frac{\pi \cdot 0,175^2}{4} = 0,024\, m^2$$

Geschwindigkeit v_2 aus dem Prandtl-Staurohr:

$$h_{kin_2} = \frac{v_2^2}{2g} = h_{E_2} - h_{D_2} = 4,50 - 3,75 = 0,75 m$$

$$v_2 = \sqrt{0,75 \cdot 2g} = 3,835\, \frac{m}{2}$$

Weitere Geschwindigkeiten bzw. Geschwindigkeitshöhen folgen aus Konti:

$$Q = v_2 \cdot A_2 = 3,835 \cdot 0,031 = 0,068 \, \frac{m^3}{s}$$

$$v_1 = \frac{Q}{A_1} = \frac{0,068}{0,031} = 2,157 \, \frac{m}{s} \quad \text{und} \quad v_3 = \frac{Q}{A_3} = \frac{0,068}{0,024} = 2,818 \, \frac{m}{s}$$

$$\frac{v_1^2}{2g} = \frac{2,517^2}{2g} = 0,237 \, m \quad \text{und} \quad \frac{v_3^2}{2g} = \frac{2,818^2}{2g} = 0,405 \, m$$

Zur Bestimmung der fehlenden Druckhöhen nutzt man die Energiehöhe in der Position des Pitotrohres. Die geodätische Höhe wurde wegen des horizontalen Verlaufs des Rohrleitungssystems für alle Positionen zu null gewählt. Hierzu sind im Vorfeld alle drei Widerstandsbeiwerte zu bestimmen.

Rohr 1 (Schritt 1):

$$\frac{1}{\sqrt{\lambda_1}} = -2\log\left[\frac{k}{d_{hy_1} \cdot 3,71}\right] = -2\log\left[\frac{1,0}{200 \cdot 3,71}\right] = 5,74081 \qquad \lambda_1 = 0,030343$$

Schritt 2:

$$\text{Re}_1 = \frac{v_1 \cdot d_{hy_1}}{\upsilon} = 3,294 \cdot 10^5$$

$$\frac{1}{\sqrt{\lambda_2}} = -2\log\left[\frac{2,51}{\text{Re}_1 \cdot \sqrt{\lambda_1}} + \frac{k}{d_{hy_1} \cdot 3,71}\right] = -2\log\left[\frac{2,51}{3,294 \cdot 10^5 \cdot \sqrt{0,030343}} + \frac{1,0}{200 \cdot 3,71}\right]$$

$$\frac{1}{\sqrt{\lambda_2}} = 5,71306 \qquad \lambda_2 = 0,030638$$

Schritt 3:

$$\frac{1}{\sqrt{\lambda_3}} = -2\log\left[\frac{2,51}{\text{Re}_1 \cdot \sqrt{\lambda_2}} + \frac{k}{d_{hy_1} \cdot 3,71}\right] = -2\log\left[\frac{2,51}{3,294 \cdot 10^5 \cdot \sqrt{0,030638}} + \frac{1,0}{200 \cdot 3,71}\right]$$

$$\frac{1}{\sqrt{\lambda_3}} = 5,71319 \qquad \lambda_{R_1} = \lambda_3 = 0,030637$$

Rohr 2 (Schritt 1):

$$\frac{1}{\sqrt{\lambda_1}} = -2\log\left[\frac{k}{d_{hy_2} \cdot 3,71}\right] = -2\log\left[\frac{1,0}{150 \cdot 3,71}\right] = 5,49093 \qquad \lambda_1 = 0,033167$$

Schritt 2:

$$\text{Re}_2 = \frac{v_2 \cdot d_{hy_2}}{\upsilon} = 4,392 \cdot 10^5$$

$$\frac{1}{\sqrt{\lambda_2}} = -2\log\left[\frac{2{,}51}{\text{Re}_2 \cdot \sqrt{\lambda_1}} + \frac{k}{d_{hy_2} \cdot 3{,}71}\right] = -2\log\left[\frac{2{,}51}{4{,}392 \cdot 10^5 \cdot \sqrt{0{,}033167}} + \frac{1{,}0}{150 \cdot 3{,}71}\right]$$

$$\frac{1}{\sqrt{\lambda_2}} = 5{,}47589 \qquad\qquad \lambda_2 = 0{,}033350$$

Schritt 3:

$$\frac{1}{\sqrt{\lambda_3}} = -2\log\left[\frac{2{,}51}{\text{Re}_2 \cdot \sqrt{\lambda_2}} + \frac{k}{d_{hy_2} \cdot 3{,}71}\right] = -2\log\left[\frac{2{,}51}{4{,}392 \cdot 10^5 \cdot \sqrt{0{,}033350}} + \frac{1{,}0}{150 \cdot 3{,}71}\right]$$

$$\frac{1}{\sqrt{\lambda_3}} = 5{,}475933 \qquad\qquad \lambda_{R_2} = \lambda_3 = 0{,}033349$$

Rohr 3 (Schritt 1):

$$\frac{1}{\sqrt{\lambda_1}} = -2\log\left[\frac{k}{d_{hy_3} \cdot 3{,}71}\right] = -2\log\left[\frac{1{,}0}{175 \cdot 3{,}71}\right] = 5{,}62482 \qquad \lambda_1 = 0{,}031607$$

Schritt 2:

$$\text{Re}_3 = \frac{v_3 \cdot d_{hy_3}}{\upsilon} = 3{,}764 \cdot 10^5$$

$$\frac{1}{\sqrt{\lambda_2}} = -2\log\left[\frac{2{,}51}{\text{Re}_3 \cdot \sqrt{\lambda_1}} + \frac{k}{d_{hy_3} \cdot 3{,}71}\right] = -2\log\left[\frac{2{,}51}{3{,}764 \cdot 10^5 \cdot \sqrt{0{,}031607}} + \frac{1{,}0}{175 \cdot 3{,}71}\right]$$

$$\frac{1}{\sqrt{\lambda_2}} = 5{,}60393 \qquad\qquad \lambda_2 = 0{,}031843$$

Schritt 3:

$$\frac{1}{\sqrt{\lambda_3}} = -2\log\left[\frac{2{,}51}{\text{Re}_3 \cdot \sqrt{\lambda_2}} + \frac{k}{d_{hy_3} \cdot 3{,}71}\right] = -2\log\left[\frac{2{,}51}{3{,}764 \cdot 10^5 \cdot \sqrt{0{,}031843}} + \frac{1{,}0}{175 \cdot 3{,}71}\right]$$

$$\frac{1}{\sqrt{\lambda_3}} = 5{,}60400 \qquad\qquad \lambda_{R_3} = \lambda_3 = 0{,}031842$$

Die Widerstandsbeiwerte der Rohre lauten damit:

     Rohr 1 $- \lambda_{R1} = 0{,}030637$

     Rohr 2 $- \lambda_{R2} = 0{,}033349$

     Rohr 3 $- \lambda_{R3} = 0{,}031842$

Die kontinuierlichen Verlusthöhen in den Rohren betragen:

$$h_{v1} = \frac{v_1^2}{2g} \cdot \lambda_{R_1} \cdot \frac{L_1}{d_1} = \frac{2{,}157^2}{2g} \cdot 0{,}030637 \cdot \frac{3{,}45}{0{,}20} = 0{,}129 \text{ m}$$

$$h_{v2} = \frac{v_2^2}{2g} \cdot \lambda_{R_2} \cdot \frac{L_2}{d_2} = \frac{3,835^2}{2g} \cdot 0,033349 \cdot \frac{0,75}{0,15} = 0,125 \,\text{m}$$

$$h_{v3} = \frac{v_2^2}{2g} \cdot \lambda_{R_2} \cdot \frac{L_3}{d_2} = \frac{3,835^2}{2g} \cdot 0,033349 \cdot \frac{3,75}{0,15} = 0,625 \,\text{m}$$

$$h_{v4} = \frac{v_3^2}{2g} \cdot \lambda_{R_3} \cdot \frac{L_4}{d_3} = \frac{2,818^2}{2g} \cdot 0,031842 \cdot \frac{3,50}{0,175} = 0,276 \,\text{m}$$

Die lokalen Verlusthöhen an den plötzlichen Querschnittsänderungen ergeben sich zusammen mit den in Fließrichtung nachgeschalteten Geschwindigkeitshöhen (vergl. Anhang):

$$h_{vVer} = \frac{v_2^2}{2g} \cdot c_{Ver} \cdot \left(1 - \frac{A_2}{A_1}\right)^2 = \frac{3,835^2}{2g} \cdot 0,45 \cdot \left(1 - \frac{0,018}{0,031}\right) = 0,065 \,\text{m}$$

$$h_{vErw} = \frac{v_3^2}{2g} \cdot c_{Erw} \cdot \left(1 - \frac{A_3}{A_2}\right)^2 = \frac{2,818^2}{2g} \cdot 1,1 \cdot \left(1 - \frac{0,024}{0,018}\right) = 0,058 \,\text{m}$$

Für die plötzlichen Querschnittsveränderungen werden gemäß Anhang Werte für c_{Ver} zwischen 0,4 und 0,5 vorgeschlagen, gewählt $c_{Ver} = 0,45$, sowie für die Erweiterung Werte zwischen 1,1 und 1,2, gewählt $c_{Erw} = 1,1$ [–].

Der Verlauf der Verlusthöhen im Detail:

$$\Sigma h_{v_1} = h_{v_1} = 0,129 \, m$$

$$\Sigma h_{v_2} = \Sigma h_{v_1} + h_{vVer} = 0,129 + 0,065 = 0,193 \, m$$

$$\Sigma h_{v_3} = \Sigma h_{v_2} + h_{v2} = 0,193 + 0,125 = 0,318 \, m$$

$$\Sigma h_{v_4} = \Sigma h_{v_3} + h_{v3} = 0,318 + 0,625 = 0,944 \, m$$

$$\Sigma h_{v_5} = \Sigma h_{v_4} + h_{vErw} = 0,944 + 0,058 = 1,002 \, m$$

$$\Sigma h_{v_6} = \Sigma h_{v_5} + h_{v4} = 1,002 + 0,276 = 1,278 \, m$$

Grafische Verteilung der Energiehöhenanteile

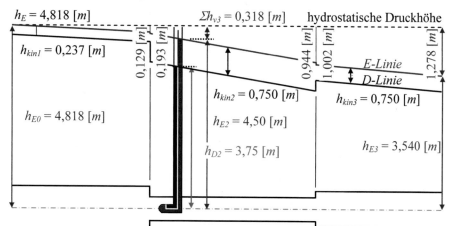

4.3 Gerinnehydraulik

Anmerkung: Betrachtet wird stets ein gleichförmiger Abfluss (Normalabfluss), in dem die Geschwindigkeit zu jeder Zeit und an jedem Ort des Fließweges konstant ist. Das Gefälle der Energielinie, des Wasserspiegels und der Sohle ist gleich. Das Fließgewässer ist rückstaufrei und es gilt die *Manning-Strickler*-Gleichung!

Beispiel 43 – Fließgesetze

Gegeben: Ein Fließgewässer im symmetrischen Trapezprofil, die Sohlbreite beträgt $b = 7,00$ [m] und die Böschungsneigung 1:m = 1:1. Die Wassertiefe im Gerinne beträgt $h = 2,85$ [m]. Das Sohlengefälle ist $I_{So} = 0,35$ ‰, die Wandrauhigkeit des Gewässers entspricht einem natürlichen Flussbett mit fester Sohle und ohne Unregelmäßigkeiten $k_{St} = 40$ $[m^{1/3}/s]$ (vergl. Anhang).

Gesucht: Es ist die Durchflussmenge nach der Gleichung von *Manning-Strickler*, dem vereinfachten Fließgesetz sowie dem universellen Fließgesetz zu bestimmen.

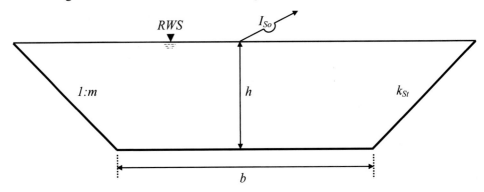

Lösung 43 – Fließgesetze

Geometrische Größen des Trapezprofils:

$$A = b \cdot h + m \cdot h^2 = 7,00 \cdot 2,85 + 1 \cdot 2,85^2 = 28,073\, m^2$$

$$l_U = b + 2h \cdot \sqrt{1+m^2} = 7,00 + 2 \cdot 2,85 \cdot \sqrt{1+1^2} = 15,061\, m$$

$$r_{hy} = \frac{A}{l_U} = \frac{28,073}{15,061} = 1,864\, m \qquad d_{hy} = 4 \cdot r_{hy} = 7,456\, m$$

Fließgeschwindigkeit nach der *Manning-Strickler* Gleichung:

$$v = k_{St} \cdot r_{hy}^{\frac{2}{3}} \cdot I_E^{\frac{1}{2}} = 40 \cdot 1,864^{\frac{2}{3}} \cdot 0,00035^{\frac{1}{2}} = 1,113\, \frac{m}{s} \qquad Q = v \cdot A = 31,817\, \frac{m^3}{s}$$

Nach dem vereinfachten Fließgesetz und einem Formbeiwert *f* nach der *Marchi*-Definition (nach [11]) gilt parallel:

$$\frac{1}{\sqrt{\lambda}} = -2 \cdot \log\left(\frac{k}{f \cdot d_{hy} \cdot 3{,}71}\right) \qquad f = 1{,}130 \cdot \left(\frac{r_{hy}}{b}\right)^{\frac{1}{4}} \quad \text{mit } \frac{h}{b} < 1 \qquad \text{Trapez}$$

Die Umrechnung geeichter *Strickler*-Beiwerte in absolute Rauigkeitsbeiwerte liefert mit folgender Gleichung nur bei relativ glatten Wänden und $k_{St} > 35$ m$^{1/3}$/s zuverlässige Werte [1]:

$$k_{St} = \frac{25{,}68\,\dfrac{m^{\frac{1}{2}}}{s}}{k^{\frac{1}{6}}} \quad \Rightarrow \quad k = \left(\frac{25{,}68\,\dfrac{m^{\frac{1}{2}}}{s}}{k_{St}}\right)^{6}$$

Diese Gleichung gilt im Bereich $10 < r_{hy}/k < 100$, wenn die relative Rauheit r_{hy}/k kleiner 10 wird, sollte eher mit nachfolgender, in DIN EN 752-4 vorgeschlagener Umrechnung gearbeitet werden (k ist umrechnungsbedingt[1] im Ergebnis dimensionslos, entspricht jedoch der Einheit [m]). Bei Werten für r_{hy}/k größer 100 ist der Einfluss der *Reynolds*zahl zu beachten, d. h. es müsste mit dem Ansatz von *Prandtl-Colebrook* für den hydraulischen Übergangsbereich gerechnet werden.

$$k_{St} = \frac{17{,}72\,\dfrac{\sqrt{m}}{s}}{\sqrt[6]{r_{hy}}} \cdot \log\left[\frac{14{,}84 \cdot r_{hy}}{k}\right]$$

$$\Rightarrow \quad k = 10^{\log\left[14{,}84\frac{1}{m}\cdot r_{hy}\right]\cdot\frac{k_{St}\cdot\sqrt[6]{r_{hy}}}{17{,}72\frac{\sqrt{m}}{s}}} \cdot [m]$$

Im Beispiel liefert das Verhältnis r_{hy}/k einen Wert von 26,621, sodass nach der Umrechnung gemäß [1] vorgegangen wird:

$$k = \left(\frac{25{,}68\,\dfrac{m^{\frac{1}{2}}}{s}}{k_{St}}\right)^{6} = \left(\frac{25{,}68}{40}\right)^{6} = 0{,}070\,m \quad \text{mit } \frac{r_{hy}}{k} = 26{,}621$$

$$f = 1{,}130 \cdot \left(\frac{r_{hy}}{b}\right)^{\frac{1}{4}} = 1{,}130 \cdot \left(\frac{1{,}864}{7{,}00}\right)^{\frac{1}{4}} = 0{,}812 \quad \text{mit } \frac{h}{b} = 0{,}407 < 1$$

$$\frac{1}{\sqrt{\lambda}} = -2 \cdot \log\left(\frac{0{,}070}{0{,}812 \cdot 7{,}456 \cdot 3{,}16}\right) = 5{,}01212$$

---

[1] Logarithmus kann lediglich aus dimensionsloser Zahl berechnet werden.

Fließgeschwindigkeit nach *Darcy-Weisbach*:

$$v = \frac{1}{\sqrt{\lambda}} \cdot \sqrt{2g \cdot d_{hy} \cdot I_E} = 5{,}01212 \cdot \sqrt{2g \cdot 7{,}456 \cdot 0{,}00035} = 1{,}134 \frac{m}{s}$$

$$Q = v \cdot A = 31{,}831 \frac{m^3}{s}$$

Als Ergebnis nach dem universellen Fließgesetz in Kombination mit dem Formbeiwert nach der *Marchi*-Definition für Trapezgerinne erhält man:

$$v = -4 \cdot \log\left[\frac{2{,}51 \cdot v}{2 \cdot f \cdot d_{hy} \cdot \sqrt{2g \cdot r_{hy} \cdot I_E}} + \frac{k}{f \cdot d_{hy} \cdot 3{,}71} \right] \cdot \sqrt{2g \cdot r_{hy} \cdot I_E}$$

$$v = -4 \cdot \log\left[\frac{2{,}51 \cdot 1{,}31 \cdot 10^{-6}}{2 \cdot 0{,}812 \cdot 7{,}456 \cdot \sqrt{2g \cdot 1{,}864 \cdot 3{,}5 \cdot 10^{-4}}} + \frac{0{,}07}{0{,}812 \cdot 7{,}456 \cdot 3{,}71} \right]$$

$$\cdot \sqrt{2g \cdot 1{,}864 \cdot 3{,}5 \cdot 10^{-4}} = 1{,}134 \frac{m}{s}$$

$$Q = v \cdot A = 31{,}827 \frac{m^3}{s}$$

Fazit: Alle drei Ansätze liefern hier eine hervorragende Übereinstimmung!

Beispiel 44 – Einheitlicher Strickler-Reibungsbeiwert im eingliedrigen Querschnitt

<u>Gegeben</u>: Ein Parabelgerinne mit einem Öffnungsmaß $a = 0{,}025$ [m^{-1}] und einer Normalwassertiefe von $h_n = 1{,}70$ [m] sowie einem Strickler-Beiwert k_{St} für ein Betongerinne mit geglätteter Betonoberfläche. Das Sohlengefälle beträgt $I_{So} = 0{,}4$ ‰.

<u>Gesucht</u>: Es ist die Durchflussmenge mit dem Widerstandsbeiwert nach *Manning-Strickler* zu ermitteln.

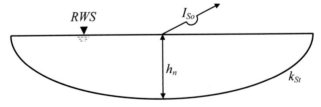

Lösung 44 – Einheitlicher Strickler-Reibungsbeiwert

Geometrische Größen der Parabel:

$$A = \frac{2}{3} \sqrt{\frac{h^3}{a}} = \frac{2}{3} \sqrt{\frac{1{,}70^3}{0{,}025}} = 9{,}346 \ \text{m}^2$$

$$b = \sqrt{\frac{h}{a}} = \sqrt{\frac{1{,}70}{0{,}025}} = 8{,}246 \ m$$

$$l_U = \sqrt{\left(\frac{b}{2}\right)^2 + 4 \cdot h^2} + \frac{b^2}{8h} \cdot \ln\left(\frac{4h}{b} + \sqrt{\frac{16h^2}{b^2} + 1}\right)$$

$$l_U = \sqrt{\left(\frac{8,246}{2}\right)^2 + 4 \cdot 1,70^2} + \frac{8,246^2}{8 \cdot 1,70} \cdot \ln\left(\frac{4 \cdot 1,70}{8,246} + \sqrt{\frac{16 \cdot 1,70^2}{8,246^2} + 1}\right) = 9,103\ m$$

$$r_{hy} = \frac{A}{l_U} = \frac{9,346}{9,103} = 1,027\ m \qquad d_{hy} = 4r_{hy} = 4,107\ m$$

Reibungsbeiwert nach Strickler:

$$\lambda_{St} = \frac{8g}{k_{St}^2 \cdot r_{hy}^{1/3}} = \frac{8g}{90^2 \cdot 1,027^{\frac{1}{3}}} = 0,00960\,[-]$$

Fließgeschwindigkeit nach *Darcy-Weisbach*:

$$v = \frac{1}{\sqrt{\lambda_{St}}} \cdot \sqrt{2g \cdot d_{hy} \cdot I_E} = \frac{1}{\sqrt{0,00960}} \cdot \sqrt{2g \cdot 4,107 \cdot 0,0004} = 1,832\ \frac{m}{s}$$

$$Q = v \cdot A = 17,120\ \frac{m^3}{s}$$

Zum Vergleich - Fließgeschwindigkeit nach der *Manning-Strickler* Gleichung:

$$v = k_{St} \cdot r_{hy}^{\frac{2}{3}} \cdot I_E^{\frac{1}{2}} = 90 \cdot 1,027^{\frac{2}{3}} \cdot 0,0004^{\frac{1}{2}} = 1,832\ \frac{m}{s} \qquad Q = v \cdot A = 17,1120\ \frac{m^3}{s}$$

Auch hier wird zwischen beiden Formeln eine gute Übereinstimmung erzielt.

Beispiel 45

Unterschiedliche Rauheiten/Rauhigkeitsbeiwerte im eingliedrigen Querschnitt

<u>Gegeben:</u> ein Parabelgerinne mit einem Öffnungsmaß $a = 0,025\ [m^{-1}]$ und einer Normalwassertiefe von $h_n = 1,70\ [m]$. Das Gerinne ist auf der linken Böschung mit einer Steinschüttung $d_{90} = 350\ [mm]$ und rechts mit Gras und Stauden versehen. Die Sohle besteht aus Feinkies bis hin zu sandigem Kies.

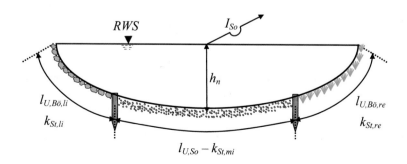

Der benetzte Umfang der Sohle in Flussmitte beträgt $l_{U,So}$ = 4,963 [m] und die Böschungen verfügen jeweils über einen benetzten Umfang von $l_{U,Bö}$ = 2,07 [m]. Das Sohlengefälle beträgt I_{So} = 0,4 ‰.

Gesucht: Es ist die Abflussmenge für den Normalabfluss bei vorgegebener Wassertiefe h_n nach dem universellen Fließgesetz und dem Ansatz von *Manning-Strickler* zu ermitteln.

Lösung 45 – Unterschiedliche Rauheiten

Geometrische Größen der Parabel analog Beispiel 44:

$$A = 9{,}346 \, m^2 \qquad b = 8{,}246 \, m \qquad \Sigma l_{u,i} = 9{,}103 \, m \qquad r_{hy,ges} = \frac{A}{\Sigma l_U} = 1{,}027 \, m$$

Die Summe der teilbenetzten Strecken entspricht dem Wert des komplett benetzten Umfangs dieser Parabel. Aus dem Anhang wurden für die beschriebenen Beschaffenheiten von Böschungen und Sohle folgende Rauheiten ermittelt:

$$k_{Bö,li} = 350 \, mm \qquad\qquad k_{So} = 30 \, mm \qquad\qquad k_{Bö,re} = 200 \, m$$

a) Berechnung der Abflussmenge nach dem universellen Fließgesetz

Zur Berechnung einer mittleren Fließgeschwindigkeit wird im ersten Berechnungsschritt eine mittlere Rauheit für den Querschnitt nach folgender Gleichung bestimmt:

$$k_m = \frac{\Sigma\left(l_{U,i}^2 \cdot k_i\right)}{\Sigma l_{U,i}^2} = \frac{2{,}07^2 \cdot 0{,}35 + 4{,}963^2 \cdot 0{,}03 + 2{,}07^2 \cdot 0{,}20}{2{,}07^2 + 4{,}963^2 + 2{,}07^2} = 0{,}093 \, m$$

Der Widerstandsbeiwert λ vereinfacht sich bei der Berechnung von Fließgewässern dadurch, dass der Re-Term vernachlässigbar klein wird, daraus folgt dann:

$$\frac{1}{\sqrt{\lambda}} = -2 \cdot \log\left(\frac{k_m}{3{,}71 \cdot d_{hy}}\right) = -2 \cdot \log\left(\frac{k_m}{14{,}84 \cdot r_{hy}}\right) \;\Rightarrow\; \lambda = \frac{1}{\left[2{,}343 - 2 \cdot \log\left(\dfrac{k_m}{r_{hy}}\right)\right]^2}$$

Einen ersten Ansatz für die mittlere Fließgeschwindigkeit erhält man mit dem vereinfachten Widerstandsbeiwert und der *Darcy-Weisbach*-Fließformel:

$$v = \frac{1}{\sqrt{\lambda}} \cdot \sqrt{8g \cdot r_{hy} \cdot I_E}$$

In Zahlen erhält man:

$$v = \left[2{,}343 - 2 \cdot \log\left(\frac{0{,}093}{1{,}027}\right)\right] \cdot \sqrt{8g \cdot 1{,}027 \cdot 0{,}0004} = 0{,}795 \, \frac{m}{s}$$

Zur Berechnung der querschnittsgemittelten Fließgeschwindigkeit wird der Querschnitt in Teilflächen unterteilt, bei denen die mittlere Fließgeschwindigkeit v bei gleichem Energielinienengefälle I_E vorausgesetzt wird. Zur iterativen Bestimmung der hydraulischen Radien der Teilquerschnittsflächen wird als erste Annahme der gesamte hydraulische Radius $r_{hy,ges}$ angesetzt (Ansatz von *Einstein* (1934) und *Horton* (1933) in [4]):

$$r_{hy,i,r} = \frac{v^2}{8g \cdot I_E \cdot \left[2,343 - 2 \cdot \log\left(\dfrac{k_i}{r_{hy_i}}\right)\right]^2}$$

Die Annahme wird mit folgender Wichtung verbessert und der so ermittelte Wert anschließende in die obige Gleichung wieder eingesetzt. Damit wird $r_{hy,i}$ neu berechnet, bis eine hinreichende Genauigkeit gegeben ist (diese Genauigkeit wird i. d. R. nach 3 Iterationsschritten erreicht):

$$r_{hy,i} = \frac{2 \cdot r_{hy,i,r} + r_{hy,i-1}}{3} \qquad \text{Genauigkeit} \qquad \frac{\left|r_{hy,i} - r_{hy,i-1}\right|}{r_{hy,i-1}} < 0,03$$

Hydraulischer Radius für die linke Böschung in Zahlen (1. Iterationsschritt):

$$r_i = r_{hy,ges} = 1,027\,m$$

$$r_{hy,Bö,li} = \frac{0,795^2}{8g \cdot 0,0004 \cdot \left[2,343 - 2 \cdot \log\left(\dfrac{0,350}{1,027}\right)\right]^2} = 1,873\,m$$

$$r_{hy,Bö,li,1} = \frac{2 \cdot r_{hy,Bö,li} + r_{hy,ges}}{3} = \frac{2 \cdot 1,873 + 1,027}{3} = 1,591\,m$$

2. Iterationsschritt:

$$r_{hy,Bö,li,1} = 1,591\,m$$

$$r_{hy,Bö,li} = \frac{0,795^2}{8g \cdot 0,0004 \cdot \left[2,343 - 2 \cdot \log\left(\dfrac{0,350}{1,591}\right)\right]^2} = 1,503\,m$$

$$r_{hy,Bö,li,2} = \frac{2 \cdot r_{hy,Bö,li} + r_{hy,Bö,li,1}}{3} = \frac{2 \cdot 1,503 + 1,591}{3} = 1,533\,m$$

3. Iterationsschritt:

$$r_{hy,Bö,li,2} = 1,533\,m$$

$$r_{hy,Bö,li} = \frac{0,795^2}{8g \cdot 0,0004 \cdot \left[2,343 - 2 \cdot \log\left(\dfrac{0,350}{1,533}\right)\right]^2} = 1,530\,m$$

$$r_{hy,Bö,li,3} = \frac{2 \cdot r_{hy,Bö,li} + r_{hy,Bö,li,2}}{3} = \frac{2 \cdot 1,530 + 1,533}{3} = 1,531\,m$$

Genauigkeit:

$$\frac{\left|r_{hy,i} - r_{hy,i-1}\right|}{r_{hy,i-1}} < 0,03 \qquad \frac{\left|1,533 - 1,531\right|}{1,531} = 0,001 < 0,03 \quad \Rightarrow \quad r_{hy,Bö,li} = 1,531\,m$$

Hydraulischer Radius für die Sohle des Gerinnes in Zahlen (1. Iterationsschritt):

$$r_{hy,ges} = 1,027 \, m$$

$$r_{hy,So} = \frac{0,795^2}{8g \cdot 0,0004 \cdot \left[2,343 - 2 \cdot \log\left(\frac{0,030}{1,027}\right)\right]^2} = 0,687 \, m$$

$$r_{hy,So,1} = \frac{2 \cdot r_{hy,So} + r_{hy,ges}}{3} = \frac{2 \cdot 0,687 + 1,027}{3} = 0,800 \, m$$

2. Iterationsschritt:

$$r_{hy,So,1} = 0,800 \, m$$

$$r_{hy,So} = \frac{0,795^2}{8g \cdot 0,0004 \cdot \left[2,343 - 2 \cdot \log\left(\frac{0,030}{0,800}\right)\right]^2} = 0,745 \, m$$

$$r_{hy,So,2} = \frac{2 \cdot r_{hy,So} + r_{hy,So,1}}{3} = \frac{2 \cdot 0,745 + 0,800}{3} = 0,764 \, m$$

3. Iterationsschritt:

$$r_{hy,So,2} = 0,764 \, m$$

$$r_{hy,So} = \frac{0,795^2}{8g \cdot 0,0004 \cdot \left[2,343 - 2 \cdot \log\left(\frac{0,500}{0,764}\right)\right]^2} = 0,757 \, m$$

$$r_{hy,So,3} = \frac{2 \cdot r_{hy,So} + r_{hy,So,2}}{3} = \frac{2 \cdot 0,757 + 0,764}{3} = 0,759 \, m$$

Genauigkeit:

$$\frac{|0,759 - 0,764|}{0,764} = 0,006 < 0,03 \quad \Rightarrow \quad r_{hy,So} = 0,759 \, m$$

Hydraulischer Radius für die rechte Böschung in Zahlen (1. Iterationsschritt):

$$r_{hy,ges} = 1,027 \, m$$

$$r_{hy,Bö,re} = \frac{0,795^2}{8g \cdot 0,0004 \cdot \left[2,343 - 2 \cdot \log\left(\frac{0,200}{1,027}\right)\right]^2} = 1,420 \, m$$

$$r_{hy,Bö,re,1} = \frac{2 \cdot r_{hy,Bö,re} + r_{hy,ges}}{3} = \frac{2 \cdot 1,402 + 1,027}{3} = 1,289 \, m$$

2. Iterationsschritt:

$$r_{hy,Bö,re,1} = 1,289 \, m$$

$$r_{hy,B\ddot{o},re} = \frac{0,795^2}{8g \cdot 0,0004 \cdot \left[2,343 - 2 \cdot \log\left(\dfrac{0,200}{1,289}\right)\right]^2} = 1,282\,m$$

$$r_{hy,B\ddot{o},re,2} = \frac{2 \cdot r_{hy,B\ddot{o},re} + r_{hy,B\ddot{o},re,1}}{3} = \frac{2 \cdot 1,282 + 1,289}{3} = 1,284\,m$$

3. Iterationsschritt:

$$r_{hy,B\ddot{o},re,2} = 1,284\,m$$

$$r_{hy,B\ddot{o},re} = \frac{0,795^2}{8g \cdot 0,0004 \cdot \left[2,343 - 2 \cdot \log\left(\dfrac{0,200}{1,284}\right)\right]^2} = 1,284\,m$$

$$r_{hy,B\ddot{o},re,3} = \frac{2 \cdot r_{hy,B\ddot{o},li} + r_{hy,B\ddot{o},li,2}}{3} = \frac{2 \cdot 1,284 + 1,284}{3} = 1,284\,m$$

Genauigkeit:

$$\frac{\left|r_{hy,i} - r_{hy,i-1}\right|}{r_{hy,i-1}} < 0,03 \qquad \frac{\left|1,284 - 1,284\right|}{1,284} = 0,000 < 0,03 \qquad \Rightarrow \qquad r_{hy,B\ddot{o},re} = 1,284\,m$$

Nunmehr wird die eingangs getroffene Annahme der mittleren Geschwindigkeit aufgrund des Flächenvergleichs überprüft und ggf. korrigiert. Die Geschwindigkeitsannahme muss ggf. nach dem folgenden Ansatz [4] verbessert werden.

$$v_{neu} = \left[\frac{2 \cdot A}{\Sigma(l_{U,i} \cdot r_{hy,i})} + 1\right] \cdot \frac{v_{alt}}{3}$$

$$\text{Genauigkeit}: \frac{v_{alt} - v_{neu}}{v_{neu}} < \left\{\begin{array}{l} 10\,\% \ \text{Handrechnung} \\ 3\,\% \ \text{Programm} \end{array}\right\} \cdot v_{alt}$$

In Zahlen:

$$v_{neu} = \left[\frac{2 \cdot 9,346}{2,07 \cdot 1,531 + 4,963 \cdot 0,759 + 2,07 \cdot 1,284} + 1\right] \cdot \frac{0,795}{3} = 0,781\,\frac{m}{s}$$

Genauigkeit:

$$\frac{v_{alt} - v_{neu}}{v_{neu}} = \frac{0,795 - 0,781}{0,781} = 0,018 \quad < \quad 10\,\% \cdot v_{alt} = 0,0795$$

In diesem Fall ist kein Berechnungsgang mit neuer Annahme für die Geschwindigkeit und die Ermittlung der hydraulischen Teilradien erforderlich. Sofern er sich jedoch ergeben hätte, wäre als erste Annahme für die hydraulischen Radien r_{hy} das Ergebnis dieses vorhergehenden Rechengangs zu benutzen gewesen.

Die obige Ungleichung für die Fließgeschwindigkeit wird jedoch erfüllt und es ergibt sich für die mittlere Fließgeschwindigkeit:

$$v = 0,781\frac{m}{s}$$

Der Abfluss beträgt nach der Konti-Gleichung damit:

$$Q = v \cdot A = 0,781 \cdot 9,346 = 7,297\frac{m^3}{s}$$

b) Berechnung der Abflussmenge nach der *Manning-Strickler*-Gleichung

Verwendet man die ursprünglich zugewiesenen Rauheiten abschnittsweise zur Umrechnung in die *Manning-Strickler*-Werte nach der ATV-Gleichung [1], so erhält man für die linke Böschung:

$$k_{St} = \frac{25,68\frac{m^{\frac{1}{2}}}{s}}{k^{\frac{1}{6}}} \quad \Rightarrow \quad k_{St,Bö,Li} = \frac{25,68}{0,350^{\frac{1}{6}}} = 30,590\frac{m^{\frac{1}{3}}}{2}$$

für die Sohle:

$$k_{St,So} = \frac{25,68}{0,030^{\frac{1}{6}}} = 46,069\frac{m^{\frac{1}{3}}}{2}$$

und für die rechte Böschung:

$$k_{St,Bö,Re} = \frac{25,68}{0,200^{\frac{1}{6}}} = 33,581\frac{m^{\frac{1}{3}}}{2}$$

Der mittlere k_{St}-Wert errechnet sich nach der bekannten Umrechnungsgleichung für eingliedrige Querschnitte mit unterschiedlichen Rauigkeitsbereichen:

$$k_{St,ges} = \left(\frac{\Sigma l_U}{\dfrac{l_{U,Bö;Li}}{k_{St,Bö,Li}^{\frac{3}{2}}} + \dfrac{l_{U,So}}{k_{St,So}^{\frac{3}{2}}} + \dfrac{l_{U,Bö;Re}}{k_{St,Bö,Re}^{\frac{3}{2}}}}\right)^{\frac{2}{3}}$$

in Zahlen:

$$k_{St,ges} = \left(\frac{9,103}{\dfrac{2,070}{30,590^{\frac{3}{2}}} + \dfrac{4,963}{46,069^{\frac{3}{2}}} + \dfrac{2,070}{33,581^{\frac{3}{2}}}}\right)^{\frac{2}{3}} = 38,076\frac{m^{\frac{1}{3}}}{2}$$

Nach der Fließgleichung von *Manning-Strickler* erhält man für die Abflussmenge:

$$Q = v \cdot A = k_{St,ges} \cdot I_E^{\frac{1}{2}} \cdot r_{hy}^{\frac{2}{3}} \cdot A = 38{,}076 \cdot \sqrt{0{,}0004} \cdot 1{,}027^{\frac{2}{3}} \cdot 9{,}346 = 7{,}243 \frac{m^3}{s}$$

Die Anwendbarkeit der ATV-Gleichung ist durch die Genauigkeit von $r_{hy}/k_m = 11{,}011$ und $k_{St,ges} > 35$ gegeben!

Beispiel 46 – Unterschiedliche Rauigkeitsbeiwerte im gegliederten Querschnitt

<u>Gegeben:</u> ein Parabelgerinne mit eingedeichten Vorländern, die nur temporär überflutet werden. Das Gefälle des Fließgewässers beträgt $I_S = 0{,}75$ ‰.

<u>Gesucht:</u> Es ist die Abflussmenge für den Normalabfluss bei vorgegebener Wassertiefe nach dem Ansatz von *Manning-Strickler* und dem universellen Fließgesetz zu ermitteln.

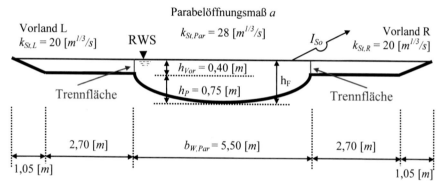

Der benetzte Umfang der Teilbereiche wird wegen der geringeren Geschwindigkeiten auf den Vorländern im Vergleich zum Parabelprofil durch vertikale Trennflächen vom Hauptstrom getrennt (siehe rote vertikale Linien in obiger Abbildung). Somit ergibt sich der gesuchte Gesamtabfluss aus der Summe:

$$Q = Q_{Vor,L} + Q_{Fluss} + Q_{Vor,R}$$

Für die entstandenen 3 Bereiche können so verschiedene Rauigkeitsbeiwerte bzw. auch Rauheiten angesetzt werden, wobei sich für das Hauptprofil in der Mitte des Gerinnes der benetzte Umfang um das Maß der Trennflächen (2fach!) vergrößert. Sofern über dem Vorland die Wassertiefe $h_{Vor} > h_F/3$ ist, kann für die <u>Trennflächen</u> mit der Rauhigkeit der Sohle gerechnet werden.

Für geringere Vorlandwassertiefen wird die Verwendung eines $k_{St,T}$-Wertes für die <u>Trennflächen</u> empfohlen, der dem 0,6fachen $k_{St,So}$-Wert der Sohle entspricht.

$$k_{St,T} = 0{,}6 \cdot k_{St,So}$$

Zur Berechnung einer derartigen Situation wird das Hauptprofil wie ein eingliedriger Querschnitt mit unterschiedlichen Rauigkeitsbeiwerten analog Beispiel 45, die Nebenprofile hingegen analog Beispiel 44 behandelt.

Lösung 46 – Unterschiedliche Rauigkeiten

Zur Berechnung der geometrischen Größen des gegliederten Querschnitts ist es sinnvoll, diesen in ein symmetrisches Trapez und in eine Parabel aufzuteilen. Geometrische Größen des Trapezes:

$$b_{Trapez,Sohle} = 2,70 + 5,50 + 2,70 = 10,90 \, m$$

$$m = \frac{horiz.\,L\ddot{a}nge}{H\ddot{o}henunterschied} = \frac{1,05}{0,40} = 2,625$$

$$A_{Trapez} = b_{Trapez,Sohle} \cdot h_{Vor} + m \cdot h_{Vor}^2 = 10,90 \cdot 0,40 + 2,625 \cdot 0,40^2 = 4,78 \, m^2$$

Geometrische Größen der Parabel:

$$a = \frac{h_{Par}}{b_{W,Par}^2} = \frac{0,75}{5,50^2} = 0,025 \, m^{-1}$$

$$A_{Parabel} = \frac{2}{3}\sqrt{\frac{h_{Par}^3}{a}} = \frac{2}{3}\sqrt{\frac{0,75^3}{0,025}} = 2,750 \, m^2$$

Abflusswirksamer Querschnitt:

$$A = A_{Trapez} + A_{Parabel} = 4,78 + 2,750 = 7,530 \, m^2$$

Berechnung der relevanten Querschnitte, der benetzten Umfänge sowie der hydraulischen Radien für die drei Teilabschnitte:

$$A_1 = 2,70 \cdot 0,40 + 0,381 \cdot 0,40^2 = 1,290 \, m^2$$

$$A_2 = A_{Parabel} + h_{Vorl} \cdot b_{W,Par} = 2,750 + 0,40 \cdot 5,50 = 4,950 \, m^2$$

$$A_3 = 0,40 \cdot \left(2,70 + \frac{1,05}{2}\right) = 1,290 \, m^2$$

$$l_{U,1} = 2,70 + \sqrt{0,40^2 + 1,05^2} = 3,824 \, m$$

$$l_{U,2} = \sqrt{\left(\frac{5,50}{2}\right)^2 + 4 \cdot 0,75^2} + \frac{5,50^2}{8 \cdot 0,75} \cdot \ln\left(\frac{4 \cdot 0,75}{8 \cdot 5,50} + \sqrt{\frac{16 \cdot 0,75^2}{5,50^2} + 1}\right) + 2 \cdot 0,40 = 6,562 \, m$$

$$l_{U,3} = 2,70 + \sqrt{0,40^2 + 1,05^2} = 3,824 \, m$$

$$r_{hy,1} = \frac{1,209}{3,824} = 0,337 \, m$$

$$r_{hy,2} = \frac{4,950}{6,562} = 0,754 \, m$$

$$r_{hy,3} = \frac{1,209}{3,824} = 0,337 \, m$$

a) Berechnung der Abflussmenge nach der *Manning-Strickler*-Gleichung

Mit den hydraulischen Radien und den drei Teilquerschnitten lassen sich jetzt abschnittsweise die Geschwindigkeiten und die zugehörigen Abflussmengen berechnen, die zusammen den Gesamtabfluss liefern.

$$v_1 = 20 \cdot 0{,}337^{\frac{2}{3}} \cdot 0{,}00075^{\frac{1}{2}} = 0{,}265 \frac{m}{s}$$

$$v_2 = 28 \cdot 0{,}754^{\frac{2}{3}} \cdot 0{,}00075^{\frac{1}{2}} = 0{,}635 \frac{m}{s}$$

$$v_3 = 20 \cdot 0{,}337^{\frac{2}{3}} \cdot 0{,}00075^{\frac{1}{2}} = 0{,}265 \frac{m}{s}$$

$$Q_1 = 0{,}265 \cdot 1{,}290 = 0{,}342 \frac{m^3}{s}$$

$$Q_2 = 0{,}635 \cdot 4{,}950 = 3{,}145 \frac{m^3}{s}$$

$$Q_3 = 0{,}265 \cdot 1{,}290 = 0{,}342 \frac{m^3}{s}$$

Der Gesamtabfluss beläuft sich damit auf:

$$Q = Q_1 + Q_2 + Q_3 = 0{,}342 \cdot 3{,}145 + 0{,}342 = 3{,}830 \frac{m^3}{s}$$

Die mittlere Geschwindigkeit über den gesamten Querschnitt beträgt

$$v = \frac{Q}{A} = \frac{3{,}830}{7{,}530} = 0{,}509 \frac{m}{s},$$

sie hat aber für die praktische Anwendung in gegliederten Querschnitten keine Bedeutung, da die Unterschiede auf dem Vorland und dem eigentlichen Fließabschnitt zum Teil erheblich sein können.

b) Berechnung der Abflussmenge nach dem universellen Fließgesetz

Die Umrechnung der *Strickler*-Beiwerte in äquivalente Rauheiten kann nach DIN EN 752-4, [2][2] erfolgen (vergl. auch [5]), da die relativen Rauheiten in allen drei Fällen < 10 sind, der Nachweis wird hier nicht aufgezeigt. Zur Dimension von k ist die Fußnote im Beispiel 43 zu beachten.

$$k = 10^{\,\log\left[14{,}84\frac{1}{m} \cdot r_{hy}\right] \cdot \frac{k_{St} \cdot \sqrt[6]{r_{hy}}}{17{,}72 \frac{\sqrt{m}}{s}}} \cdot [m]$$

---

[2] Achtung: die in [2] abgedruckte Gleichung E.2 ist fehlerhaft, richtig lautet sie:

$$k_{St} = 4 \cdot \sqrt[6]{\frac{32 \cdot g^3}{D}} \cdot \log\left(\frac{3{,}71 \cdot D}{k}\right) = \frac{17{,}72 \cdot \left[\frac{\sqrt{m}}{s}\right]}{r_{hy}^{1/6}} \cdot \log\left(\frac{14{,}84 \cdot r_{hy}}{k}\right)$$

In Zahlen:

$$k_L = 10^{\log[14,84 \cdot 0,337] \cdot \frac{20 \cdot \sqrt[6]{0,337}}{17,72}} \cdot m = 0,573 \; m$$

$$k_{Par} = 10^{\log[14,84 \cdot 0.754] \cdot \frac{28 \cdot \sqrt[6]{0,754}}{17,72}} \cdot m = 0,348 \; m$$

$$k_R = 10^{\log[14,84 \cdot 0,337] \cdot \frac{20 \cdot \sqrt[6]{0,337}}{17,72}} \cdot m = 0,573 \; m$$

Damit ergeben sich die die mittleren Fließgeschwindigkeiten je Abschnitt und man erhält mit dem vereinfachten Widerstandsbeiwert und der *Darcy-Weisbach*-Fließformel folgende Geschwindigkeiten in Zahlen:

$$v_L = \left[2,343 - 2 \cdot \log\left(\frac{0,573}{0,337}\right)\right] \cdot \sqrt{8g \cdot 0,337 \cdot 0,00075} = 0,265 \; \frac{m}{s}$$

$$v_{Par} = \left[2,343 - 2 \cdot \log\left(\frac{0,348}{0,754}\right)\right] \cdot \sqrt{8g \cdot 0,754 \cdot 0,00075} = 0,635 \; \frac{m}{s}$$

$$v_R = \left[2,343 - 2 \cdot \log\left(\frac{0,573}{0,337}\right)\right] \cdot \sqrt{8g \cdot 0,337 \cdot 0,00075} = 0,265 \; \frac{m}{s}$$

Die Umrechnung von k in k_{St}-Werte und umgekehrt ist bei der praktischen Anwendung der Fließformeln nicht immer wirklich sinnvoll, da die aus der Kornverteilungskurve abgeleiteten äquivalenten Sandrauheiten k in Abhängigkeit vom gewählten Umrechnungsansatz (ATV/DIN EN) sehr stark streuen. Dieses führt je nach Umrechnungsmethode zu einer ebenso starken Streuung der k_{St}-Werte, des Weiteren gelten die aus der Kornverteilungskurve ermittelten k-Werte nur für die Gewässersohle, jedoch nicht für das gesamte Gewässerbett bzw. für die Vorländer oder Trennflächen.

Beispiel 47 – Fließgewässer mit Großbewuchs im Überflutungsquerschnitt

<u>Gegeben:</u> ein Trapezgerinne mit einseitig eingedeichtem Vorland mit landwirtschaftlicher Nutzung (Obstplantage). Das Vorland wird nur temporär überflutet und verfügt neben den Obstbäumen über eine geschlossene Rasenfläche.

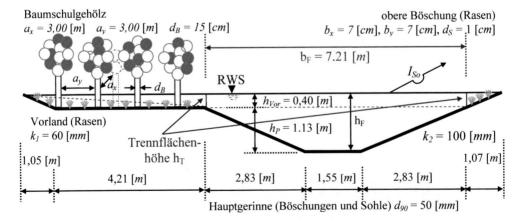

Die Obstbäume stehen in einem Rasterabstand in x-Richtung von 1,50 [m] und in y-Richtung von 2,00 [m], der mittlere Baumdurchmesser beträgt 5 [cm]. Die Böschungen der Flutrinne sowie die Sohle bestehen aus Feinkies mit d_{90} = 5 [mm]. Das Gefälle des Fließgewässers beträgt I_S = 0,75 ‰.

Gesucht: Es ist die Abflussmenge für den Normalabfluss bei vorgegebener Wassertiefe nach dem Ansatz von Mertens zu ermitteln. Beispiel 47 wurde in Anlehnung an Beispiel 4.7 in [4] gewählt, jedoch modifiziert und ausführlicher dargestellt.

Lösung 47 – Großbewuchs

Das Verfahren von Mertens [6] berücksichtigt bei gegliederten Querschnitten mit Großbewuchs und separater Flutrinne die Trennflächen mit besonderen Rauheiten sowie den Einfluss von besonderen Strömungsbereichen.

Der Bewuchsparameter B ergibt sich in den Grenzen $16 \leq B \leq 6000$ aus nachfolgender Gleichung:

$$B = \left(\frac{a_x}{d_B} - 1 \right)^2 \cdot \frac{a_y}{d_B}$$

Sofern der Abstand a_y das 10fache des Durchmessers d_B übersteigt, wird für a_y/d_b = 10 gesetzt, der Abstand a_x ist in Fließrichtung anzusetzen.

Für den bewuchsabhängigen Parameter c gilt mit dem Bewuchsparameter:

$$c = 1,2 - 0,3 \cdot \frac{B}{1000} + 0,06 \cdot \left(\frac{B}{1000} \right)^{1,5}$$

In Zahlen bedeutet dieses für das linke Ufer inklusive Vorland:

$$10 \cdot d_B = 10 \cdot 0,15 = 1,50 \, m < a_y \Rightarrow \frac{a_y}{d_B} = 10$$

$$B_L = \left(\frac{3,00}{0,15} - 1 \right)^2 \cdot 10 = 3610 \, [-]$$

und für das rechte Ufer:

$$10 \cdot d_S = 10 \cdot 0,01 = 0,10 \, m > b_y$$

$$B_R = \left(\frac{0,07}{0,01} - 1 \right)^2 \cdot \frac{0,07}{0,01} = 252 \, [-]$$

Der bewuchsabhängige Beiwert c ergibt sich dann für das linke Ufer zu:

$$c_L = 1,2 - 0,3 \cdot \frac{B_L}{1000} + 0,06 \cdot \left(\frac{B_L}{1000} \right)^{1,5} = 1,2 - 0,3 \cdot \frac{3610}{1000} + 0,06 \cdot \left(\frac{3610}{1000} \right)^{1,5} = 0,529 \, [-]$$

Für das rechte Ufer erhält man:

$$c_R = 1,2 - 0,3 \cdot \frac{B_R}{1000} + 0,06 \cdot \left(\frac{B_R}{1000} \right)^{1,5} = 1,2 - 0,3 \cdot \frac{252}{1000} + 0,06 \cdot \left(\frac{252}{1000} \right)^{1,5} = 1,132 \, [-]$$

Im Weiteren wird die Einflussbreite des (Groß-)Bewuchses nach dem Verfahren von Mertens abgeschätzt. Bei gegliederten Querschnitten mit Großbewuchs wird in Bereiche I bis IV unterteilt. Hierbei ist derjenige Bereich von besonderem Interesse, der sich durch die vom Großbewuchs induzierten Makroturbulenzen stark verzögernd auf die schnellere Strömung im bewuchsfreien Bereich des Flussprofils auswirkt. Dieses sind üblicherweise die Bereiche II und III.

Da diese Breiten jedoch zu Beginn nicht bekannt sind, erfolgt zunächst eine Schätzung dieser Werte. Nachfolgend werden diese dann iterativ verbessert. Hierzu werden die linke und rechte Breite zunächst mit dem Wert der halben Hauptprofilbreite b_F angesetzt. Die Hauptprofilbreite ist in der Skizze als horizontale rot gestrichelte Linie zu erkennen.

$$b_{III,L} = \frac{b_F}{2}$$

$$b_{III,R} = b_F - b_{III,L}$$

In Zahlen führt dieses zu folgendem Ergebnis:

$$b_{III,L} = \frac{2,83 + 1,55 + 2,83}{2} = 3,605\,m \quad \text{und} \quad b_{III,R} = 3,605\,m$$

Die darüber hinaus benötigte mittlere Breite des Bereiches II ergibt sich über die Querschnittsfläche A_{II} und die Trennflächenhöhe h_T.

$$b_{II,m} = \frac{A_{II}}{h_T}$$

Die Querschnittsfläche A_{II} erhält man aus der Begrenzung durch Sohle, Wasserspiegel und Trennflächenhöhe h_T sowie aus der maximalen Breite $b_{II,max}$ des Makroturbulenzbereiches II. Für die maximale Breite $b_{II,max}$ gelten in Abhängigkeit des Bewuchsparameters B nachfolgende Gleichungen [4]:

$$b_{II,max} = b_{III} \qquad \text{wenn B} \geq 16 \text{ (lichter Bewuchs)}$$

$$b_{II,max} = 0,25 \cdot b_{III} \cdot \sqrt{B} \quad \text{wenn B} < 16 \text{ (dichter Bewuchs)}$$

Da im vorliegenden Beispiel der Bewuchs lichte Abstände aufweist, gilt hier: $b_{II,max} = b_{III}$.

Somit lässt sich die Querschnittsfläche $A_{II,L}$ berechnen:

$$A_{II,L} = b_{III,L} \cdot h_T = 3,605 \cdot 0,40 = 1,442\,m^2$$

Da auf der rechten Uferseite der verbleibende Gewässerabschnitt eine geringere Breite als $b_{III,R}$ für lichten Bewuchs hat, wird für die Fläche die reale Breite angesetzt (vergl. Skizze).

$$A_{II,R} = \frac{1}{2} \cdot 1,07 \cdot h_T = \frac{1}{2} \cdot 1,07 \cdot 0,40 = 0,214\,m^2$$

Somit ergeben sich die mittleren Breiten des Bereichs II wie folgt:

$$b_{II,m,L} = \frac{A_{II,L}}{h_T} = \frac{1,442}{0,40} = 3,605\,m \quad \text{bzw.} \quad b_{II,m,R} = \frac{A_{II,R}}{h_T} = \frac{0,214}{0,40} = 0,535\,m$$

Die Trennflächenrauheit erhält man über folgenden Ansatz [6]:

$$k_T = c \cdot b_m + 1,5 \cdot d_B$$

In Zahlen bedeutet dieses für die beiden Uferseiten:

$$k_{T,L} = c_L \cdot b_{II,m,L} + 1{,}50 \cdot d_B = 0{,}529 \cdot 3{,}605 + 1{,}50 \cdot 0{,}15 = 2{,}130 \ m$$

$$k_{T,R} = c_R \cdot b_{II,m,R} + 1{,}50 \cdot d_S = 1{,}132 \cdot 0{,}535 + 1{,}50 \cdot 0{,}01 = 0{,}621 \ m$$

Die Widersandsbeiwerte für die Trennflächen werden dann mit folgenden Variablen ermittelt:

$$\lambda_T = \frac{1}{\left[2{,}343 - 2 \cdot \log\left(\dfrac{k_T}{b_{III}} \right) \right]^2}$$

Für die beiden unsymmetrischen Böschungen gilt damit:

$$\lambda_{T,L} = \frac{1}{\left[2{,}343 - 2 \cdot \log\left(\dfrac{k_{T,L}}{b_{III,L}} \right) \right]^2} = \frac{1}{\left[2{,}343 - 2 \cdot \log\left(\dfrac{2{,}120}{3{,}605} \right) \right]^2} = 0{,}128 \, [-]$$

$$\lambda_{T,R} = \frac{1}{\left[2{,}343 - 2 \cdot \log\left(\dfrac{k_{T,R}}{b_{III,R}} \right) \right]^2} = \frac{1}{\left[2{,}343 - 2 \cdot \log\left(\dfrac{0{,}621}{3{,}605} \right) \right]^2} = 0{,}067 \, [-]$$

Nunmehr lassen sich die vorerst geschätzten Breiten der Bereiche III links und rechts (Hauptprofil) nach folgenden Bedingungen neu berechnen:

$$b_{III,L} = \frac{b_F \cdot \lambda_{T,L}}{\lambda_{T,L} + \lambda_{T,R}} \qquad \text{und} \qquad b_{III,R} = b_F - b_{III,L}$$

In Zahlen ergeben sich damit folgende Breiten:

$$b_{III,L} = \frac{7{,}21 \cdot 0{,}128}{0{,}128 + 0{,}067} = 4{,}734 \ m \qquad \text{und} \qquad b_{III,R} = 7{,}21 - 4{,}734 = 2{,}476 \ m$$

Eine Lösung ist bei asymmetrischen, gegliederten Fließquerschnitten nur iterativ möglich, sodass mit dem zuvor gezeigten Lösungsansatz für b_{III} die Berechnung erneut beginnt, bis keine signifikante Veränderung der Breiten mehr eintritt.

Iterations-schritt	linke Trennfläche				rechte Trennfläche			
	1	2	3	4	1	2	3	4
$b_{II,max} [m]$	3,605	4,734	4,413	4,519	>1,07	>1,07	>1,07	>1,07
$A_{II} [m^2]$	1,442	1,893	1,765	1,808	0,214	0,214	0,214	0,214
$b_{II,m} [m]$	3,605	4,734	4,413	4,519	0,535	0,535	0,535	0,535
$k_T [m]$	2,130	2,727	2,558	2,614	0,621	0,621	0,621	0,621
$\lambda_T [-]$	0,128	0,126	0,126	0,126	0,067	0,080	0,075	0,076
$b_{III} [m]$	4,734	4,413	4,519	4,486	2,476	2,797	2,691	2,724

Zwischen der 3. und 4. Iterationsschleife ergibt sich lediglich noch eine Korrektur von 0,79 Vomhundertsatz, die Veränderungen sind damit nicht mehr signifikant.

Im nächsten Schritt sind die geometrischen Größen sowie die hydraulischen Radien des Gerinnes zu bestimmen, und zwar getrennt nach Vorland, Hauptgerinne und rechtem Böschungsbereich.

Man erhält folgende Parameter:

Vorland: Fließquerschnitt

$$A_{Vorl} = 4,21 \cdot 0,40 + \frac{1,05 \cdot 0,40}{2} = 1,894 \, m^2$$

                  benetzter Umfang

$$l_{U\,Vorl} = 4,21 + \sqrt{1,05^2 + 0,40^2} = 5,334 \, m$$

                  hydraulischer Radius

$$r_{hy\,Vorl} = \frac{1,894}{5,334} = 0,355 \, m$$

Hauptgerinne: Fließquerschnitt

$$A_{Haupt} = \frac{1,13}{2} \cdot (7,21 + 1,55) + 7,21 \cdot 0,40$$

$$A_{Haupt} = 7,833 \, m^2$$

                  benetzter Umfang

$$l_{U\,Haupt} = 1,55 + 2 \cdot \sqrt{2,83^2 + 1,13^2} = 7,645 \, m$$

                  linke Trennflächenhöhe $$h_{T\,L} = 0,40 \, m$$

                  rechte Trennflächenhöhe $$h_{T\,R} = 0,40 \, m$$

                  hydraulischer Radius

$$r_{hy\,Haupt} = \frac{7,833}{0,40 + 7,645 + 0,40} = 0,928 \, m$$

Böschung (re.): Fließquerschnitt

$$A_{B\ddot{o}} = \frac{1,07 \cdot 0,40}{2} = 0,214 \, m^2$$

                  benetzter Umfang

$$l_{U\,B\ddot{o}} = \sqrt{1,07^2 + 0,40^2} = 1,142 \, m$$

                  hydraulischer Radius

$$r_{hy\,B\ddot{o}} = \frac{0,214}{1,142} = 0,187 \, m$$

Das weitere Vorgehen nach Mertens geschieht schrittweise, zunächst wird die gewichtete Mittelung der Rauheiten vorgenommen und damit die Anfangsgeschwindigkeit (Index a) bestimmt, die es dann wiederum gilt, iterativ mit den zuvor ermittelten Breiten zu verbessern.

Schritt a)

$$k_m = \frac{\sum l_{U_i}^2 \cdot k_i}{\sum l_{U_i}^2} = \frac{0,40^2 \cdot 2,614 + 7,645^2 \cdot 0,05 + 0,40^2 \cdot 0.621}{0,40^2 + 7.645^2 + 0,40^2} = 0,0585 \text{m}$$

$$v_a = \left[2,343 - 2 \cdot \log\left(\frac{0,0585}{0,928}\right) \right] \cdot \sqrt{8g \cdot 0,928 \cdot 0,00075} = 1,108 \, \frac{m}{s}$$

Schritt b)

Nachfolgend werden die hydraulischen Radien, separat für die linke und rechte Trennfläche, berechnet. Dieses vollzieht sich iterativ mit dem Startwert aus der Tabellenkalkulation sowie dem dadurch veränderten hydraulischen Radius des Hauptprofils.

Trennfläche L (Index T,L):

$$r_{hy_{T,L_{0a}}} = b_{III_L} = 4,486\ m \qquad\qquad k_{T_L} = 2,614\ m$$

$$r_{hy_{T,L_0}} = \frac{1,108^2}{8g \cdot 0,00075 \cdot \left[2,343 - 2 \cdot \log\left(\frac{2,614}{4,486}\right)\right]^2} = 2,639\ m$$

$$r_{hy_{T,L_{1a}}} = \frac{2 \cdot r_{hy_{T,L_0}} + r_{hy_{T,L_{0a}}}}{3} = 3,254\ m$$

$$r_{hy_{T,L_1}} = \frac{1,108^2}{8g \cdot 0,00075 \cdot \left[2,343 - 2 \cdot \log\left(\frac{2,614}{3,254}\right)\right]^2} = 3,251\ m$$

$$r_{hy_{T,L_{2a}}} = \frac{2 \cdot r_{hy_{T,L_1}} + r_{hy_{T,L_{1a}}}}{3} = 3,252\ m$$

$$r_{hy_{T,L_2}} = \frac{1,108^2}{8g \cdot 0,00075 \cdot \left[2,343 - 2 \cdot \log\left(\frac{2,614}{3,252}\right)\right]^2} = 3,253\ m$$

$$r_{hy_{T,L_{3a}}} = \frac{2 \cdot r_{hy_{T,L_2}} + r_{hy_{T,L_{2a}}}}{3} = 3,253\ m$$

$$r_{hy_{T,L_3}} = \frac{1,108^2}{8g \cdot 0,00075 \cdot \left[2,343 - 2 \cdot \log\left(\frac{2,614}{3,253}\right)\right]^2} = 3,252\ m$$

Hauptprofil (Index H):

$$r_{hy_{H_{0a}}} = 0,928\ m \qquad\qquad k_T = 0,05\ m$$

$$r_{hy_{H_0}} = \frac{1,108^2}{8g \cdot 0,00075 \cdot \left[2,343 - 2 \cdot \log\left(\frac{0,05}{0,928}\right)\right]^2} = 0,876\ m$$

$$r_{hy_{H_{1a}}} = \frac{2 \cdot r_{hy_{H_0}} + r_{hy_{H_{0a}}}}{3} = 0,893\ m$$

$$r_{hy_{H_1}} = \frac{1,108^2}{8g \cdot 0,00075 \cdot \left[2,343 - 2 \cdot \log\left(\dfrac{0,05}{0,893}\right)\right]^2} = 0,888 \; m$$

$$r_{hy_{H_{2a}}} = \frac{2 \cdot r_{hy_{H_1}} + r_{hy_{H_{1a}}}}{3} = 0,890 \; m$$

$$r_{hy_{H_2}} = \frac{1,108^2}{8g \cdot 0,00075 \cdot \left[2,343 - 2 \cdot \log\left(\dfrac{0,05}{0,890}\right)\right]^2} = 0,889 \; m$$

$$r_{hy_{H_{3a}}} = \frac{2 \cdot r_{hy_{H_2}} + r_{hy_{H_{2a}}}}{3} = 0,890 \; m$$

$$r_{hy_{H_3}} = \frac{1,108^2}{8g \cdot 0,00075 \cdot \left[2,343 - 2 \cdot \log\left(\dfrac{0,05}{0,890}\right)\right]^2} = 0,890 \; m$$

Trennfläche R (Index T,R):

$$r_{hy_{T,R_{0a}}} = b_{III_R} = 2,724 \; m \qquad\qquad k_{T_R} = 0,621 \; m$$

$$r_{hy_{T,R_0}} = \frac{1,108^2}{8g \cdot 0,00075 \cdot \left[2,343 - 2 \cdot \log\left(\dfrac{0,621}{2,724}\right)\right]^2} = 1,586 \; m$$

$$r_{hy_{T,R_{1a}}} = \frac{2 \cdot r_{hy_{T,R_0}} + r_{hy_{T,R_{0a}}}}{3} = 1,965 \; m$$

$$r_{hy_{T,R_1}} = \frac{1,108^2}{8g \cdot 0,00075 \cdot \left[2,343 - 2 \cdot \log\left(\dfrac{0,621}{1,965}\right)\right]^2} = 1,866 \; m$$

$$r_{hy_{T,R_{2a}}} = \frac{2 \cdot r_{hy_{T,R_1}} + r_{hy_{T,R_{1a}}}}{3} = 1,899 \; m$$

$$r_{hy_{T,R_2}} = \frac{1,108^2}{8g \cdot 0,00075 \cdot \left[2,343 - 2 \cdot \log\left(\dfrac{0,621}{1,899}\right)\right]^2} = 1,900 \; m$$

$$r_{hy_{T,R_{3a}}} = \frac{2 \cdot r_{hy_{T,R_2}} + r_{hy_{T,R_{2a}}}}{3} = 1,899 \; m$$

$$r_{hy_{T,R_3}} = \frac{1,108^2}{8g \cdot 0,00075 \cdot \left[2,343 - 2 \cdot \log\left(\dfrac{0,621}{1,899}\right)\right]^2} = 1,899 \; m$$

Schritt c)

Mit den zuvor berechneten hydraulischen Radien wird die unter Schritt a) geschätzte mittlere Fließgeschwindigkeit mit der nachfolgenden Gleichung überprüft und ggf. verbessert.

$$v_{neu} = \frac{v_a}{3} \cdot \left[\frac{2 \cdot A_{Haupt}}{\sum (l_{U_i} \cdot r_{hy_i})} + 1 \right]$$

Bezogen auf dieses Beispiel erhält man in Zahlen:

$$v_{neu} = \frac{1,108}{3} \cdot \left[\frac{2 \cdot 7,833}{0,40 \cdot 3,252 + 7,645 \cdot 0,890 + 0,40 \cdot 1,899} + 1 \right] = 1,022 \frac{m}{s}$$

Die neu ermittelte Geschwindigkeit weicht mehr als 7 % von v_a ab, sodass eine Neuberechnung ab Schritt b) mit v_{neu} zu empfehlen ist.

Neuer Schritt b)

$$r_{hy_{T,l_{0a}}} = b_{III_L} = 4,486 \, m \qquad\qquad k_{T_L} = 2,614 \, m$$

$$r_{hy_{T,l_0}} = \frac{1,022^2}{8g \cdot 0,00075 \cdot \left[2,343 - 2 \cdot \log\left(\frac{2,614}{4,486} \right) \right]^2} = 2,246 \, m$$

$$r_{hy_{T,l_{1a}}} = \frac{2 \cdot r_{hy_{T,l_0}} + r_{hy_{T,l_{0a}}}}{3} = 2,993 \, m$$

$$r_{hy_{T,l_1}} = \frac{1,022^2}{8g \cdot 0,00075 \cdot \left[2,343 - 2 \cdot \log\left(\frac{2,614}{2,993} \right) \right]^2} = 2,934 \, m$$

$$r_{hy_{T,l_{2a}}} = \frac{2 \cdot r_{hy_{T,l_1}} + r_{hy_{T,l_{1a}}}}{3} = 2,954 \, m$$

$$r_{hy_{T,l_2}} = \frac{1,022^2}{8g \cdot 0,00075 \cdot \left[2,343 - 2 \cdot \log\left(\frac{2,614}{2,954} \right) \right]^2} = 2,962 \, m$$

$$r_{hy_{T,l_{3a}}} = \frac{2 \cdot r_{hy_{T,l_2}} + r_{hy_{T,l_{2a}}}}{3} = 2,959 \, m$$

$$r_{hy_{T,l_3}} = \frac{1,022^2}{8g \cdot 0,00075 \cdot \left[2,343 - 2 \cdot \log\left(\frac{2,614}{2,959} \right) \right]^2} = 2,958 \, m$$

Hauptprofil (Index H):

$$r_{hy_{H_{0a}}} = 0,928 \, m \qquad\qquad k_T = 0,05 \, m$$

$$r_{hy_{H_0}} = \frac{1,022^2}{8g \cdot 0,00075 \cdot \left[2,343 - 2 \cdot \log\left(\frac{0,05}{0,928}\right)\right]^2} = 0,746 \ m$$

$$r_{hy_{H_{1a}}} = \frac{2 \cdot r_{hy_{H_0}} + r_{hy_{H_{0a}}}}{3} = 0,807 \ m$$

$$r_{hy_{H_1}} = \frac{1,022^2}{8g \cdot 0,00075 \cdot \left[2,343 - 2 \cdot \log\left(\frac{0,05}{0,807}\right)\right]^2} = 0,785 \ m$$

$$r_{hy_{H_{2a}}} = \frac{2 \cdot r_{hy_{H_1}} + r_{hy_{H_{1a}}}}{3} = 0,792 \ m$$

$$r_{hy_{H_2}} = \frac{1,022^2}{8g \cdot 0,00075 \cdot \left[2,343 - 2 \cdot \log\left(\frac{0,05}{0,792}\right)\right]^2} = 0,790 \ m$$

$$r_{hy_{H_{3a}}} = \frac{2 \cdot r_{hy_{H_2}} + r_{hy_{H_{2a}}}}{3} = 0,791 \ m$$

$$r_{hy_{H_3}} = \frac{1,022^2}{8g \cdot 0,00075 \cdot \left[2,343 - 2 \cdot \log\left(\frac{0,05}{0,791}\right)\right]^2} = 0,790 \ m$$

Trennfläche R (Index T,R):

$$r_{hy_{T,R_{0a}}} = b_{III_R} = 2,724 \ m \qquad\qquad k_{T_R} = 0,621 \ m$$

$$r_{hy_{T,R_0}} = \frac{1,022^2}{8g \cdot 0,00075 \cdot \left[2,343 - 2 \cdot \log\left(\frac{0,621}{2,724}\right)\right]^2} = 1,350 \ m$$

$$r_{hy_{T,R_{1a}}} = \frac{2 \cdot r_{hy_{T,R_0}} + r_{hy_{T,R_{0a}}}}{3} = 1,808 \ m$$

$$r_{hy_{T,R_1}} = \frac{1,022^2}{8g \cdot 0,00075 \cdot \left[2,343 - 2 \cdot \log\left(\frac{0,621}{1,808}\right)\right]^2} = 1,660 \ m$$

$$r_{hy_{T,R_{2a}}} = \frac{2 \cdot r_{hy_{T,R_1}} + r_{hy_{T,R_{1a}}}}{3} = 1,709 \ m$$

$$r_{hy_{T,R_2}} = \frac{1,022^2}{8g \cdot 0,00075 \cdot \left[2,343 - 2 \cdot \log\left(\frac{0,621}{1,709}\right)\right]^2} = 1,710 \ m$$

$$r_{hy_{T,R_{3a}}} = \frac{2 \cdot r_{hy_{T,R_2}} + r_{hy_{T,R_{2a}}}}{3} = 1,710 \ m$$

$$r_{hy_{T,R_3}} = \frac{1,022^2}{8g \cdot 0,00075 \cdot \left[2,343 - 2 \cdot \log\left(\frac{0,621}{1,710}\right)\right]^2} = 1,710 \ m$$

Neuer Schritt c)

$$v = \frac{1,022}{3} \cdot \left[\frac{2 \cdot 7,833}{0,40 \cdot 2,958 + 7,645 \cdot 0,790 + 0,40 \cdot 1,710} + 1\right] = 1,016 \ \frac{m}{s}$$

Die Abweichung der Fließgeschwindigkeit beträgt jetzt noch 0,6 %, somit ist der Hauptabfluss im Schritt d) mit dieser Geschwindigkeit zu berechnen.

Schritt d)

Im Hauptprofil kommt somit folgender Volumenstrom zum Abfluss:

$$Q_{Haupt} = A_{Haupt} \cdot v_{neuer} = 7,833 \cdot 1,016 = 7,958 \ \frac{m^3}{s}$$

Im Weiteren ist nun noch der Volumenstrom über das linke Vorland und der rechten Böschung zu bestimmen.

Im linken Vorland kann der Widerstandsbeiwert für den (Groß-)Bewuchs wie folgt ermittelt werden:

$$\lambda_P = c_W \cdot \frac{4 \cdot \overline{h_{Vorl}} \cdot d_B}{a_x \cdot a_y} \cdot \cos\alpha$$

Hierin steht c_W für die Widerstandszahl, die zwischen 0,6 und 2,4 liegt. Bei einzeln stehenden Bäumen – wie in Plantagen – wird $c_W = 1,2$ [–], für Baume in Grüppchen wird $c_W = 1,5$ [–] angesetzt.

Des Weiteren gehen sowohl die mittlere Vorlandwassertiefe $\overline{h_{Vorl}}$ als auch der mittlere Querneigungswinkel α des Vorlandes in den Widerstandswert mit ein. Der Winkel ergibt sich aus der Verbindung des Schnittpunkts des Wasserspiegels mit der linken Böschung und dem Fußpunkt der linken Trennflächenhöhe.

Die mittlere Fließgeschwindigkeit über das bewachsene Vorland ergibt sich dann zu:

$$v_{Vorl} = \sqrt{\frac{8g \cdot I_E \cdot r_{hy_{Vorl}}}{\lambda_P + \lambda_{Vorl}}}$$

Da der Widerstandsbeiwert λ_{So} hierin auch vom hydraulischen Radius abhängt, wird diese Rechnung ebenfalls iterativ mit $r_{hy} = r_{hy,Vor}$ gestartet. Der rechnerische sohlenbezogene hydraulische Radius ergibt sich daraus wie folgt:

$$r_{hy_{Vorl_{1a}}} = \frac{v_{Vorl_1}^2 \cdot \lambda_{Vorl_1}}{8g \cdot I_E}$$

Die Verbesserung der hydraulischen Radien erfolgt über folgenden Ansatz:

$$r_{hy_{neu}} = \frac{r_{hy_{alt}} + 6 \cdot r_{hy_{alt_{verbessert}}}}{7}$$

Auf dem Vorland beträgt die mittlere Wassertiefe in Zahlen:

$$\overline{h_{Vorl}} = \frac{A_{Vorl}}{b_{Sp_{Vorl}}} = \frac{1,894}{1,05 + 4,21} = 0,360 \, m$$

Der mittlere Querneigungswinkel des Vorlandes ergibt sich aus dem Tangens des Steigungs-verhältnisses der geneigten und gestrichelten roten Linie gemäß Skizze.

$$\alpha_{Vorl} = \arctan \frac{0,40}{1,05 + 4,21} = 4,349°$$

Mit einem für Baumschulbäume gewählten $c_W = 1,2$ (einzeln stehende Bäume) kann der Wi-derstandsbeiwert wie folgt berechnet werden:

$$\lambda_{PVorl} = 1,2 \cdot \frac{4 \cdot 0,360 \cdot 0,15}{3,00 \cdot 3,00} \cdot \cos 4,349° = 0,029 \, [-]$$

Nunmehr kann die Iteration des zugehörigen hydraulischen Radius beginnen, der Startwert hierfür ist aus der geometrischen Zusammenstellung der Werte für das Vorland mit $r_{hy,Vorl} = 0,355 \, [m]$ zu entnehmen.

Iterationsschritt 1:

$$\lambda_{Vorl_1} = \frac{1}{\left[2,343 - 2 \cdot \log\left(\dfrac{0,060}{0,355}\right)\right]^2} = 0,066 \, [-]$$

$$v_{Vorl_1} = \sqrt{\frac{8g \cdot 0,00075 \cdot 0,355}{0,029 + 0,066}} = 0,469 \, \frac{m}{s}$$

$$r_{hy_{Vorl_{1a}}} = \frac{0,469^2 \cdot 0,066}{8g \cdot 0,00075} = 0,248 \, m$$

$$r_{hy_{Vorl_1}} = \frac{0,355 + 6 \cdot 0,248}{7} = 0,263 \, m$$

Iterationsschritt 2:

$$\lambda_{Vorl_2} = \frac{1}{\left[2,343 - 2 \cdot \log\left(\dfrac{0,060}{0,263}\right)\right]^2} = 0,076 \, [-]$$

$$v_{Vorl_2} = \sqrt{\frac{8g \cdot 0,00075 \cdot 0,355}{0,029 + 0,076}} = 0,447 \, \frac{m}{s}$$

$$r_{hy_{Vorl_{2a}}} = \frac{0,447^2 \cdot 0,076}{8g \cdot 0,00075} = 0,258 \, m$$

$$r_{hyVorl2} = \frac{0,263 + 6 \cdot 0,258}{7} = 0,258\ m$$

Iterationsschritt 3:

$$\lambda_{Vorl3} = \frac{1}{\left[2,343 - 2 \cdot \log\left(\dfrac{0,060}{0,258}\right)\right]^2} = 0,077\ [-]$$

$$v_{Vorl3} = \sqrt{\frac{8g \cdot 0,00075 \cdot 0,355}{0,029 + 0,077}} = 0,447\ \frac{m}{s}$$

$$r_{hyVorl3a} = \frac{0,447^2 \cdot 0,077}{8g \cdot 0,00075} = 0,260\ m$$

$$r_{hyVorl3} = \frac{0,258 + 6 \cdot 0,260}{7} = 0,260\ m$$

Die Übereinstimmung zwischen den letzten beiden Werten des hydraulischen Radius ist hinreichend genau, sodass die Iteration für das Vorland abgeschlossen werden kann. Für den Volumenstrom über das Vorland ergibt sich:

$$Q_{Vorl} = A_{Vorl} \cdot v_{Vorl3} = 1,894 \cdot 0,447 = 0,846\ \frac{m^3}{s}$$

Im Weiteren steht die Berechnung der mittleren Wassertiefe für die Böschung an:

$$\overline{h_{B\ddot{o}}} = \frac{A_{B\ddot{o}}}{b_{SpB\ddot{o}}}\ \frac{0,214}{1,07} = 0,200\ m$$

Der Neigungswinkel der Böschung ergibt sich zu:

$$\alpha_{Vorl} = \arctan\frac{0,40}{1,07} = 20,490°$$

Mit einem gewählten $c_W = 1,5$ (Schilf in Grüppchen) kann der Widerstandsbeiwert wie folgt berechnet werden.

$$\lambda_{PB\ddot{o}} = 1,2 \cdot \frac{4 \cdot 0,200 \cdot 0,01}{0,07 \cdot 0,07} \cdot \cos 20,490° = 2,294\ [-]$$

Nunmehr kann die Iteration des zugehörigen hydraulischen Radius beginnen, der Startwert hierfür ist aus der geometrischen Zusammenstellung der Werte für die Böschung mit $r_{hy,B\ddot{o}} = 0,187\ [m]$ zu entnehmen.

Iterationsschritt 1:

$$\lambda_{B\ddot{o}1} = \frac{1}{\left[2,343 - 2 \cdot \log\left(\dfrac{0,100}{0,187}\right)\right]^2} = 0,120\ [-]$$

$$v_{B\ddot{o}1} = \sqrt{\frac{8g \cdot 0,00075 \cdot 0,187}{2,294 + 0,120}} = 0,068\,\frac{m}{s}$$

$$r_{hy\,B\ddot{o}1a} = \frac{0,068^2 \cdot 0,120}{8g \cdot 0,00075} = 0,009\,m$$

$$r_{hy\,B\ddot{o}1} = \frac{0,187 + 6 \cdot 0,009}{7} = 0,035\,m$$

Iterationsschritt 2:

$$\lambda_{B\ddot{o}2} = \frac{1}{\left[2,343 - 2 \cdot \log\left(\dfrac{0,100}{0,035}\right)\right]^2} = 0,493\,[-]$$

$$v_{B\ddot{o}2} = \sqrt{\frac{8g \cdot 0,00075 \cdot 0,187}{2,294 + 0,493}} = 0,063\,\frac{m}{s}$$

$$r_{hy\,B\ddot{o}2a} = \frac{0,063^2 \cdot 0,493}{8g \cdot 0,00075} = 0,033\,m$$

$$r_{hy\,B\ddot{o}2} = \frac{0,187 + 6 \cdot 0,033}{7} = 0,055\,m$$

Iterationsschritt 3:

$$\lambda_{B\ddot{o}3} = \frac{1}{\left[2,343 - 2 \cdot \log\left(\dfrac{0,100}{0,055}\right)\right]^2} = 0,300\,[-]$$

$$v_{B\ddot{o}3} = \sqrt{\frac{8g \cdot 0,00075 \cdot 0,187}{2,294 + 0,300}} = 0,065\,\frac{m}{s}$$

$$r_{hy\,B\ddot{o}3a} = \frac{0,065^2 \cdot 0,300}{8g \cdot 0,00075} = 0,022\,m$$

$$r_{hy\,B\ddot{o}3} = \frac{0,187 + 6 \cdot 0,022}{7} = 0,045\,m$$

Die Übereinstimmung ist hinreichend, für den Volumenstrom über die Böschung ergibt sich:

$$Q_{B\ddot{o}} = A_{B\ddot{o}} \cdot v_{Vorl3} = 0,214 \cdot 0,065 = 0,014\,\frac{m^3}{s}$$

Der Gesamtabfluss in diesem gegliederten Querschnitt mit einseitigem Großbewuchs entspricht der Addition der drei berechneten Teilvolumenströme:

$$Q = Q_{Vorl} + Q_{Haupt} + Q_{B\ddot{o}} = 0,846 + 7,958 + 0,014 = 8,818\,\frac{m^3}{s}$$

5 Pumpenhydraulik

5.1 Theoretische Grundlagen

Pumpen sind elektromechanische Strömungsmaschinen, mit denen Flüssigkeiten, bzw. auch Flüssigkeits-Feststoff-Gemische gefördert werden können. Diese Aggregate führen einem Fluid potentielle Energie (Energie der Lage) zu, damit Druckverluste (h_v) infolge Reibung sowie geodätischer Höhenunterschiede (h_{geo}) überwunden werden können und der geplante Durchfluss (Q_{Plan}) in einer Rohrleitung auch tatsächlich strömen kann.

Insbesondere zur Wasserversorgung werden dafür in Wasserwerken häufig Kreiselpumpen eingesetzt. Bei Kreiselpumpen tritt die Flüssigkeit über das Saugrohr in die Pumpe ein und wird durch das rotierende Pumpenrad im Inneren des mechanischen Teils der Anlage, infolge der Zentrifugalkraft auf Kreisbahnen nach außen gezwungen. Die dabei aufgenommene kinetische Energie (h_{kin}) erhöht den Druck innerhalb der Pumpe und führt zum Anstieg des Förderdrucks (h_D) im Druckrohr.

Damit eine Pumpe für den Anwendungsfall richtig gewählt werden kann, muss zuvor die manometrische Anlagenförderhöhe H_A (entspricht dem Energiebedarf) für die Fördermenge Q ermittelt werden.

Folgende Parameter charakterisieren eine (Kreisel-)Pumpe:

- Fördermenge Q
- manometrische Förderhöhe H_A
- (Gesamt-)Wirkungsgrad η_{ges}
- Drehzahl n
- Haltedruck am Eintritt $NPSH$
- Kupplungsleistung (mechanische Leistung an der Pumpenwelle)

5.1.1 Begriffe der Pumpendimensionierung

Um das Prinzip der hydraulischen Bemessung von Pumpen besser zu verstehen, sind zuvor noch weitere Begriffe der Rohrhydraulik (Kapitel 4) zu erläutern.

Für ein bestimmtes Rohr gilt für die Teilverlusthöhe Δh_v in [m] bei konstantem Durchfluss:

$$\Delta h_v = \frac{8 \cdot \lambda}{g \cdot \pi^2 \cdot D^5} \cdot L \cdot Q^2 = \beta \cdot L \cdot Q^2 \tag{5.1}$$

hierbei ist β die <u>Rohrkonstante</u>.

Mit der Zusammenfassung der Rohrkonstanten β und der Leitungslänge L zur <u>Leitungs-konstanten</u> γ wird folgende Vereinfachung für die Verlusthöhe eingeführt:

$$\Delta h_v = \beta \cdot L \cdot Q^2 = \gamma \cdot Q^2 \tag{5.2}$$

Beim Einsatz von Pumpen lassen sich so auch die Verlusthöhen auf Saug- und Druckseite der jeweiligen Rohrleitungen zusammenfassen, dabei werden die Verluste ($\Delta h_{v,s}$ und $\Delta h_{v,d}$) auf beiden Seiten addiert und mittels einer Systemkonstanten γ charakterisiert.

$$\Delta h_v = h_{v_S} + h_{v_D} = \gamma \cdot Q^2 \tag{5.3}$$

5.1.2 Reihenanordnung von Rohrleitungen

Werden zwei Leitungsstränge mit gleichem Durchfluss Q hintereinander installiert, so addiert sich der Energieverlust der beiden Stränge. Ein äquivalentes Aussehen hat die resultierende Leitungskonstante γ_{tot}, sie entspricht dann der Summe der einzelnen Leitungskonstanten.

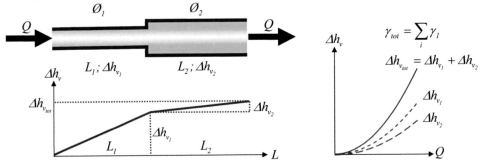

Rohrleitungen in Reihe (Serie)

5.1.3 Parallelanordnung von Rohrleitungen

Werden zwei Leitungsstränge hingegen parallel betrieben, so ergibt sich für beide Leitungen der gleiche Energieverlust. Der Durchfluss entspricht der Summe der beiden Einzeldurchflüsse.

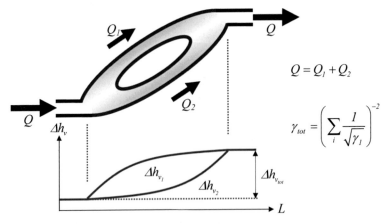

Parallele Rohrleitungen

5.1.4 Pumpenkennlinie

Die Kennlinie einer Pumpe beschreibt den Zusammenhang zwischen der erforderlichen Druckerhöhung und Fördermenge. Der größte Druck und damit auch die größte Förderhöhe werden generell bei minimaler Fördermenge erzeugt, im Umkehrschluss kommt es zu einem Maximum an Fördermenge bei minimal zur Verfügung stehender Druck- bzw. Förderhöhe.

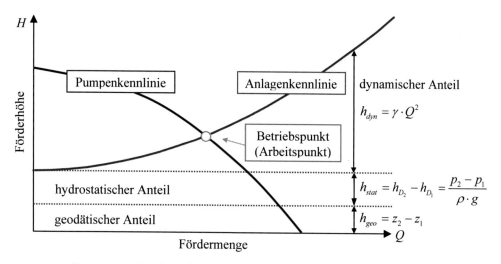

Pumpen- und Anlagenkennlinie (offene Anlage, Atmosphärendruck)

5.1.5 Anlagenkennlinie

Die Anlagenkennlinie ist die Darstellung der erforderlichen Anlagenförderhöhe, sie setzte sich zusammen aus statischer Höhe (hydrostatischer und geodätischer Anteil) sowie dynamischer Höhe (Verluste h_v im Rohrsystem auf Saug- und Druckseite). Die Gesamtförderhöhe bezeichnet man als Förderhöhe H_A der Anlage, sie entspricht der manometrischen Förderhöhe H_{man}.

$$H_A = H_{man} = \frac{v_2^2 - v_1^2}{2g} + \frac{p_2 - p_1}{\rho \cdot g} + (z_2 - z_1) + \Delta h_{v_S} + \Delta h_{v_D} \tag{5.4}$$

Meist wird in der Wasserversorgung die Geschwindigkeitshöhe $v^2/2g$ vernachlässigt, da sie bei den üblichen Strömungsgeschwindigkeiten von 1 bis 2 [m/s] im Versorgungsgebiet von untergeordneter Bedeutung ist. Die Anlagenförderhöhe reduziert sich dann wie folgt:

$$H_A = \frac{p_2 - p_1}{\rho \cdot g} + (z_2 - z_1) + \gamma \cdot Q^2 = h_{stat} + h_{geo} + h_{dyn} \tag{5.5}$$

5.1.6 Betriebspunkt

Der Schnittpunkt zwischen Anlagen- bzw. Systemkennlinie und Pumpenkennlinie erlaubt den so genannten *Arbeits-* oder *Betriebspunkt* der Anlage festzulegen. - Im Betriebspunkt wird sich die Förderleistung der Kreiselpumpe einstellen, hier ist der Energieeintrag (Pumpe, H_P) identisch mit dem Energiebedarf des Systems (H_A).

Die Systemkennlinie ist abhängig von der Lage des Wasserspiegels im Wasserspeicher und dem Bezugswasserspiegels im Reservoir. Der Betriebspunkt einer Pumpe ist deshalb nicht konstant, sondern passt sich jeweils den Gegebenheiten an.

5.1.7 Kavitation und Haltedruckhöhe (NPSH)

Insbesondere in Kreiselpumpen wird Wasser so stark beschleunigt, dass zusätzliche Verluste am Eintritt zur Pumpe als auch zwischen Laufrad und Pumpengehäuse auftreten können und eine Reduktion des hydrostatischen Drucks verursachen. Unter untergünstigen Bedingungen kann nun dieser reduzierte statische Druck den Sättigungsdruck (Dampfdruck) unterschreiten und damit Kavitation verursachen. - Um diesen Effekt zu vermeiden, muss der *NPSH*-Wert bekannt sein. *NPSH* ist eine international gebräuchliche Kenngröße zur Beschreibung der Zulaufverhältnisse bei Pumpen und steht für *Net Positiv Suction Head*, sie wird im deutschsprachigen Raum kurz *Haltedruckhöhe* genannt und in der Einheit $[mWS \triangleq m]$ gemessen. Haltedruckhöhe und *NPSH*-Wert sind jedoch wegen ihrer unterschiedlichen Bezugspunkte <u>nicht</u> identisch, so wird zwischen der erforderlichen Haltedruckhöhe $NPSH_R$ der Pumpe und der vorhandenen Haltedruckhöhe $NPSH_A$ der Anlage unterschieden.

Zur Vermeidung von Kavitation ist darauf zu achten, dass folgende Ungleichung erfüllt wird:

$$NPSH_A \geq NPSH_R + Sicherheitszuschlag \; (\sim 0,50 \; m) \tag{5.6}$$

Der vorhandene Haltedruck $NPSH_A$ entspricht der Netto-Energiehöhe im Eintrittsquerschnitt der Pumpe und ergibt sich aus der Energiehöhengleichung nach *Bernoulli*:

$$NPSH_A = +h_{geo,S} + \frac{p_{atm} + p_e - p_D}{\rho_W \cdot g} + \frac{v_e^2}{2g} - h_{V,S} \pm s' \qquad \text{Zulaufbetrieb} \quad (5.7a)$$

$$NPSH_A = -h_{geo,S} + \frac{p_{atm} + p_e - p_D}{\rho_W \cdot g} + \frac{v_e^2}{2g} - h_{V,S} \pm s' \qquad \text{Saugbetrieb} \quad (5.7b)$$

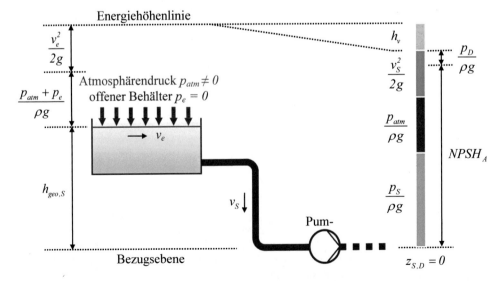

NPSH bei positiver Saughöhe (Zulaufbetrieb)

mit: v_e mittlere Eintrittsgeschwindigkeit im Behälter

         p_{atm} Atmosphärendruck (absoluter Luftdruck, im mWS)

         p_e Eintrittsdruck bzw. Überdruck bei geschlossenen Behältern

         $h_{geo,S}$ geodätischer Höhenunterschied zwischen Wasserspiegel und Pumpenachse (Laufradeintritt)

         h_v Reibungsverlust in Saugrohrleitung und Pumpe (Eintrittsverlust)

         v_S mittlere Eintrittsgeschwindigkeit in die Pumpe

         p_S verbleibender Überdruck bzw. erforderlicher Unterdruck in der Pumpe

         z_S geodätische Höhe der Pumpenachse, ggf. Zuschlag s' erforderlich für Differenz zwischen Mitte Saugstutzen und Mitte Laufradeintritt

         s' Höhendifferenz zwischen Laufradeintritt und Saugstutzen.

         p_D Dampfdruck im Pumpeneintritt (temperaturabhängig)

         $z_{S,D}$ Höhendifferenz zwischen Saug- und Druckstutzen der Pumpe.

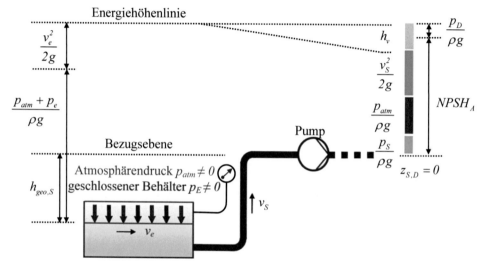

NPSH bei negativer Saughöhe (Saugbetrieb)

5.1.8 Dampfdruck

Erhitzt man Wasser und Wasserdampf in einem geschlossenen System, so steigt mit zunehmender Temperatur der Innendruck im System so stark an, dass sich bei einer kritischen Temperatur für Wasser von $t_{crit} = 374{,}12\ °C$ die Eigenschaften von Flüssigkeit und Dampf nicht mehr unterscheiden. Die temperaturabhängigen Dampfdruckwerte des Wassers sind dem *Technischen Anhang*, Kapitel 7 dieses Buches zu entnehmen.

5.1.9 Manometrische Förderhöhe

Die manometrische Förderhöhe H_A ist ein Teil der Gesamtenergiehöhe, welcher der Flüssigkeit durch die Pumpe zugeführt wird. Sie umfasst den geodätischen Höhenunterschied zweier Wasserspiegellagen sowie den Verlust an Energiehöhe infolge Reibung (vergleiche nachfolgende Abbildung).

$$H_A = \Delta h_{geo} + \Sigma h_v = h_{D_D} - h_{D_S} + h_{v_S} + h_{v_P} + h_{v_D} \tag{5.8}$$

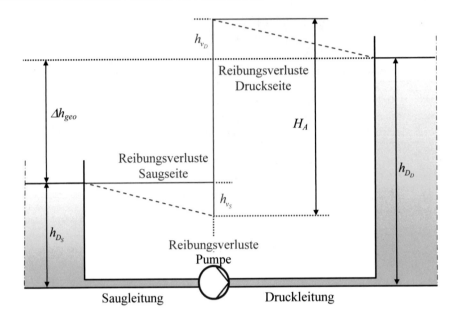

Pumpe zwischen 2 Behältern (offene Anlage, Atmosphärendruck)

5.1.10 Pumpen im Parallel- und Serienbetrieb

Je nach Erfordernis können Pumpen sowohl parallel als auch in seriell betrieben werden, analog der Installation von Rohren. Bei Pumpen in Serie addiert sich die Förderhöhe bei gleich bleibender Förderleistung und bei Parallelbetrieb addiert sich die Förderleistung bei gleich bleibender Förderhöhe.

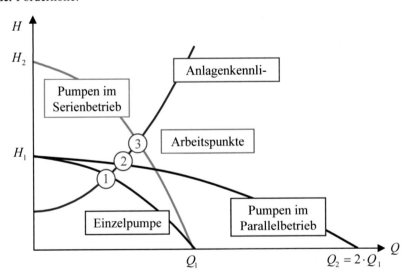

Parallel- und Serienbetrieb baugleicher Pumpen

Die Betriebspunkte 1 und 2 zeigen, dass bei zwei Pumpen im Parallelbetrieb die gemeinsam geförderte Wassermenge kleiner als das Doppelte der von einer einzeln fördernden Pumpe ist, da die dynamischen Verluste quadratisch mit dem Durchfluss durch das System zunehmen.

Mit zunehmender Förderhöhe kann ein Serienbetrieb günstiger als Parallelbetrieb werden, wenn der erforderliche Betriebspunkt 3 höher als die maximale Förderhöhe einer einzelnen Pumpe ist. Eine einzelne Pumpe könnte so kein Wasser mehr fördern, auch ein Parallelbetrieb würde hier nicht zu einer Förderung führen.

5.1.11 Leistungsbedarf einer Pumpe

Die Nutzleistung einer Pumpe ergibt sich als theoretischer Leistungsbedarf P_{theo} zu

$$P_{theo} = \rho \cdot g \cdot Q \cdot H_A \qquad (5.9)$$

In dieser Gleichung steht Q in $[m^3/s]$ für den Förderstrom, ρ in $[kg/m^3]$ für die Dichte des Fluids, H_A ist die manometrische Förderhöhe in $[m]$; die Leistung P wird dabei in $[W = kg \cdot m^2/s^3]$ gemessen.

Der tatsächlich erforderliche Leistungsbedarf P_P, der vom Elektromotor über eine Kupplung an die Pumpenwelle übergeben wird, ist aufgrund von Strömungsverlusten in der Pumpe größer als der theoretische Leistungsbedarf. Das Verhältnis aus theoretischer und erforderlicher Leistung ist der Pumpenwirkungsgrad η_P.

$$\eta_P = \frac{P_{theo}}{P_P} \Rightarrow P_P = \frac{\rho \cdot g \cdot Q\left[\frac{m^3}{s}\right] \cdot H_A}{\eta_P} = \frac{\rho \cdot g \cdot Q\left[\frac{l}{s}\right] \cdot H_A}{1000 \cdot \eta_P} \text{ in } [W] \qquad (5.10a)$$

Für reines Wasser mit einer Temperatur von 4 °C gilt auch:

$$P_P = \frac{Q \cdot H_A}{101,9 \cdot \eta_P} \text{ in } [W] \qquad (5.10b)$$

Der Pumpenwirkungsgrad η_P ist dimensionslos und im Allgemeinen weder konstant noch proportional zur Fördermenge. Es muss daher entweder der Pumpenwirkungsgrad oder der erforderliche Leistungsbedarf vom Hersteller als Kennlinie im Pumpendiagramm (siehe Beispiel 52) angegeben werden. - Da auch der Antrieb eine um den Kehrwert des Motorwirkungsgrades η_M höhere Leistung aufnimmt als er an die Pumpe abgibt, beträgt die notwendige Antriebsleistung des Pumpenmotors

$$P_M = \frac{\rho \cdot g \cdot Q \cdot H_A}{\eta_P \cdot \eta_M} \qquad (5.11)$$

Der Motorwirkungsgrad η_M ist ebenfalls dimensionslos. In der Praxis sind für die Bemessung noch weitere Sicherheitszuschläge hinzuzurechnen [KSB].

5.1.12 Nennleistung eines Elektromotors

Die Leistungsaufnahme P an der Welle ist zwangsläufig schon deshalb kleiner als die Nennleistung des Elektromotors P_M (Index M), da sich der Gesamtwirkungsgrad der Pumpe η_{ges} aus den zuvor genannten Einzelwirkungsgraden des Elektromotors und der Pumpe sowie der Kupplung (Index K) zusammensetzt.

$$\eta_{ges} = \eta_M + \eta_K + \eta_P \tag{5.12}$$

Um den Motor der Kreiselpumpe vor Überlast zu schützen, gilt ein erforderlicher Sicherheitsfaktor $f > 1$, so dass auch Belastungsspitzen sicher abgedeckt sind, vergleiche hierzu auch ISO 9905, 5199 und 9908.

$$P_P \leq \frac{P_M}{f} \quad \Rightarrow \quad P_M \geq P_P \cdot f \tag{5.13}$$

	$P_P\ [kW] < 1,5$	$1,5 \leq P_P\ [kW] < 4$	$4 \leq P_P\ [kW] < 7,5$	$7,5 \leq P_P\ [kW] < 40$	$P_P\ [kW] \geq 40$
f	$1,5$	$1,25$	$1,20$	$1,15$	$1,1$

5.1.13 Förderstromregelung durch Variation der Drehzahl

Die Änderung der Drehzahl n einer Kreiselpumpe verändert auch die Kennlinie der Anlage. Ein sogenanntes Affinitätsgesetz (Ähnlichkeitsgesetz) erlaubt die Charakteristiken der Pumpen auf andere Drehzahlen n in [1/s] umzurechnen:

$$\frac{Q_1}{Q_2} = \frac{n_1}{n_2} \qquad \frac{H_1}{H_2} = \left(\frac{n_1}{n_2}\right)^2 \qquad \frac{NPSH_1}{NPSH_2} = \left(\frac{n_1}{n_2}\right)^2 \qquad \frac{P_1}{P_2} = \left(\frac{n_1}{n_2}\right)^3 \tag{5.14}$$

Das Ähnlichkeitsgesetz zur Umrechnung von Leistungen gilt jedoch nur solange der Wirkungsgrad auch bei veränderlicher Drehzahl konstant bleibt. Hingegen gibt es zu jeder veränderten Drehzahl einen anderen Arbeitspunkt (siehe Abbildung).

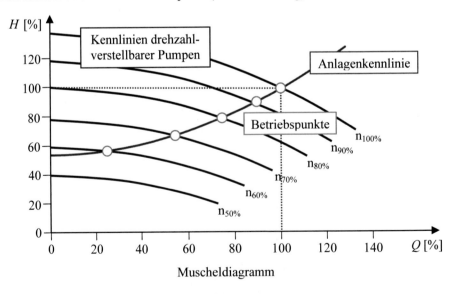

Muscheldiagramm

Ein so genanntes Muscheldiagramm stellt die Q-H-Beziehung für wechselnde Drehzahlen dar, es ist dabei zu beachten, dass die Drehzahldrosselung gegebenenfalls keinen Schnittpunkt zwischen Pumpen- und Anlagenkennlinie liefert. Diese Situation tritt hier bei Drosselung auf $n_{50\%}$ ein, d.h. dieser Bereich der Drehzahlreduktion ist nicht nutzbar.

5.2 Pumpendimensionierung

Kreiselpumpe mit unterschiedlichen Behälterarten im Saugbetrieb

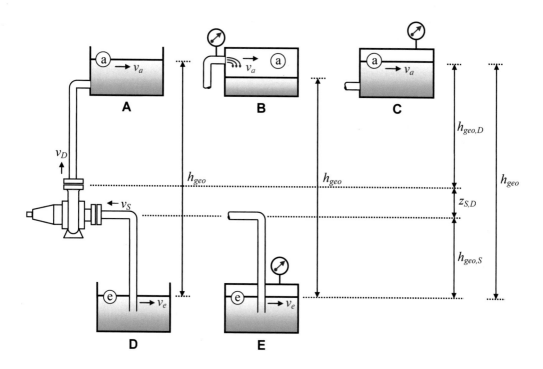

Auslegung von Kreiselpumpen im Saugbetrieb (nach [KSB])

Bildlegende

Behälter A = offener Druckbehälter mit Rohrmündung unter dem Wasserspiegel

Behälter B = geschlossener Druckbehälter mit freiem Auslauf aus dem Rohr

Behälter C = geschlossener Druckbehälter mit Rohrmündung unter dem Wasserspiegel

Behälter D = offener Saug- bzw. Zulaufbehälter

Behälter E = geschlossener Saug- bzw. Zulaufbehälter

v_a und v_e sind die für die Praxis oft vernachlässigbaren Strömungsgeschwindigkeiten in den Behältern A und C an der Stellen (a) der Wasserspiegeloberfläche des Auslaufs bzw. in den Behältern D und E an den Stellen (e) der Wasserspiegeloberfläche des Einlaufs. Für den Behälter B ist jedoch v_a die nicht vernachlässigbare Austrittsgeschwindigkeit von der Druckleitung in den Behälter hinein.

$z_{S,D}$ ist der Höhenunterschied zwischen Saug- und Druckstutzen der Pumpe, gemessen in [m].

Kreiselpumpe mit unterschiedlichen Behälterarten im Zulaufbetrieb

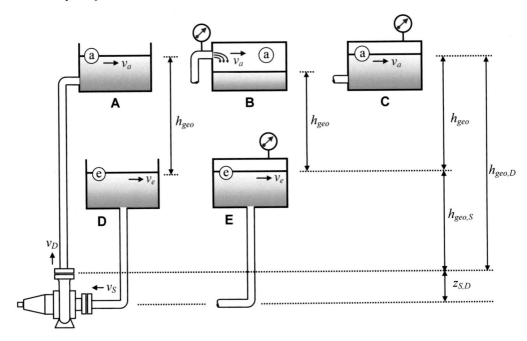

Auslegung von Kreiselpumpen im Zulaufbetrieb (nach [KSB])

Bildlegende

siehe *Kreiselpumpe mit unterschiedlichen Behälterarten im Saugbetrieb*
auf der vorhergehenden Seite.

Beispiel 48 – Negativer Pumpenzulauf

<u>Gegeben:</u> ein tief gelegenes Speicherbecken (Saugbetrieb: Typ **D**) ist über eine Kreiselpumpe
mit einem Hochbehälter des Typs **A** verbunden. Örtliche und kontinuierliche Verluste auf
Druck- und Saugseite wurden gemäß Kapitel 4 zuvor mit $h_{V,D}$ und $h_{V,S}$ ermittelt. Der geodätische Höhenunterschied Δh_{geo} ergibt sich aus der Differenz der Einzelhöhen $(h_{D,geo} - h_{S,geo})$.

<u>Gesucht:</u> Förderhöhe der Pumpe.

Lösung 48 – Negativer Pumpenzulauf

Die Anlagenhöhe (manometrische Förderhöhe) $H_A = H_{man}$ ergibt sich aus der geodätischen
Höhe zuzüglich der Verlusthöhe.

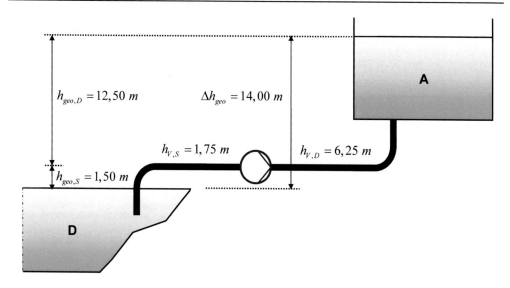

Getrennt nach Druck- und Saugseite erhält man damit folgende Größen:

$$h_{man,D} = h_{geo,D} + h_{V,D} = 12,50 + 6,25 = 18,75 \ m$$

$$h_{man,S} = h_{geo,S} + h_{V,S} = 1,50 + 1,75 = 3,25 \ m$$

Die Anlagenhöhe ergibt sich somit aus der Summe der Einzelhöhen zu:

$$H_A = h_{man,D} + h_{man,S} = 18,75 + 3,25 = 22,00 \ m$$

Alternativ lässt sich die Anlagenhöhe auch über den geodätischen Höhenunterschied bestimmen.

$$H_A = \Delta h_{geo} + h_{V,D} + h_{V,S} = 14,00 + 6,25 + 1,75 = 22,00 \ m$$

Beispiel 49 – Positiver Pumpenzulauf

Gegeben: ein System aus Becken und Behälter (Zulaufbetrieb: Typ **D** und **A**) ist über eine Kreiselpumpe und Rohrleitung miteinander verbunden. Beide Wasserspeicher sind nach oben offen und stehen damit lediglich unter Atmosphärendruck. Die Reibungshöhen infolge örtlicher und kontinuierlicher Verluste wurden zuvor für Druck- und Saugseite gemäß Kapitel 4 mit $h_{V,D}$ und $h_{V,S}$ ermittelt. Der geodätische Höhenunterschied Δh_{geo} ergibt sich aus der Differenz der Einzelhöhen $(h_{D,geo} - h_{S,geo})$.

Gesucht: Förderhöhe der Pumpe.

Lösung 49 – Positiver Pumpenzulauf

Es ist zu beachten, dass Druck im Zulauf (hydrostatischer Überdruck) <u>negativ</u> anzusetzen ist, da dieser den Druckhöhenverlust reduziert. Die manometrische Förderhöhe ergibt sich damit wie zuvor.

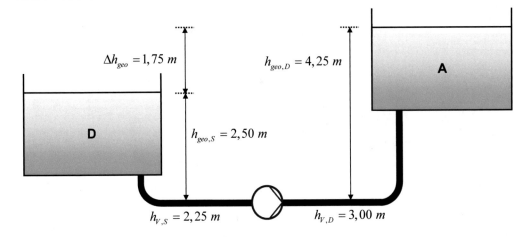

Getrennt nach Druck- und Saugseite ergeben sich damit folgende Größen:

$$h_{man,D} = h_{geo,D} + h_{V,D} = 4,25 + 3,00 = 7,25 \ m$$
$$h_{man,S} = h_{geo,S} + h_{V,S} = -2,50 + 2,25 = -0,25 \ m$$

Die Anlagenhöhe ergibt sich somit aus der Summe der Einzelhöhen zu:

$$H_A = h_{man,D} + h_{man,S} = 7,25 - 0,25 = 7,00 \ m$$

Alternativ erhält man diese Anlagenhöhe auch über den geodätischen Höhenunterschied.

$$H_A = \Delta h_{geo} + h_{V,D} + h_{V,S} = 1,75 + 3,25 + 2,00 = 7,00 \ m$$

Beispiel 50 – Positiver Pumpenzulauf unter Überdruck

Gegeben: ein Behältersystem (Zulaufbetrieb: Typ **E** und **A**) ist über eine Kreiselpumpe und Rohrleitung miteinander verbunden. Behälter **E** steht unter Überdruck, der andere Behälter ist nach oben hin offen und steht unter Atmosphärendruck. Verlusthöhen und geodätische Höhen ergeben sich wie zuvor.

Gesucht: Förderhöhe der Pumpe.

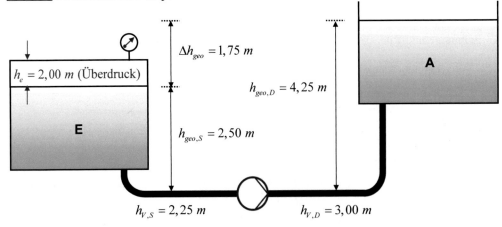

Lösung 50 – Positiver Pumpenzulauf unter Überdruck

Es ist zu beachten, dass auch Überdruck im Zulauf aus einem Druckbehälter <u>negativ</u> anzusetzen ist, da dieser den Druckhöhenverlust reduziert. Die manometrische Förderhöhe ergibt sich damit wie zuvor. Getrennt nach Druck- und Saugseite ergeben sich damit folgende Größen:

$$h_{man,D} = h_{geo,D} + h_{V,D} = 4,25 + 3,00 = 7,25 \; m$$

$$h_{man,S} = h_{geo,S} + h_{V,S} + h_e = -2,50 + 2,25 - 2,00 = -2,25 \; m$$

Die Anlagenhöhe ergibt sich damit aus der Summe der Einzelhöhen zu:

$$H_A = h_{man,D} + h_{man,S} = 7,25 - 2,25 = 5,00 \; m$$

Auch hier lässt sich alternativ die Anlagenhöhe über den geodätischen Höhenunterschied bestimmen.

$$H_A = \Delta h_{geo} + h_{V,D} + h_{V,S} - h_e = 1,75 + 3,25 + 2,00 - 2,00 = 5,00 \; m$$

Beispiel 51 – Negativer Pumpenzulauf mit Förderung gegen Überdruck

<u>Gegeben:</u> ein System aus Becken und Behälter (Saugbetrieb: Typ **D** und **C**) ist über eine Kreiselpumpe und Rohrleitung miteinander verbunden. Der Speicher **D** ist nach oben offen und steht unter Atmosphärendruck, der Behälter **C** steht hingegen unter Überdruck. Die örtlichen und kontinuierlichen Verlusthöhen sind ebenso bekannt wie der geodätische Höhenunterschied Δh_{geo}.

<u>Gesucht:</u> Förderhöhe der Pumpe.

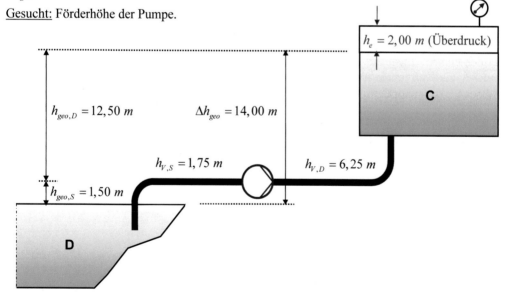

Lösung 51 – Negativer Pumpenzulauf mit Förderung gegen Überdruck

In diesem Beispiel wird der erforderliche Überdruck im Druckbehälter, der geodätischen Förderhöhe aufgeschlagen. Die Anlagenförderhöhe ergibt sich damit - getrennt nach Druck- und Saugseite - wie folgt:

$$h_{man,D} = h_e + h_{geo,D} + h_{V,D} = 2,00 + 12,50 + 6,25 = 20,75 \ m$$

$$h_{man,S} = h_{geo,S} + h_{V,S} = 1,50 + 1,75 = 3,25 \ m$$

Die Anlagenhöhe ergibt sich damit aus der Summe der Einzelhöhen,

$$H_A = h_{man,D} + h_{man,S} = 20,75 + 3,25 = 24,00 \ m$$

bzw. alternativ auch über den geodätischen Höhenunterschied.

$$H_A = \Delta h_{geo} + h_{V,D} + h_{V,S} + h_e = 14,00 + 6,25 + 1,75 + 2,00 = 24,00 \ m$$

Beispiel 52 – Angewandte Pumpendimensionierung

Gegeben: eine Kreiselpumpe (mit Kennfeldern und ~linien auf den nachfolgenden Seiten) soll aus einem tief liegenden Speicher Wasser über eine Rohrleitung DN 80 in einen Hochbehälter fördern. Der planerische Durchsatz der Pumpe beträgt Q = 45,00 [l/s]. In der 3,50 [m] langen Saugleitung L_S (DN 100, Innennennweite 100 mm) ist neben einem „trompetenförmigen" Einlauf (Verlustbeiwert ζ_{Ein} = 0,05 [-]) auch ein 90°-Krümmer vorgesehen. - Der Einlauf befindet sich in einer Wassertiefe von z_E = 2,00 [m]. - In der 25,00 m langen Druckleitung L_D (DN 80, Innennennweite 80 mm) sind insgesamt zwei 90°- Krümmer (Einzel-Verlustbeiwert wie zuvor) sowie ein Flachschieber (Verlustbeiwert ζ_{Sperr} = 0,20 [-]) vorgesehen. Die verwendeten 90°-Krümmer haben einen Verlustbeiwert von je ζ_{Kr} = 0,21 [-]. Der Aufstellort der Kreiselpumpe (Welle) hat gegenüber dem saugseitigen Wasserspiegel einen geodätischen Höhenunterschied $h_{geo,S}$ = 1,50 [m] sowie auf der Druckseite $h_{geo,D}$ = 15,164 [m]. Die Rauheit der Rohrleitung beträgt k = 0,10 [mm]. Der örtliche Luftdruck beträgt p_{atm} = 1.013,25 [hPa], die Wassertemperatur beträgt T = 10 [$°C$].

Gesucht: Wahl einer passenden Kreiselpumpe gemäß Herstellerangaben und Überprüfung der hydraulischen Parameter. Wie groß ist die Differenzdruckhöhe zwischen Druck- und Saugseite an der Pumpe? Liegt die Energiehöhe am Eintrittsquerschnitt der Pumpe über dem Dampfdruck? Wie groß ist die rechnerisch erforderliche Pumpenleistung P sowie der Wirkungsgrad η_M des Elektromotors?

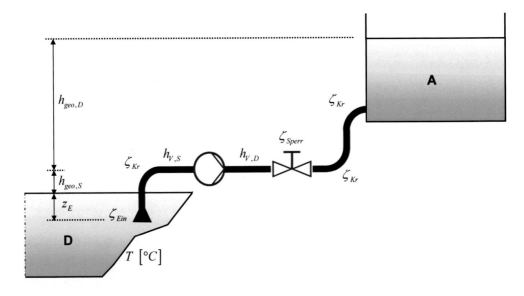

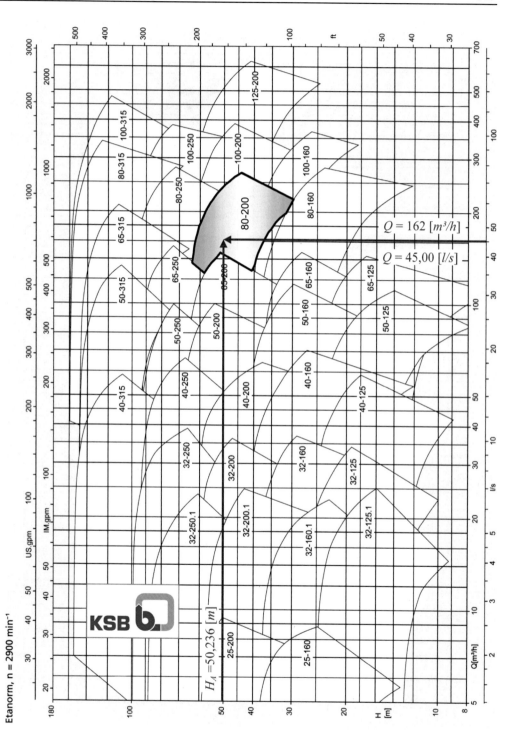

Sammelkennfeld einer KSB-Kreiselpumen-Baureihe mit einer Drehzahl $n = 2900$ $[min^{-1}]$.
nach Kennlinienheft der Firma KSB AG, Frankenthal, vom 13.02.2013

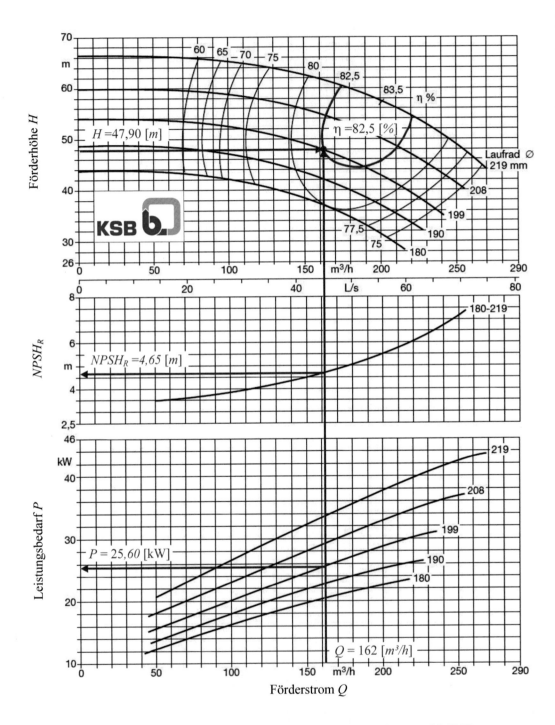

Vollständiges Kennlinienblatt der Kreiselpumpe „KSB – Etanorm 80-200",
nach Kennlinienheft der Firma KSB AG, Frankenthal, vom 13.02.2013.

Lösung 52 – Angewandte Pumpendimensionierung

$$v_S = \frac{Q}{A_S} = \frac{4 \cdot 45,00 \cdot 3600}{\pi \cdot 0,100^2 \cdot 1000} = 5,730 \ \frac{m}{s}$$

$$v_D = \frac{Q}{A_D} = \frac{4 \cdot 45,00 \cdot 3600}{\pi \cdot 0,080^2 \cdot 1000} = 8,952 \ \frac{m}{s}$$

Wegen der unterschiedlichen Nennweiten auf Saug- und Druckseite herrschen ungleiche Geschwindigkeiten, mit denen die unterschiedlichen Verlusthöhen nach iterativer Lösung der Widerstandszahl λ in drei Schritten (λ_i … λ_{iii}) wie folgt zu ermitteln sind. Für den Saugstutzen gilt:

$$\frac{1}{\sqrt{\lambda_i}} = -2\log\left[\frac{0,1}{100 \cdot 3,71}\right] = 7,13875 \ \lambda_i = 0,01962 \ [-]$$

$$\mathrm{Re} = \frac{v_S \cdot d_{hy,S}}{\nu} == \frac{5,730 \cdot 0,100}{1,31 \cdot 10^{-6}} = 4,374 \cdot 10^5 \ [-]$$

$$\frac{1}{\sqrt{\lambda_{ii}}} = -2\log\left[\frac{2,51}{4,374 \cdot 10^5 \cdot \sqrt{0,01962}} + \frac{0,1}{100 \cdot 3,71}\right] \Rightarrow \lambda_{ii} = 0,02032 \ [-]$$

$$\frac{1}{\sqrt{\lambda_{iii}}} = -2\log\left[\frac{2,51}{4,374 \cdot 10^5 \cdot \sqrt{0,02032}} + \frac{0,1}{100 \cdot 3,71}\right] \Rightarrow \lambda_{iii} = 0,02030 \ [-]$$

$$h_{V,S} = \frac{v_S^2}{2g}\left(\zeta_{Ein} + 1 \cdot \zeta_{Kr} + \lambda_{iii} \cdot \frac{L_S}{d_{hy,S}}\right) = \frac{5,730^2}{2g}\left(0,05 + 1 \cdot 0,21 + 0,02030 \cdot \frac{1,50}{0,100}\right)$$

$$h_{V,S} = 1,625 \ m$$

Für den Druckstutzen:

$$\frac{1}{\sqrt{\lambda_i}} = -2\log\left[\frac{0,1}{80 \cdot 3,71}\right] = 6,94493 \ \lambda_i = 0,02073 \ [-]$$

$$\mathrm{Re} = \frac{8,952 \cdot 0,080}{1,31 \cdot 10^{-6}} = 5,467 \cdot 10^5 \ [-]$$

$$\frac{1}{\sqrt{\lambda_{ii}}} = -2\log\left[\frac{2,51}{5,467 \cdot 10^5 \cdot \sqrt{0,02073}} + \frac{0,1}{80 \cdot 3,71}\right] \Rightarrow \lambda_{ii} = 0,02121 \ [-]$$

$$\frac{1}{\sqrt{\lambda_{iii}}} = -2\log\left[\frac{2,51}{5,467 \cdot 10^5 \cdot \sqrt{0,02121}} + \frac{0,1}{80 \cdot 3,71}\right] \Rightarrow \lambda_{iii} = 0,02120 \ [-]$$

$$h_{V,D} = \frac{v_D^2}{2g}\left(2 \cdot \zeta_{Kr} + \zeta_{Sperr} + \lambda_{iii} \cdot \frac{L_D}{d_{hy,D}}\right) = \frac{8,952^2}{2g}\left(2 \cdot 0,21 + 0,20 + 0,02120 \cdot \frac{25,00}{0,080}\right)$$

$$h_{V,D} = 29,612 \ m$$

Die Anlagenförderhöhe beträgt damit:

$$H_A = h_{geo,S} + h_{geo,D} + h_{V,S} + h_{V,D} = 1,50 + 15,164 + 1,625 + 29,612 = 47,900 \ m$$

Für den geplanten Förderstrom von $Q = 45,00\ [l/s]$ und der errechneten Anlagenhöhe von $H_A = 47,90\ [m]$ ergibt sich gemäß Sammelkennfeld der Kreiselpumpe „Etanorm", Drehzahl $n = 2900\ [min^{-1}]$, die Baureihe 80-200. Der erste Wert steht für die Innennennweite des Druckstutzens und der zweite Wert für den Laufradnenndurchmesser.

Die Differenz der Drückhöhen bzw. der Druckunterschied zwischen Druck- und Saugstutzen an der Pumpe ergibt sich aus der Energiehöhengleichung (*Bernoulli*) wie folgt:

$$\frac{\Delta p}{\rho \cdot g} = H_A - \frac{\left(v_D^2 - v_S^2\right)}{2g} = 47,90 - \frac{8,952^2 - 5,730^2}{2 \cdot 9,81} = 45,488\ m$$

$$\Delta p = \left(H_A - \frac{\left(v_D^2 - v_S^2\right)}{2g}\right) \cdot \rho \cdot g = 45,488 \cdot 999,6 \cdot 9,81 = 445,905\ kPa$$

Dabei ist die Dichte des $10°C$ warmen Wasser gemäß Abschnitt 7.9 (Anhang) mit $\rho = 999,6\ [kg/m^3]$ anzusetzen.

Zur Berechnung der vorhandenen Anlagenhaltedruckhöhe $NPSH_A$ ist der vorherrschende Atmosphärendruck zuvor von $[hPa]$ in $[N/m^2]$ umzurechnen, dabei gilt 1 $[hPa] = 100\ [N/m^2]$. Da es sich um einen offenen Behälter handelt, ist $p_E = 0$ und der Dampfdruck des 10 °C warmen Wassers beträgt nach Abschnitt 7.9 (Anhang) $p_D = 0,01227\ [bar] = 1227\ [N/m^2]$.

Die Strömungsgeschwindigkeit an der Wasserspiegeloberfläche des Speicherbeckens ist näherungsweise mit $v_e \approx 0\ [m/s]$ anzusetzen. Der Pumpenzulauf erfolgt mittig und ohne Höhenunterschied zwischen Laufradeintritt und Saugstutzen, so dass mit s' = 0 gerechnet wird.

Die Berechnung der vorhandenen Anlagenhaltedruckhöhe $NPSH_A$ ergibt sich für den Saugbetrieb nach Gleichung (5.7b) wie folgt:

$$NPSH_A = -h_{geo,S} + \frac{p_{atm} + p_E - p_D}{\rho_W \cdot g} + \frac{v_e^2}{2g} - h_{V,S}$$

$$NPSH_A = -1,50 + \frac{101325 + 0,00 + 1227}{999,6 \cdot g} + \frac{0,00^2}{2g} - 1,625 = 7,087\ m \approx 7,09\ m$$

Gemäß der NPSH-Kennlinie dieser Kreiselpumpe beträgt die erforderliche Höhe zuzüglich eines Sicherheitszuschlags von 50 $[cm]$ nach Gleichung (5.6)

$$NPSH_R = 4,65\ m + 0,50\ m$$

$$NPSH_A \approx 7,09\ m > NPSH_R = 5,15\ m$$

Die vorhandene Haltedruckhöhe ist damit - auch mit dem gewählten Sicherheitszuschlag - größer als die vom Hersteller empfohlene Mindestgröße. Eine rechnerische Kavitationsgefahr besteht damit nicht.

Der Pumpenwirkungsgrad ergibt sich aus dem Kennlinienblatt für die gewählte Pumpe mit:

$$\eta = 82,50\ \%$$

Bei den meisten Pumpentypen bezieht sich der Begriff Leistungsbedarf normalerweise auf die Leistungsaufnahme der Pumpe oder die Abgabeleistung des Motors. Sie wird häufig auch als Wellenleistung bezeichnet.

Der rechnerische Leistungsbedarf der Pumpe berechnet sich nach Gleichung (5.10a) wie folgt:

$$P_P = \frac{\rho \cdot g \cdot Q \cdot H_A}{\eta_P} = \frac{999,6 \cdot 9,81 \cdot 0,04500 \left[\frac{m^3}{s}\right] \cdot 47,90}{0,8250} = 25.612 \ W = 25,612 \ kW$$

Zur Kontrolle wird eine Dimensionsanalyse durchgeführt:

$$P_P \ \text{in} \ \frac{\left[\frac{kg}{m^3}\right] \cdot \left[\frac{m}{s^2}\right] \cdot \left[\frac{m^3}{s}\right] \cdot [m]}{[./.]} = \left[\frac{kg \cdot m^2}{s^3}\right] = \left[\frac{J}{s}\right] = [W]$$

Alternativ kann der Leistungsbedarf der Pumpe auch näherungsweise dem Kennlinienblatt der gewählten Pumpe in Abhängigkeit von Förderstrom und Laufradinnendurchmesser ermittelt werden. Mit dem erforderlichen Laufraddurchmesser von 199 [mm] ergibt sich hier ein Ablesewert von:

$$P \approx 25,80 \ kW$$

In der Praxis errechnet sich die zugehörige Motornennleistung durch Multiplikation der Pumpenleistung mit einem Schutzfaktor gegen Überlast. Nach Gl. (5.13) und zugehöriger Tabelle ergibt sich hier die Motorleistung wie folgt:

$$P_M = f \cdot P_P = 1,15 \cdot 25,612 = 29,454 \ [kW]$$

Der Wirkungsgrad des Motors ergibt sich damit zu:

$$\eta_M = \frac{P_P}{P_M} = \frac{25,612}{29,454} = 86,96 \ [\%]$$

Beispiel 53 – Drehzahlregelung (ohne Abbildung)

<u>Gegeben:</u> Eine drehzahlgeregelte Kreiselpumpe wird in der Anlage für einen Volumenstrom von $Q_1 = 240$ [m^3/h] im Bestpunkt (Anlagenbetriebspunkt liegt auf der Pumpenkennlinie) und einer Anlagenförderhöhe von $H_1 = 54$ [m] mit einem Wirkungsgrad von $\eta = 82,50 \ \%$ bei einer Drehzahl von $n_1 = 2900$ [min^{-1}] betrieben. Die installierte Pumpenleistung beträgt $P_1 = 40$ [kW]. Durch Austausch von Rohrleitungen und Armaturen konnte die Anlagenförderhöhe um 4 [m], auf $H_2 = 50$ [m] gesenkt werden.

<u>Gegeben:</u> Wie groß ist nunmehr die noch erforderliche Drehzahl n_2 und wie ändert sich der Volumenstrom Q_2 sowie die Pumpenleistung P_2?

Lösung 53 – Drehzahlreglung

Stellt man Gleichung (5.14) nach der gesuchten Drehzahl n_2 um, so erhält man folgenden Wert:

$$\frac{H_1}{H_2}=\left(\frac{n_1}{n_2}\right)^2 \quad \Rightarrow \quad n_2=\frac{n_1}{\sqrt{\dfrac{H_1}{H_2}}}=\frac{2.950}{\sqrt{\dfrac{54,00}{50,00}}}=2.839 \ \ \text{min}^{-1}$$

Den veränderten Förderstom und die neue rechnerische Pumpleistung erhält man ebenfalls aus der zuvor genannten Gleichung durch Umstellung, jedoch darf es dabei zu keiner Veränderung des Wirkungsgrades durch die veränderte Drehzahl kommen.

$$\frac{Q_1}{Q_2}=\frac{n_1}{n_2} \quad \Rightarrow \quad Q_2=Q_1\cdot\frac{n_2}{n_1}=240\cdot\frac{2.839}{2.950}=230,94 \ \ \frac{m^3}{h}$$

$$\frac{P_1}{P_2}=\left(\frac{n_1}{n_2}\right)^3 \quad \Rightarrow \quad P_2=P_1\cdot\left(\frac{n_1}{n_2}\right)^{-3}=40\cdot\left(\frac{2.839}{2.950}\right)^{-3}=35,639 \ kW$$

5.3   Abweichung der Realität

Für eine bestimmte, anwendungsbezogene Dimensionierung von Pumpen ist zu bedenken, dass die Realität in Pumpenanlagen oft von der Idealdarstellung abweicht. Es sollte deshalb stets darauf geachtet werden, dass der Betriebspunkt einer Pumpe im Bereich des höchsten Wirkungsgrades liegt (siehe Skizze). Dieses ist jedoch nicht immer zu realisieren, da sich im Laufe des Betriebs sowohl die Anlagenkennlinie als auch die Systemanforderungen ändern können.

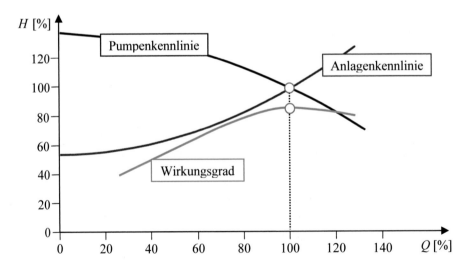

Die gängigsten Methoden zur Anpassung der Pumpenleistung sind:

- Drehzahlregelung
- Änderung des Laufraddurchmessers
- Drosselung des Volumenstroms
- Bypassregelung

6 Impulsbilanz der Hydromechanik

6.1 Theoretische Grundlagen

Die Anwendung der Impulsbilanz erfolgt in der Form des Stützkraftsatzes, dieser wird im Bauwesen häufig zur Ermittlung von hydrodynamischen Kräften auf Bauwerke eingesetzt. Um das Prinzip des Stützkraftsatzes besser zu verstehen, wird der Begriff „Kontrollraum" einge-führt. Ein Kontrollraum ist ein beliebig abgegrenztes raumfestes, jedoch nicht ortsfestes Vo-lumen, in dem ein je Zeiteinheit hineinfließendes Fluid dem an anderer Stelle wieder austre-tenden Fluid entspricht. Seine Oberfläche ist demnach massendurchlässig. Durch die Wahl eines geeigneten Kontrollraumes können sich hydrodynamische Berechnungen erheblich ver-einfachen.

Prinzip des Stützkraftsatzes

Um das Prinzip des Stützkraftsatzes in der Hydromechanik zu verdeutlichen, wird ein Strom-röhrenabschnitt (vergl. Abschnitt 3.1) mit konstantem Durchfluss Q betrachtet, seitlich be-grenzt wird er durch die Fließquerschnitte A_1 und A_2 sowie mit den jeweiligen Druckgrößen p und Geschwindigkeiten v.

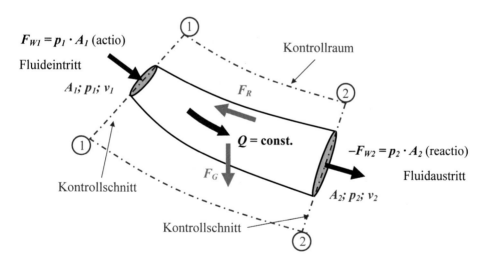

Nach dem 3. *Newton*'schen Axiom gilt, dass Kräfte immer paarweise auftreten. Wirkt ein Körper A auf einen anderen Körper B eine Kraft aus (actio), so wirkt auch eine ebensolch große aber entgegengesetzte Kraft von Körper B auf Körper A (reactio).

Auf den Stromröhrenabschnitt im Kontrollraum wirken folgende Kräfte:

- Gewichtskraft F_G aus dem Eigengewicht des Fluidums im Kontrollabschnitt,
- Wasserdruckkräfte F_W an den Kontrollschnittflächen 1-1 und 2-2,
- Resultierende aller äußeren Kräfte F_R, z. B. Reibungskräfte.

Die vektorielle Summe aller Kräfte in diesem Stromröhrenabschnitt lautet:

$$\Sigma \vec{F} = \overrightarrow{F_{W1}} - \overrightarrow{F_{W2}} + \overrightarrow{F_R} + \overrightarrow{F_G} \tag{5.1}$$

Vereinbarungsgemäß erfolgt kein Fluidaustausch durch den Strommantel, sodass auch kein Impulsaustausch stattfindet, d. h. für den Kontrollraum gilt der Impulssatz.

$$\Sigma \overrightarrow{F_I} = \rho \cdot Q \cdot \left(\vec{v_2} - \vec{v_1}\right) = \rho \cdot Q \cdot \vec{v_2} - \rho \cdot Q \cdot \vec{v_2} \tag{5.2}$$

Aus den Gleichungen (5.1) und (5.2) folgt:

$$\overrightarrow{F_R} + \overrightarrow{F_G} = \left(\overrightarrow{F_{W2}} + \overrightarrow{F_{I2}}\right) - \left(\overrightarrow{F_{W1}} + \overrightarrow{F_{I1}}\right) = \overrightarrow{F_{W2}} + \rho \cdot Q \cdot \vec{v_2} - \overrightarrow{F_{W1}} + \rho \cdot Q \cdot \vec{v_1} \tag{5.3}$$

Die Stützkräfte F_{S1} und F_{S2} ergeben sich damit zu:

$$\begin{aligned}
\overrightarrow{F_{S1}} &= \overrightarrow{F_{W1}} + \overrightarrow{F_{I1}} = \overrightarrow{F_{W1}} + \rho \cdot Q \cdot \vec{v_1} \\
\overrightarrow{F_{S2}} &= \overrightarrow{F_{W2}} + \overrightarrow{F_{I2}} = \overrightarrow{F_{W2}} + \rho \cdot Q \cdot \vec{v_2}
\end{aligned} \tag{5.4}$$

Die Stützkraft F_S ist damit die Summe aus Druckkraft F_W und Impuls F_I an den jeweiligen Kontrollschnitten, analog zur Stabstatik werden sie als Schnittkräfte betrachtet. Der Impulsstromvektor zeigt dabei stets auf das Kontrollvolumen!

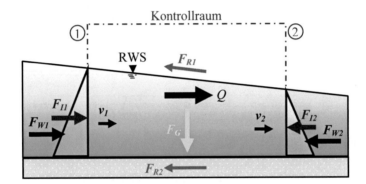

6.2 Arbeitsschritte zur Anwendung des Stützkraftsatzes

- Zunächst ist der Fluidkörper (Kontrollraum) zu definieren und dabei von allen Berandungen freizuschneiden. Es ist zu beachten, dass die Schnittführung an den Ein- und Ausströmquerschnitten senkrecht zu den Stromlinien erfolgt.
- Freigesetzte Schnittkräfte an den Schnittflächen eintragen:
  - hydrostatische Druckkräfte F_W
  - Umfangskräfte F_R
  - Gewichtskräfte F_G
  - Impulsstromvektoren $\rho \cdot Q \cdot v$ an den Ein- und Ausströmquerschnitten.
- Bilden des Kräftegleichgewichts: Summe aller Kräfte und Momente = 0
- Auflösen nach der resultierenden Reaktionskraft F.

Für lokal begrenzte, kleine räumliche Betrachtungen können in der Regel die Umfangskräfte F_R (z. B. Reibungskräfte entlang der Bauwerksränder) vernachlässigt werden, d. h. $F_R \approx 0$.

6.3 Impulsbilanz für Rohre und Freistrahl

Beispiel 54 – Widerlagerkraft eines horizontal liegenden Rohrkrümmers

<u>Gegeben:</u> ein horizontal liegender Rohrkrümmer DN 1500 mit einem Krümmungswinkel von $\alpha = 48°$. Unter einem konstanten Druck von p = 3,5 $[kN/m^2]$ durchfließt den Kontrollraum ein Volumenstrom von Q = 10 $[m^3/s]$. An den Schnitten 1-1 und 2-2 werden die Vertikalkräfte schadlos aufgenommen.

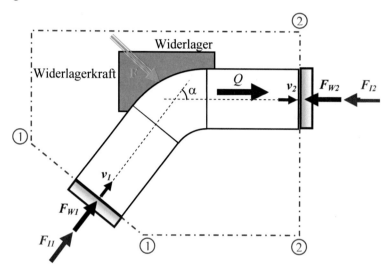

<u>Gesucht:</u> Unter Verwendung des vorgegebenen Kontrollraumes ist die resultierende Reaktionskraft F im Widerlager zu ermitteln.

Lösung 54 – Schrittweise Anwendung der Impulsbilanz (Stützkraftsatz)

Die vorherrschenden Rohrreibungskräfte werden aufgrund des örtlich begrenzten Kontrollraums nicht mit berücksichtigt. Des Weiteren wirken sich sowohl die in diesem Rohr befindliche Wassermasse als auch das Eigengewicht des Rohrkrümmers nicht in der gesuchten Auflagerkraft aus, da es sich dabei ausschließlich um lotrechte Kräfte handelt.

Zunächst werden die hydrostatischen Wasserdruckkräfte am Kontrollschnitt 1-1 und 2-2 ermittelt:

$$F_{W1} = F_{W2} = p \cdot A = p \cdot \frac{\pi \cdot d^2}{4} = 3,50 \cdot \frac{\pi \cdot 1,50^2}{4} = 6,185 \ kN$$

Die Impulskräfte, auch als Impulsströme bezeichnet, lassen sich mit der nach der Geschwindigkeit aufgelösten Kontinuitätsgleichung wie folgt berechnen:

$$v = \frac{Q}{A} = \frac{10,00 \cdot 4}{\pi \cdot 2,50^2} = 5,659 \frac{m}{s}$$

$$F_{I1} = F_{I2} = \rho \cdot Q \cdot v = 10^3 \cdot 10,00 \cdot 5,659 = 56,588 \ kN$$

Die resultierende Auflagerkraft ergibt sich somit aus der Summe der vektoriellen Addition von Wasserdruck- und Impulskraft:

$$-\vec{F} = \vec{F_{S_1}} + \vec{F_{S_2}}$$

Der Betrag für die Auflagerkraft kann direkt aus dem Kosinussatz bestimmt werden:

$$\vec{F_{S_1}} = \vec{F_{W1}} + \vec{F_{I1}} = 6,185 + 56,588 = 62,773 \; kN$$

$$\vec{F_{S_2}} = \vec{F_{W2}} + \vec{F_{I2}} = 6,185 + 56,588 = 62,773 \; kN$$

$$\left|\vec{F}\right| = \sqrt{\vec{F_{S_1}}^2 + \vec{F_{S_2}}^2 - 2 \cdot \vec{F_{S_1}} \cdot \vec{F_{S_2}} \cdot \cos\alpha}$$

$$\left|\vec{F}\right| = \sqrt{62,773^2 + 62,773^2 - 2 \cdot \overline{62,773} \cdot \overline{62,773} \cdot \cos 48°} = 917,842 \; N$$

Beispiel 55 – Aufprall eines freien stationären Strahles auf eine feste Wand

<u>Gegeben:</u> Ein freier Wasserstrahl trifft unter einem Winkel von $\alpha = 45°$ schräg auf eine feste Wand. Der mit $Q_1 = 350 \; [l/s]$ austretende und konstante Strahl teilt sich dabei in einen oberen (Q_2) und unteren Ablauf (Q_3). Der Kontrollschnitt 1-1 erfolgt unmittelbar hinter dem Rohrauslass mit einer Nennweite DN 110.

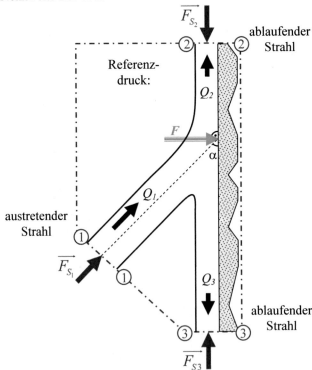

<u>Gesucht:</u> Unter Verwendung des vorgegebenen Kontrollraumes ist die resultierende Normalkraftkomponente F auf die Wand zu ermitteln.

Lösung 55 – Anwendung der Impulsbilanz (Stützkraftsatz)

Da sowohl der austretende Wasserstrahl als auch die ablaufenden Wassermassen unter Atmosphärendruck stehen, gibt es im Kontrollraum gegenüber dem Referenzdruck keinen Druckunterschied. Damit entfallen in den Kontrollschnitten 1-1, 2-2 und 3-3 die Wasserdruckanteile in den jeweiligen Stützkräften komplett.

Auch entlang der Wand verursachen die umgelenkten und ablaufenden Wassermassen keinerlei Normalkomponenten, sodass für die Normalkraft gilt:

$$\vec{F} = \overrightarrow{F_{S_1}} \cdot \sin\alpha$$

Für die Stützkraft selbst ergibt sich unter Berücksichtigung der mittleren Fließgeschwindigkeit aus der Kontinuität am Rohraustritt:

$$\overrightarrow{F_{S_1}} = \rho \cdot Q_1 \cdot v_1$$

$$\overline{v_1} \approx v_1 \; mit \; v_1 = \frac{Q_1}{A_1} = \frac{0,350}{\dfrac{\pi \cdot 0,11^2}{4}} = 36,829 \; \frac{m}{s}$$

Damit ist die gesuchte Normalkraftkomponente:

$$\vec{F} = \overrightarrow{F_{S_1}} \cdot \sin\alpha = \rho \cdot Q \cdot v_1 \cdot \sin 45° = 1000 \cdot 0,350 \cdot 36,829 \cdot 0,707 = 9,115 \; kN$$

Beispiel 56 – Kräfte auf eine stationär durchströmte konische Rohrverjüngung

Gegeben: Eine horizontal verlegte Rohrleitung erfährt über ein konisches Reduzierstück eine Querschnittsverringerung. Der Nennweitenübergang erfolgt von DN 1000 auf DN 800. Um die Muffen der Rohrverbindung nicht zu stark zu belasten, ist ein Widerlager vorzusehen. Im Inneren des Rohrsystems fließen $Q = 4,75 \; [m^3/s]$. Zu Beginn des Reduzierstückes herrscht ein Druck von $p_1 = 54 \; [kN/m^2]$.

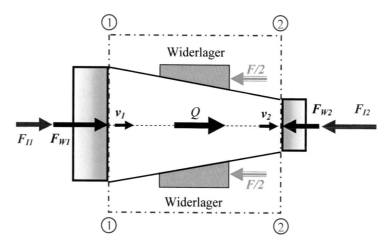

Gesucht: Unter Verwendung des vorgegebenen Kontrollraumes ist die zu gleichen Teilen links und rechts am Widerlager anzusetzende resultierende Kraftkomponente $F/2$ zu ermitteln. Reibungskräfte sind zu vernachlässigen.

Lösung 56 – Anwendung der Impulsbilanz (Stützkraftsatz)

Auch hier ist das Eigengewicht aus Reduzierstück und der Wassermasse für die Auflagerkraft nicht relevant, da sie eine um 90° zur Widerlagerkraft versetzte Wirkungslinie aufweist.

Aus der Wassermenge und den Durchmessern werden zunächst die Geschwindigkeiten bzw. die Geschwindigkeitshöhen ermittelt:

$$A_1 = \frac{\pi \cdot d_1^2}{4} = \frac{\pi \cdot 1,00^2}{4} = 0,785 \ m^2$$

$$A_2 = \frac{\pi \cdot d_2^2}{4} = \frac{\pi \cdot 0,80^2}{4} = 0,503 \ m^2$$

$$v_1 = \frac{Q}{A_1} = \frac{4,75}{0,785} = 6,048 \ m \ \rightarrow \ \frac{v_1^2}{2g} = 1,865 \ m$$

$$v_2 = \frac{Q}{A_2} = \frac{4,75}{0,503} = 9,450 \ m \ \rightarrow \ \frac{v_2^2}{2g} = 4,553 \ m$$

Aus der Energiegleichung lässt sich über die Druckhöhen h_{D1} und h_{D2} der Druck p_2 bestimmen:

$$\frac{v_1^2}{2g} + \frac{p_1}{\rho \cdot g} = 1,865 + \frac{54 \cdot 10^3}{10^3 \cdot g} = 7,371 \ m$$

$$p_2 = \left(h_E - \frac{v_2^2}{2g} \right) \cdot \rho \cdot g = (7,371 - 4,553) \cdot 10^3 \cdot g = 27,639 \ \frac{kN}{m^2}$$

Nunmehr lassen sich Wasserdruckkraft und Impuls berechnen:

$$\overrightarrow{F_{W_1}} = \rho \cdot Q \cdot v_1 = 10^3 \cdot 4,75 \cdot 6,048 = 28,727 \ kN$$

$$\overrightarrow{F_{W_2}} = \rho \cdot Q \cdot v_2 = 10^3 \cdot 4,75 \cdot 9,450 = 44,887 \ kN$$

$$\overrightarrow{F_{I_1}} = p_1 \cdot A_1 = 54 \cdot 10^3 \cdot 0,785 = 42,412 \ kN$$

$$\overrightarrow{F_{I_2}} = p_2 \cdot A_2 = 27,639 \cdot 10^3 \cdot 0,503 = 13,893 \ kN$$

Die Auflagerkräfte ergeben sich aus dem Kräftegleichgewicht in horizontaler Richtung:

$$\overrightarrow{F_{I_1}} + \overrightarrow{F_{W_1}} - \overrightarrow{F_{I_2}} - \overrightarrow{F_{W_2}} - 2 \cdot \frac{\overrightarrow{F}}{2} = 0 \ kN \ \rightarrow \ \overrightarrow{F} = \overrightarrow{F_{I_1}} + \overrightarrow{F_{W_1}} - \overrightarrow{F_{I_2}} - \overrightarrow{F_{W_2}}$$

$$\frac{\overrightarrow{F}}{2} = \frac{42,412 + 28,727 - 13,893 - 44,887}{2} = \frac{12,359}{2} = 6,180 \ kN$$

Beispiel 57 – Hydrodynamische Kräfte auf einen „schwebenden" Ball

Gegeben: Ein Fußball mit einem Gewicht von $m = 370 \ [gr]$ wird bei absoluter Windstille durch einen vertikalen Wasserstrahl am Schweben gehalten. Die aus der vertikalen Rohrleitung stationär austretende Wassermenge beträgt $Q = 35 \ [l/s]$. Zur Wasserstrahlbündelung weist die Rohrleitung am Ende eine Düse mit Nennweitenübergang von $d_1 = 250 \ [mm]$ zu $d_2 = 100 \ [mm]$ auf.

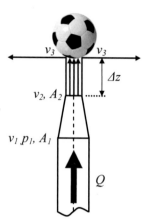

Gesucht: der Wasserdruck p_1 unmittelbar vor dem Reduzierstück im Inneren der Rohrleitung sowie die Distanz Δz vom Wasseraustritt bis zur Ballunterkante, wenn die Reibung sowohl im Rohr als auch zwischen Wasser und Luft und Wasser und Ball vernachlässigt wird. Des Weiteren soll von einem punktuellen Auftreffen des Wasserstrahls ausgegangen werden, sodass in diesem Punkt eine horizontale Umlenkung der sich teilenden Wassermassen einsetzt.

Lösung 57 – Anwendung von Energiegleichung und Impulsbilanz

Um den Fußball in Balance zu halten, muss seine Gewichtskraft gleich der entgegengesetzt wirkenden Impulskraft sein. Der Atmosphärendruck agiert hier wiederum als Referenzdruck und herrscht damit sowohl innerhalb als auch außerhalb der Leitung, er bleibt deshalb unberücksichtigt.

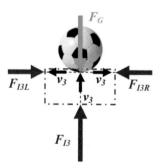

Aus den Durchmessern ergeben sich die Querschnittsflächen und zusammen mit der Energiegleichung erhält man die Geschwindigkeiten:

$$A_1 = \frac{\pi \cdot d_1^2}{4} = \frac{\pi \cdot 0,250^2}{4} = 0,049 \ m^2$$

$$A_2 = \frac{\pi \cdot d_2^2}{4} = \frac{\pi \cdot 0,100^2}{4} = 0,008 \ m^2$$

$$v_1 = \frac{Q}{A_1} = \frac{0,035}{0,049} = 0,713 \ \frac{m}{s} \quad \rightarrow \quad \frac{v_1^2}{2g} = 0,026 \ m$$

$$v_2 = \frac{Q}{A_2} = \frac{0,035}{0,008} = 4,456 \ \frac{m}{s} \ \rightarrow \ \frac{v_2^2}{2g} = 1,013 \ m$$

Aus der Energiegleichung ergeben sich nunmehr der Druck bzw. die Druckhöhe am Beginn des Reduzierstücks. Da beim Wasseraustritt der Atmosphärendruck herrscht und in der Düse die Reibung vernachlässigt werden darf, muss die Energiehöhe der kinetischen Höhe der Austrittsgeschwindigkeit entsprechen:

$$h_E = \frac{v_1^2}{2g} + \frac{p_1}{\rho \cdot g} = \frac{v_2^2}{2g} = \frac{1,013^2}{2g} = 1,013 \ m$$

$$p_1 = \left(\frac{v_2^2 - v_1^2}{2g} \right) \cdot \rho \cdot g = \left(\frac{1,013^2 - 0,713^2}{2g} \right) \cdot 10^3 \cdot g = 9,675 \ \frac{kN}{m^2}$$

Die Geschwindigkeitshöhe, mit der das Wasser aus der Düse austritt, reduziert sich auf dem Weg zum Ball um das Maß Δz. Diese Maß ergibt sich über die Geschwindigkeit aus dem Kräftegleichgewicht und der Energiegleichung.

$$F_G = m \cdot g = \rho \cdot Q \cdot v_3 \ \rightarrow \ 0,370 \cdot g = 10^3 \cdot 0,035 \cdot v_3$$

$$v_3 = \frac{0,370 \cdot g}{10^3 \cdot 0,035} = 0,104 \ \frac{m}{s}$$

Mit v_3 ergibt sich der Abstand zwischen Düsenaustritt und schwebendem Ball wie folgt:

$$\frac{v_2^2}{2g} = \frac{v_3^2}{2g} + \Delta z \ \rightarrow \ \Delta z = \frac{v_2^2 - v_3^2}{2g} = \frac{4,456^2 - 0,104^2}{2g} = 1,012 \ m$$

Beispiel 58 – 90°-Krümmer

<u>Gegeben:</u> Im Rahmen einer Triebwasserversorgung werden zwei gegensinnig, vertikal hintereinander geschaltete 90°-Krümmer verwendet, Innendurchmesser DN 2000.

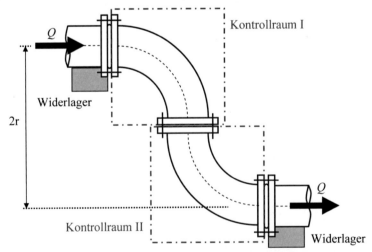

Die Wandstärken der Krümmer betragen $t = 37$ [mm], der für die Krümmer verwendete Stahl weist eine Dichte von $\rho_{St} = 7850$ [kg/m^3] auf. Jeweils am oberen und unteren horizontalen

Übergang der Triebwasserleitung in die Krümmer sind Dehnungsbuchsen vorgesehen, die eine Längskraftübertragung in Fließrichtung verhindern. Am Übergang vom horizontalen Rohr in den oberen Krümmer herrscht eine Druckhöhe von $h_D = 45$ [m], der Radius der Krümmung ist $r = 2,00$ [m]. Der Volumenstrom beträgt $Q = 15$ [m^3/s].

<u>Gesucht:</u> Wie groß sind die durch die stationäre Fließbewegung auf die Krümmer ausgeübten Kräfte, wenn man die Reibungskräfte vernachlässigen darf.

Lösung 58 – Anwendung von Energiegleichung und Impulsbilanz

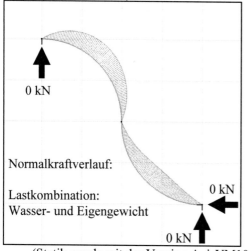

Normalkraftverlauf:

Lastkombination:
Wasser- und Eigengewicht

0 kN
0 kN
0 kN
0 kN

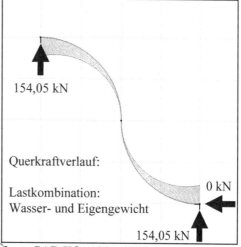

Querkraftverlauf:

Lastkombination:
Wasser- und Eigengewicht

154,05 kN
0 kN
154,05 kN

(Statik wurde mit der Version AxisVM10, ©Inter-CAD Kft., 1991–2010 gerechnet.)

Die Gewichtskraft des Wassers wirkt lotrecht zur Rohrachse, sodass an den Kontrollschnitten nur Kräfte im rechten Winkel zur Wasserdruckkraft angesetzt werden können. Sofern Kräfte in Achsrichtung wirken würden, wären diese bereits in der Wasserdruckkraft berücksichtigt und dürften nicht erneut in Rechnung gestellt werden.

$$F_{G_{W1}} = F_{G_{W2}} = \rho \cdot g \cdot V_W = \rho \cdot g \cdot A \cdot l = \rho \cdot g \cdot \frac{\pi \cdot d^2}{4} \cdot \frac{\pi \cdot r}{2}$$

$$F_{G_{W1}} = F_{G_{W2}} = 10^3 \cdot g \cdot \frac{\pi \cdot 2,00^2}{4} \cdot \frac{\pi \cdot 2,00}{2} = 96,788 \ kN$$

Darüber hinaus wirken sowohl am Einlauf des oberen Krümmers als auch am Auslauf des unteren Krümmers je zur Hälfte die Eigengewichtskräfte der gegensinnig gekrümmten Rohrleitung. Die Dehnungsbuchsen am oberen und unteren Widerlager würden darüber hinaus Horizontalkräfte, beispielsweise aus Temperaturdehnung, vollständig aufnehmen. Flansch- und Schraubverbindungen wurden bei der Eigenlastberechnung unberücksichtigt gelassen.

Im Folgenden werden die Auflagerkräfte infolge Krümmer-Eigenlast ermittelt, Reibungskräfte zwischen Wasser und Rohrinnenseite des Krümmers werden vernachlässigt:

$$F_{G_{K1}} = F_{G_{K2}} = \rho_{St} \cdot g \cdot V_K = \rho_{St} \cdot g \cdot A_K \cdot l = \rho_{St} \cdot g \cdot \frac{\pi \cdot \left[(d + 2t)^2 - d^2 \right]}{4} \cdot \frac{\pi \cdot r}{2}$$

$$F_{G_{Ki}} = 7850 \cdot g \cdot \frac{\pi \cdot \left[(2,00 + 2 \cdot 0,037)^2 - 2,00^2 \right]}{4} \cdot \frac{\pi \cdot 2,00}{2} = 57,264 \ kN$$

Für die Stützkräfte ergeben sich die Geschwindigkeitshöhen über die Rohrdurchmesser und die Druckhöhen aus der Energiegleichung:

$$A = \frac{\pi \cdot d^2}{4} = \frac{\pi \cdot 2,00^2}{4} = 3,142 \ m^2$$

$$v = \frac{Q}{A} = \frac{15,00}{3,142} = 4,775 \ \frac{m}{s} \quad \rightarrow \quad \frac{v^2}{2g} = 1,162 \ m$$

Aus der Energiegleichung ergibt sich nunmehr der Druck bzw. die Druckhöhe am Ende des ersten Krümmers (Schnitt 2-2). Da die Geschwindigkeitshöhe konstant ist, ergibt sich der Druckhöhenzuwachs durch schrittweise Addition des Krümmungsradius (vergl. Schnitt 4-4).

$$h_E = \frac{v^2}{2g} + h_{D_1} + r = \frac{v^2}{2g} + h_{D_2} \quad \Rightarrow \quad h_{D_2} = 45,00 + 2,00 = 47,00 \ m$$

$$h_E = \frac{v^2}{2g} + h_{D_1} + 2 \cdot r = \frac{v^2}{2g} + h_{D_3} \quad \Rightarrow \quad h_{D_2} = 45,00 + 4,00 = 49,00 \ m$$

Aus der Druckhöhe erhält man den für die Wasserdruckkraft erforderlichen Druck:

$$p_1 = \rho \cdot g \cdot h_{D_1} = \cdot 10^3 \cdot g \cdot 45,00 = 44,130 \ \frac{kN}{m^2}$$

$$p_2 = \rho \cdot g \cdot h_{D_2} = \cdot 10^3 \cdot g \cdot 47,00 = 46,091 \ \frac{kN}{m^2}$$

$$p_3 = \rho \cdot g \cdot h_{D_3} = \cdot 10^3 \cdot g \cdot 49,00 = 48,053 \ \frac{kN}{m^2}$$

Nachfolgend sind die beiden Kontrollräume mit den anzusetzenden Kräften dargestellt, im Schnitt 2-2 und 3-3 wirkende Momente sind nicht eingetragen, da sie keine Auswirkung auf die jeweilige Reaktionskraft haben.

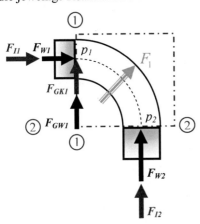
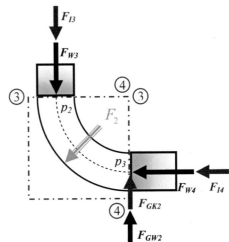

Die Stützkräfte an den Schnitten 1-1 und 2-2 lassen sich wie folgt angeben:

$$F_{S_1} = F_{W_1} + F_{I_1} = p_1 \cdot A + \rho \cdot Q \cdot v = 1386,382 + 71,620 = 1458,002 \ kN$$

$$F_{S_2} = F_{W_2} + F_{I_2} = p_2 \cdot A + \rho \cdot Q \cdot v = 1447,999 + 71,620 = 1519,619 \ kN$$

Analog ergeben sich die Stützkräfte an den Schnitten 3-3 und 4-4:

$$F_{S_3} = F_{S_2} \quad \text{und} \quad F_{S_4} = F_{W_4} + F_{I_4} = 1509,616 + 71,620 = 1581,236 \ kN$$

Durch die vektorielle Addition der einzelnen Kraftkomponenten lassen sich die einzelnen Reaktionskräfte auf die Krümmer sowie der Winkel gegenüber der Horizontalen bestimmen:

$$F_1 = \sqrt{F_{S_1}^2 + \left(F_{S_2} + F_{GK_1} + F_{GW_1}\right)^2}$$

$$F_1 = \sqrt{1458,002^2 + \left(1519,619 + 57,264 + 96,788\right)^2} = 2219,672 \ kN$$

$$F_2 = \sqrt{F_{S_4}^2 + \left(F_{S_3} - F_{GK_2} - F_{GW_2}\right)^2}$$

$$F_2 = \sqrt{1581,236^2 + \left(1519,619 - 57,264 - 96,788\right)^2} = 2089,278 \ kN$$

Für diese hydrodynamischen Reaktionskräfte ergibt sich die Notwendigkeit zum Bau von weiteren Widerlagern, direkt in den 45°-Punkten beider Krümmer. Die Winkel der Reaktionskräfte gegenüber der Horizontalen ergeben sich aus dem Tangens von Vertikal- und Horizontalkraft:

$$\alpha = a\tan\frac{F_{S_2} + F_{GK_1} + FG_{W_1}}{F_{S_1}^2} = a\tan\frac{1519,619 + 57,264 + 96,788}{1458,002}$$

$$\alpha = 48,94\ °$$

$$\beta = a\tan\frac{F_{S_3} - F_{GK_2} - FG_{W_2}}{F_{S_4}^2} = a\tan\frac{1519,619 - 57,264 - 96,788}{1581,236}$$

$$\beta = 40,81\ °$$

Kräfteplan der Reaktionskräfte (Krafteck):

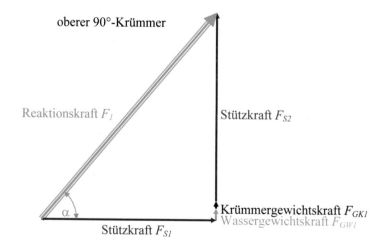

oberer 90°-Krümmer

Reaktionskraft F_1

Stützkraft F_{S2}

Krümmergewichtskraft F_{GK1}

Wassergewichtskraft F_{GW1}

α

Stützkraft F_{S1}

Fortsetzung:

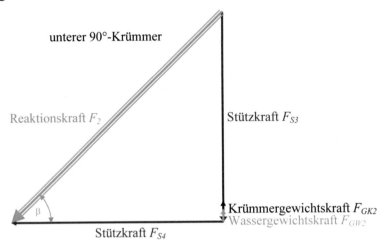

unterer 90°-Krümmer

Reaktionskraft F_2

Stützkraft F_{S3}

Krümmergewichtskraft F_{GK2}
Wassergewichtskraft F_{GW2}

Stützkraft F_{S4}

Werden F_1 und F_2 durch zusätzliche Auflagerkonstruktionen gehalten, so ergeben sich daraus keine weiteren Belastungskomponenten für die Druckleitung.

Beispiel 59 – Neigungswechsel in einer Rohrleitung

Gegeben: Im Verlauf einer Druckleitung DN 800 kommt es zu einer Neigungsänderung um α = 10° gegenüber der Horizontalen. Die Rohrlängen betragen vor und hinter dem Knickpunkt jeweils 15 [m], der eingebaute 10°-Krümmer hat ein Gewicht von G = 185 [kg] sowie eine Bogenlänge von 35 [cm]. Am Anfang der noch horizontal verlaufenden Rohrleitung herrscht ein Druck von p_A = 55 [kPa], die relative Rauheit der Rohrleitung beträgt k_b = 0,4 [mm]. Der Volumenstrom beträgt Q = 4,15 [m^3/s].

Gesucht: Wie groß sind die durch die stationäre Fließbewegung auf den Knickpunkt ausgeübten Kräfte, wenn man die Reibungskräfte mit zu berücksichtigen hat.

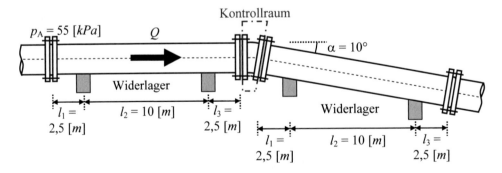

Lösung 59 – Anwendung von Energiegleichung und Impulsbilanz

Die Gewichtskräfte der geradlinigen Rohre werden vollständig von den Widerlagen aufgenommen, Normalkräfte werden in den Dehnungsbuchsen abgebaut. Für die am Kontrollraum anzusetzenden Anteile der Gewichtskräfte gilt unter Vernachlässigung der Flansche und Schrauben:

$$F_{G_{K1}} = \frac{G \cdot g}{2} = \frac{185 \cdot g}{2} = 907,115 \ N$$

$$F_{G_{K2}} = F_{G_{K1}} \cdot \cos \alpha = 907,115 \cdot \cos 10° = 893,334 N$$

Für die Kraft, die aus dem im Bogenstück befindlichen Wasser heraus resultiert, gilt analog:

$$F_{G_{W1}} = \frac{\pi \cdot d^2}{4} \cdot \frac{0,35}{2} \cdot \rho \cdot g = \frac{\pi \cdot 0,80^2}{4} \cdot \frac{0,35}{2} \cdot 10^3 \cdot g = 862,638 \ N$$

$$F_{G_{W2}} = F_{G_{W1}} \cdot \cos \alpha = 862,638 \cdot \cos 10° = 849,533 N$$

Zur weiteren Berechnung der Stützkräfte sind die Geschwindigkeit sowie die in Richtung der Rohrachse wirkenden Komponenten des Wassergewichts durch Bestimmung des Druckverlustes zu ermitteln.

$$A = \frac{\pi \cdot d^2}{4} = \frac{\pi \cdot 0,80^2}{4} = 0,503 \ m^2$$

$$v = \frac{Q}{A} = \frac{4,15}{0,503} = 8,256 \ \frac{\text{m}}{\text{s}} \quad \rightarrow \quad \frac{v^2}{2g} = 3,475 \ m$$

Die Geschwindigkeit und auch die Geschwindigkeitshöhe sind konstant, anders verhält es sich mit dem Druck bzw. der Druckhöhe.

Bei der Vorgabe von Volumenstrom, Geschwindigkeit, Nennweite und der betrieblichen Rauigkeit kann man zur Ermittlung der Verlusthöhe h_v alternativ zum universellen Widerstandsgesetz auch Abflusstabellen für voll durchströmte Rohre, wie diese im Anhang des Buches, benutzen. Bei korrekter Anwendung und richtiger Interpolation erhält man für die Nennweite DN 800 und der nächstgelegenen Geschwindigkeit von $v_{Tab} = 9,67$ [m/s] ein Energieliniengefälle von $I_E = 10$ % bei $Q_{Tab} = 4862$ [l/s]. Da weder der Volumenstrom noch die Geschwindigkeit den Werten im vorliegenden Beispiel entspricht, ist nach folgender Gleichung zur Interpolieren (Q ist in [l/s] einzusetzen!):

$$I_E = I_{E_{Tab}} \cdot \left(\frac{Q}{Q_{Tab}} \right)^2 = 0,1 \cdot \left(\frac{4150}{4862} \right)^2 = 0,07286 = 7,286 \ \%$$

Die Verlusthöhe bis zum 10°-Krümmer errechnet sich damit wie folgt:

$$h_v = I_E \cdot L = 0,07286 \cdot 15,00 = 1,093 \ m$$

Unter Verwendung der Energiehöhengleichung erhält man unmittelbar am Krümmer folgenden abgeminderten Druck:

$$h_E = \frac{p_A}{\rho \cdot g} + \frac{v^2}{2g} = \frac{p_1}{\rho \cdot g} + \frac{v^2}{2g} + h_v \quad \rightarrow \quad h_E = \frac{55 \cdot 10^3}{10^3 \cdot g} + 3,475 = 9,084 \ m$$

$$p_1 = \left(h_E - \frac{v^2}{2g} - h_v \right) \cdot \rho \cdot g$$

$$p_1 = \left(9,084 - 3,475 - 1,093 \right) \cdot 10^3 \cdot g = 44,281 \ Pa = 44,281 \ \frac{kN}{m^2}$$

Nach der Druckminderung im Inneren des Krümmers ergibt sich am Ende des Krümmers folgender Druck:

$$\Delta h_v = I_E \cdot L = 0,07286 \cdot 0,35 = 0,025 \ m$$

$$p_2 = \left(h_E - \frac{v^2}{2g} - h_v - \Delta h_v \right) \cdot \rho \cdot g$$

$$p_2 = (9,084 - 3,475 - 1,093 - 0,026) \cdot 10^3 \cdot g = 44,033 \ Pa = 44,033 \ \frac{kN}{m^2}$$

Somit ist im Schnitt 1-1 des Kontrollraums folgende Stützkraft anzusetzen:

$$F_{S_1} = F_{W_1} + F_{I_1} = p_1 \cdot A + \rho \cdot v \cdot Q$$

$$F_{S_1} = 44,281 \cdot 0,503 + 10^3 \cdot 8,256 \cdot 4,15 = 56,522 \ kN$$

Analog gilt für den Schnitt 2-2:

$$F_{S_2} = F_{W_2} + F_{I_2} = p_2 \cdot A + \rho \cdot v \cdot Q$$

$$F_{S_2} = 44,033 \cdot 0,503 + 10^3 \cdot 8,256 \cdot 4,15 = 56,396 \ kN$$

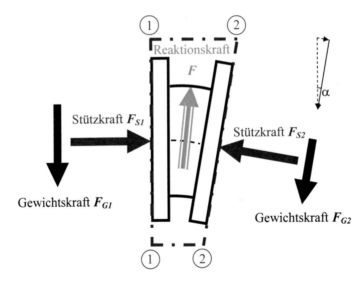

Die Gewichtskräfte aus Rohr und Wasser ergeben sich wie folgt:

$$F_{G_1} = F_{G_{K1}} + F_{G_{W1}} = 0,907 + 0,863 = 1,770 \ kN$$

$$F_{G_2} = F_{G_{K2}} + F_{G_{W2}} = 0,893 + 0,850 = 1,743 \ kN$$

Die vektorielle Addition der vier Kräfte ergibt die resultierende Reaktionskraft im Krümmer:

$$F_H = F_{S_1} - F_{S_2} \cdot \cos\alpha - F_{G_2} \cdot \sin\alpha$$

$$F_H = 56,522 - 56,396 \cdot \cos 10° - 1,743 \cdot \sin 10° = 0,680 \ kN$$

$$F_V = F_{G_1} - F_{S_2} \cdot \sin\alpha + F_{G_2} \cdot \cos\alpha$$

$$F_V = 1,770 - 56,396 \cdot \sin 10° + 1,743 \cdot \cos 10° = -6,307 \ kN$$

$$F = \sqrt{F_H^2 + F_V^2} = \sqrt{0,680^2 + (-6,307)^2} = 6,344 \ kN$$

$$\tan \beta = \frac{F_V}{F_H} = \frac{6,307}{0,680} = 83,848°$$

Grafische Überlagerung in Form des Kräfteplans (Krafteck):

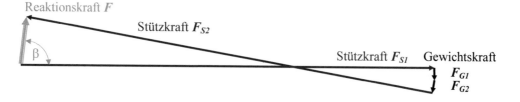

Beispiel 60 – 90°-T-Stück mit Blindstutzen

<u>Gegeben:</u> An einem horizontalen T-Stück wurde in Anströmrichtung temporär ein Blindstutzen angebracht, der Bereich vor dem Stutzen wird nicht durchströmt (Totzone). Das Rohrleitungssystem führt $Q = 6,7 \ [m^3/s]$ Wasser und hat eine Nennweite DN 800. Am Eingang des T-Stücks herrscht ein Druck im Rohr von 65 [kPa]. Der Krümmungsradius beträgt das 1,5-fache der Nennweite der Rohrleitung.

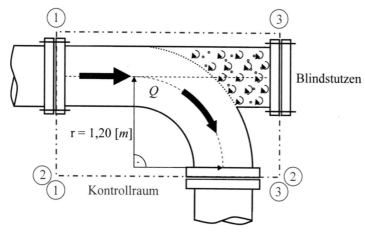

<u>Gesucht:</u> Wie groß ist die durch die stationäre Fließbewegung auf den Blindstutzen ausgeübte Kraft, wenn die Reibungskräfte unberücksichtigt bleiben dürfen.

Lösung 60 – Anwendung von Energiegleichung und Impulsbilanz

Aus der Kontinuitätsgleichung erhält man bei stationären Verhältnissen die mittlere Fließgeschwindigkeit im Leitungsabschnitt.

$$A = \frac{\pi \cdot d^2}{4} = \frac{\pi \cdot 0,80^2}{4} = 0,503 \ m^2$$

$$v = \frac{Q}{A} = \frac{6,70}{0,503} = 13,329 \ \frac{m}{s}$$

Damit lassen sich die Stützkräfte je Schnittseite wie folgt ermitteln:

Schnitt 1-1:
$$F_{S_1} = F_{W_1} + F_{I_1} = p \cdot A + \rho \cdot v \cdot Q$$
$$F_{S_1} = 65,00 \cdot 0,503 + 10^3 \cdot 13,329 \cdot 6,70 = 89,338 \ kN$$

Schnitt 2-2:
$$F_{S_2} = F_{W_2} + F_{I_2} = p \cdot A + \rho \cdot v \cdot Q$$
$$F_{S_2} = 0,650 \cdot 0,503 + 10^3 \cdot 13,329 \cdot 6,70 = 89,338 \ kN$$

Schnitt 3-3:
$$F_{S_3} = F_{W_3} + F_{I_3} = p \cdot A + \rho \cdot v \cdot Q$$
$$F_{S_3} = 0,650 \cdot 0,503 + 10^3 \cdot 0,00 \cdot 6,70 = 0,033 \ kN$$

Die Fließgeschwindigkeit im Blindstützen ist näherungsweise Null, d. h. $F_{I3} = 0$!

Durch vektorielle Addition der drei Stützkräfte ergibt sich die resultierende Reaktionskraft:

$$F_H = F_{S_1} - F_{S_3}$$
$$F_H = 89,338 - 0,033 = 89,306 \ kN$$

$$F_V = F_{S_2}$$
$$F_V = 89,338 \ kN$$

$$F = \sqrt{F_H^2 + F_V^2} = \sqrt{89,306^2 + 89,334^2} = 126,321 \ kN$$

$$\tan \beta = \frac{F_V}{F_H} = \frac{89,334}{89,306} = 45,01°$$

Grafische Überlagerung in Form des Kräfteplans (Krafteck):

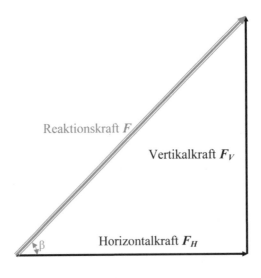

Reaktionskraft F

Vertikalkraft F_V

Horizontalkraft F_H

β

Beispiel 61 – 90°-T-Stück DN 900/DN 600

Gegeben: An einem horizontalen T-Stück DN 900 ist im 90°-Winkel ein Anschlussstutzen DN 600 angebracht. Das Rohrleitungssystem führt $Q = 7,5 \ [m^3/s]$ Wasser, davon fließen 35 % im kleineren Querschnitt. Am Eingang des T-Stücks herrscht ein Druck im Rohr von 65 [*kPa*]. Der Krümmungsradius ist r = 0,50 [*m*].

<u>Gesucht:</u> Berechnen Sie nach Betrag und Richtung die durch die stationäre Fließbewegung auf das T-Stück ausgeübte Kraft, wenn die Reibungskräfte unberücksichtigt bleiben.

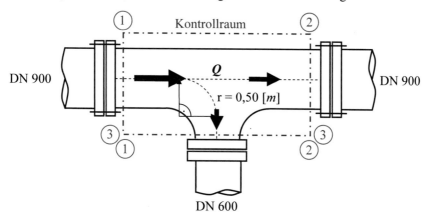

Lösung 61 – Anwendung der Impulsbilanz

Aus der Kontinuitätsgleichung erhält man bei stationären Verhältnissen die mittlere Fließgeschwindigkeit im Leitungsabschnitt.

$$A_1 = \frac{\pi \cdot d_1^2}{4} = \frac{\pi \cdot 0,90^2}{4} = 0,636 \ m^2$$

$$A_2 = A_1 = 0,636 \ m^2$$

$$A_3 = 0,283 \ m^2$$

$$v_1 = \frac{Q_1}{A_1} = \frac{7,75}{0,636} = 12,182 \ \frac{m}{s}$$

$$v_2 = 7,918 \ \frac{m}{s}$$

$$v_3 = 9,594 \ \frac{m}{s}$$

Damit lassen sich die Stützkräfte je Schnittseite wie folgt ermitteln:

Schnitt 1-1:
$$F_{S_1} = F_{W_1} + F_{I_1} = p \cdot A_1 + \rho \cdot v_1 \cdot Q_1$$
$$F_{S_1} = 65,00 \cdot 10^3 \cdot 0,636 + 10^3 \cdot 12,182 \cdot 7,75 = 135,763 \ kN$$

Schnitt 2-2:
$$F_{S_2} = F_{W_2} + F_{I_2} = p \cdot A_2 + \rho \cdot v_2 \cdot Q_2$$
$$F_{S_2} = 65,00 \cdot 10^3 \cdot 0,636 + 10^3 \cdot 7,918 \cdot 5,038 = 81,240 \ kN$$

Schnitt 3-3:
$$F_{S_3} = F_{W_3} + F_{I_3} = p \cdot A_3 + \rho \cdot v_3 \cdot Q_3$$
$$F_{S_3} = 65,00 \cdot 10^3 \cdot 0,283 + 10^3 \cdot 9,594 \cdot 2,712 = 44,401 \ kN$$

Durch vektorielle Addition der drei Stützkräfte ergibt sich die resultierende Reaktionskraft:

$$F_H = F_{S_1} - F_{S_3}$$

$$F_H = 135,763 - 44,401 = 91,363 \ kN$$

$$F_V = F_{S_2}$$

$$F_V = 81,240 \ kN$$

$$F = \sqrt{F_H^2 + F_V^2} = \sqrt{91,363^2 + 81,240^2} = 122,259 \ kN$$

$$\tan \beta = \frac{F_V}{F_H} = \frac{81,240}{91,363} = 41,64°$$

Grafische Überlagerung in Form des Kräfteplans (Krafteck):

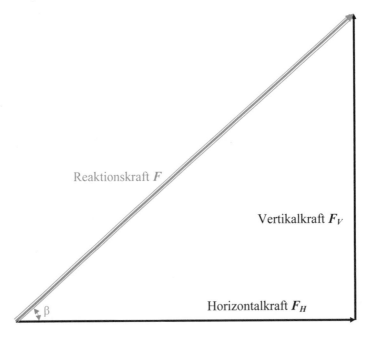

Beispiel 62 – Rohrleitung mit plötzlicher Querschnittserweiterung

Gegeben: In einem horizontal verlaufenden Rohr findet ein hydraulisch ungünstiger Fließquerschnittswechsel von DN 600 auf DN 800 statt. Im Inneren kommt es beim Übergang in den größeren Querschnitt zu Ablöseerscheinungen. Die Strömungsvorgänge sind – wie dargestellt – von komplizierter Art! An der Stelle der plötzlichen Erweiterung löst sich die Strömung ab und es bildet sich ein Rückstrom- und Wirbelgebiet aus. Diese örtlichen Wirbel wandeln Strömungsenergie in Wärmeenergie um und es kommt zu Energieverlusten.

Die Energieverluste beginnen an der Ablösungsstrecke und verlaufen über die Strecke des Ablösungsgebietes. Zum Abfluss gelangen stationär $Q = 5,0 \ [m^3/s]$ Wasser. An der Übergangsstelle herrscht ein Druck von 55 $[kPa]$. Weitere Reibungseinflüsse werden vernachlässigt.

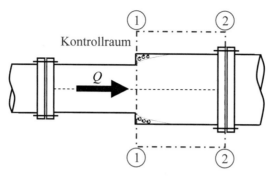

Kontrollraum

Q

<u>Gesucht:</u> Ermitteln Sie die Energiehöhe am Schnitt 1-1, die Druckhöhenänderung und die Verlusthöhe im weiteren Verlauf der Rohrleitung sowie die Druckhöhe h_{D2}.

Lösung 62 – Anwendung von Energiegleichung und Impulsbilanz

Aus der Kontinuitätsgleichung erhält man bei stationären Verhältnissen, die mittlere Fließgeschwindigkeit bzw. die Geschwindigkeitshöhe je Leitungsabschnitt:

$$A_1 = \frac{\pi \cdot d_1^2}{4} = \frac{\pi \cdot 0,60^2}{4} = 0,283 \ m^2$$

$$v_1 = \frac{Q}{A_1} = \frac{5,00}{0,283} = 17,684 \ \frac{m}{s} \quad \rightarrow \quad \frac{v_1^2}{2g} = 15,994 \ m$$

$$A_2 = \frac{\pi \cdot d_2^2}{4} = \frac{\pi \cdot 0,80^2}{4} = 0,503 \ m^2$$

$$v_2 = \frac{Q}{A_2} = \frac{5,00}{0,503} = 9,947 \ \frac{m}{s} \quad \rightarrow \quad \frac{v_2^2}{2g} = 5,045 \ m$$

Bezogen auf den Kontrollraum wird angemerkt, dass dieser besonders sinnvoll so zwischen den Querschnitten 1-1 und 2-2 festzulegen ist, dass er den kompletten Ablösebereich einschließt. Der Schnitt 1 wird unmittelbar <u>nach</u> der Erweiterung gelegt. Hier wirkt noch der Druck p_1 auf den Querschnitt A_2, während die Fließgeschwindigkeit v_1 noch derjenigen im engen Rohr entspricht. Der Schnitt 2 wird in ausreichendem Abstand am Ende der Wirbelbildung angeordnet.

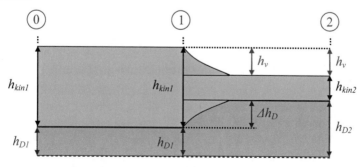

Der Stützkraftsatz ergibt sich damit in folgender Form:

$$F_{S_1} = F_{S_2} \quad \rightarrow \quad p_1 \cdot A_2 + \rho \cdot Q \cdot v_1 = p_2 \cdot A_2 + \rho \cdot Q \cdot v_2$$

Dividiert man diese Gleichung durch $\rho \cdot g \cdot A_2$, so erhält man folgenden Ausdruck für den Druckunterschied Δh_D:

$$\frac{p_1}{\rho \cdot g} + \frac{Q \cdot v_1}{A_2 \cdot g} = \frac{p_2}{\rho \cdot g} + \frac{Q \cdot v_2}{A_2 \cdot g} \quad \rightarrow \quad \frac{p_1}{\rho \cdot g} + \frac{v_1 \cdot v_2}{g} = \frac{p_2}{\rho \cdot g} + \frac{v_2^2}{g}$$

$$\Delta h_D = \frac{p_2}{\rho \cdot g} - \frac{p_1}{\rho \cdot g} = \frac{v_1 \cdot v_2 - v_2^2}{g} = \frac{v_2 \cdot (v_1 - v_2)}{g}$$

$$\Delta h_D = \frac{9,947 \cdot (17,684 - 9,947)}{g} = 7,848 \ m$$

Als Energiehöhe ergibt sich aus der *Bernoulli*-Gleichung:

$$h_E = h_{E_1} = h_{D_1} + h_{kin_1} = \frac{p_1}{\rho \cdot g} + \frac{v_1^2}{2g} = \frac{55,00 \cdot 10^3}{10^3 \cdot g} + 15,944 = 21,553 \ m$$

Des Weiteren folgt aus der Energiebetrachtung für die Verlusthöhe, als *Borda*-Verlusthöhe bezeichnet, folgender Zusammenhang:

$$h_v = h_{kin_1} - \Delta h_D = \frac{v_1^2}{2g} - \frac{2v_2 \cdot (v_1 - v_2)}{2g} = \frac{v_1^2 - 2v_1 v_2 + v_2^2}{2g} = \frac{(v_1 - v_2)^2}{2g}$$

$$h_v = \frac{(17,684 - 9,947)^2}{2g} = 3,052 \ m$$

Für die Druckhöhe h_{D2} ergibt sich damit abschließend:

$$h_{E_1} = h_{D_2} + h_{kin_2} + h_v \quad \rightarrow \quad h_{D_2} = h_{E_1} - h_{kin_2} - h_v$$

$$h_{D_2} = 21,553 - 5,054 - 3,052 = 13,456 \ m$$

Kontrolle:

$$h_{D_1} + \Delta h_D + h_{kin_2} + h_v = 5,698 + 7,848 + 5,054 + 3,052 = 21,553 \ m$$

6.4 Impulsbilanz für Freispiegelgerinne

Beispiel 63 – Gerinne mit plötzlicher Querschnittsvergrößerung

<u>Gegeben:</u> ein trapezförmiger und symmetrischer Gerinneabschnitt unter Normalabfluss mit konstantem Sohlgefälle $I_S = 4{,}7$ ‰. Der Querschnitt dieses Gerinnes vergrößert sich auf sehr kurzem Fließweg, wodurch es zu sehr turbulenten Verwirbelungen kommt. Die mittlere Geschwindigkeit beträgt im Oberstrom (also in Fließrichtung noch vor den Verwirbelungen) $v_1 = 4{,}21 \ [m/s]$ bei einer Wassertiefe $h_1 = 1.05 \ [m]$ und einer Sohlbreite $b_1 = 1{,}80 \ [m]$. Die Böschungsneigung ist ober- und unterstromseitig konstant 1: m = 1:1,5; die zugehörige Sohlbreite im Unterwasser beträgt $b_2 = 3{,}80 \ [m]$, der *Strickler*-Beiwert des Unterwassers ist $k_{St2} = 23 \ [m^{1/3}/s]$.

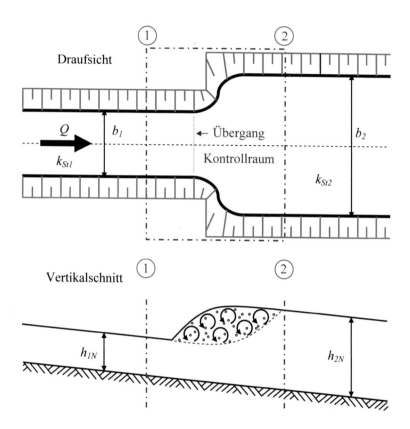

Anmerkung: Trifft in einem Gerinne ein schießender Abfluss mit vom Oberwasserwasser vorgegebener Energiehöhe h_{E1} auf einen strömenden Abfluss mit vom Unterwasser vorgegebener Energiehöhe $h_{E2} < h_{E1}$, ist der Übergang vom Schießen zum Strömen in Anpassung der verschiedenen Energiehöhen stets mit Wechselsprung verbunden. Die Wirbelbildung führt zu der notwendigen Umwandlung von Strömungsenergie in Wärmeenergie, also zum Auftreten einer Verlusthöhe h_v. Die Berechnung ist wegen der komplizierten Strömungsverhältnisse im Inneren des Wechselsprungs mit der Energiegleichung nicht möglich!

Zum Nachweis der Verlusthöhe bietet sich auch hier die Impulsgleichung bzw. der Stützkraftsatz für einen freigeschnittenen Bereich des Wechselsprunges an, da hierbei die Strömungsvorgänge im Inneren des Kontrollraumes gekapselt und damit an den Kontrollschnitten hydraulisch unwirksam sind. – Da innerhalb des Kontrollraums in Fließrichtung Kräfte nicht vom Gerinne aufgenommen werden, muss Gleichgewicht zwischen den Kräften F_{S1} und F_{S2} herrschen, wenn ein Wechselsprung an der gedachten Stelle auftreten soll.

Gesucht: Es ist festzustellen, welcher k_{St}-Wert für das Oberwasser dieses Gewässer vorliegt. Wie groß ist der Normalbfluss Q? Tritt an der beobachteten Position ein Wechselsprung auf? Wenn „ja", um welche Art von Wechselsprung handelt es sich? Prüfen Sie dazu, ob die konjugierte Wassertiefe h_{2K} nach dem Wechselsprung der Normalwassertiefe h_{2N} des Gerinnes entspricht.

Lösung 63 – Anwendung der Impulsbilanz mit Wasserspiegelanalyse

Der Manning-Strickler Beiwert lässt sich aus der gemessen mittleren Geschwindigkeit im Oberwasser mit $I_E = I_S$ wie folgt ableiten (Normalabfluss):

$$v = k_{St} \cdot r_{hy}^{\frac{2}{3}} \cdot I_E^{\frac{1}{2}} \Rightarrow k_{St} = \frac{v}{r_{hy}^{\frac{2}{3}} \cdot I_E^{\frac{1}{2}}}$$

Für den hydraulischen Radius gilt:

$$A_1 = b_1 \cdot h_{1N} + m \cdot h_{1N}^2 = 1,80 \cdot 1,05 + 1,5 \cdot 1,05^2 = 3,544 \ m^2$$

$$l_{U_1} = b_1 + 2h_{1N} \cdot \sqrt{1+m^2} = 1,80 + 2 \cdot 1,05 \cdot \sqrt{1+1,5^2} = 5,586 \ m$$

$$r_{hy_1} = \frac{A_1}{l_{U_1}} = \frac{3,544}{5,586} = 0,634 \ m$$

Nunmehr ergibt sich mit $I_E = I_S$ wegen des Normalabflusses:

$$k_{St1} = \frac{v_1}{r_{hy}^{\frac{2}{3}} \cdot I_E^{\frac{1}{2}}} = \frac{4,21}{0,634^{\frac{2}{3}} \cdot 0,0047^{\frac{1}{2}}} \approx 83 \frac{m^{\frac{1}{3}}}{s}$$

Der Abfluss ergibt sich aus der Kontinuitätsgleichung zu:

$$Q = v_1 \cdot A_1 = 1,05 \cdot 3,544 = 14,919 \frac{m^3}{s}$$

Der Grenzzustand für den ermittelten Abfluss wird durch die Grenztiefe festgelegt, diese ist jedoch nur iterativ zu ermitteln. Die Grenzwassertiefe kann aus der Gleichung für den Grenz-abfluss mit $Q = Q_{gr}$ wie folgt aufgelöst werden:

$$h_{gr} = \frac{1}{b_1 + m \cdot h_{gr}} \cdot \sqrt[3]{\frac{Q^2}{g} \cdot \left(b_1 + 2m \cdot h_{gr} \right)}$$

Mit einem Startwert von $h_{gr} = 1,10$ [m] erhält man beim Einsetzen auf der rechten Gleichungs-seite links $h_{gr,neu} = 1,413$ [m], nach 5 weiteren gleichartigen Iterationsschritten wird h_{gr} wie folgt bestätigt:

$$h_{gr} = 1,337 \ m$$

Ob sich an der angedachten Position ein Wechselsprung einstellt, wird durch den Vergleich der Wassertiefen ermittelt:

$$h_{1N} < h_{gr}$$

$$\Rightarrow \text{Fließart } h_{1N} \text{ "schießen"}$$

Der Normalabfluss und die Fließart im Gerinne unterhalb der Aufweitungsstelle werden mit der Kontinuitätsgleichung und der Manning-Strickler Gleichung gelöst:

$$Q = v_2 \cdot A_2 = k_{St2} \cdot r_{hy2}^{\frac{2}{3}} \cdot I_E^{\frac{1}{2}} \cdot A_2$$

Diese Gleichung ist wiederum nur iterativ zu lösen, da die gesuchte Wassertiefe h_{2N} verschach-telt in ihr vorkommt, wie die nachfolgende und gleichbedeutende Formel zeigt.

$$Q = k_{St2} \cdot \left(\frac{b_2 \cdot h_{2N} + m \cdot h_{2N}^2}{b_2 + 2 \cdot h_{2N} \cdot \sqrt{1+m^2}} \right)^{\frac{2}{3}} \cdot I_E^{\frac{1}{2}} \cdot \left(b_2 \cdot h_{2N} + m \cdot h_{2N}^2 \right)$$

Die iterative Lösung liefert folgenden Wert:

$$h_{2N} = 1,541 \ m$$

$$h_{gr} > h_{2N} \Rightarrow \text{Fließart } h_2 \text{ "strömen"}$$

Der Fließzustand ist oberhalb der Gerinneaufweitung schießend und unterhalb strömend. Dieser Fließartenwechsel geht mit einem Wechselsprung vor sich, der je nachdem, ob die zu h_2 konjugierte Wassertiefe h_{2K} kleiner oder größer ist als h_{1N}, vor oder nach der Aufweitung liegt. Die konjugierte Wassertiefe h_{2K} ist jene Wassertiefe, die mit derselben Stützkraft und der anderen Fließart auftritt.

Unter Vernachlässigung der vertikalen Anteile aus der Wasserlast lautet der Stützkraftsatz eines offenen Gerinnes:

$$F_S = F_W + F_I = \rho \cdot g \cdot z_S \cdot A + \rho \cdot Q \cdot v$$

Die Impulskraft wird analog zur Rohrhydraulik berechnet, die Größe der Wasserdruckkraft hingegen wird nach hydrostatischen Grundsätzen ermittelt. Sie ist das Produkt aus der Querschnittsfläche des Gerinnes und dem Druck im Flächenschwerpunkt. Die Formeln zur Berechnung dieses Schwerpunktabstandes sind dem Anhang entnommen, sie lauten:

$$z_S = \frac{h}{3} \cdot \frac{b_{Sp} + 2b}{b_{Sp} + b} \quad \text{bzw.} \quad z_S = \frac{h}{6} \cdot \frac{3b + 2h \cdot m}{b + h \cdot m}$$

In der Wassertiefe $h = h_{1N}$ erhält man mit $b = b_1$ und für z_{S1}:

$$z_{S_1} = \frac{h_{1N}}{6} \cdot \frac{3b_1 + 2 \cdot m \cdot h_{1N}}{b_1 + m \cdot h_{1N}} = \frac{1,05}{6} \cdot \frac{3 \cdot 1,80 + 2 \cdot 1,5 \cdot 1,05}{1,80 + 1,5 \cdot 1,05} = 0,443 \ m$$

In der Wassertiefe $h = h_{2N}$ erhält man mit $b = b_2$ und für z_{S2}:

$$z_{S_2} = \frac{h_{2N}}{6} \cdot \frac{3b_2 + 2 \cdot m \cdot h_{2N}}{b_2 + m \cdot h_{2N}} = \frac{1,541}{6} \cdot \frac{3 \cdot 3,80 + 2 \cdot 1,5 \cdot 1,541}{3,80 + 1,5 \cdot 1,541} = 0,673 \ m$$

Die für den Stützkraftsatz im Unterwasser repräsentative Geschwindigkeit ist:

$$v_2 = \frac{Q}{A_2} = \frac{Q}{b_2 \cdot h_{2N} + m \cdot h_{2N}^2} = \frac{14,919}{3,80 \cdot 1,541 + 1,5 \cdot 1,541^2} = 1,584 \ \frac{m}{s}$$

Für die Stützkraft am Kontrollschnitt 1 gilt:

$$F_{S_1} = \rho \cdot g \cdot z_{S_1} \cdot \left(b_1 \cdot h_{1N} + m \cdot h_{1N}^2 \right) + \rho \cdot Q \cdot v_1$$

$$F_{S_1} = 10^3 \cdot g \cdot 0,443 \cdot \left(1,80 \cdot 1,05 + 1,5 \cdot 1,05^2 \right) + 10^3 \cdot 14,919 \cdot 4,21$$

$$F_{S_1} = 15,407 \ kN + 62,810 \ kN = 78,217 \ kN$$

Für die Stützkraft am Kontrollschnitt 2 gilt:

$$F_{S_2} = \rho \cdot g \cdot z_{S_2} \cdot \left(b_2 \cdot h_{2N} + m \cdot h_{2N}^2\right) + \rho \cdot Q \cdot v_2$$

$$F_{S_2} = 10^3 \cdot g \cdot 0,673 \cdot \left(3,80 \cdot 1,541 + 1,5 \cdot 1,541^2\right) + 10^3 \cdot 14,919 \cdot 1,584$$

$$F_{S_2} = 62,210 \ kN + 23,630 \ kN = 85,839 \ kN$$

Fazit:

$$F_{S_2} > F_{S_1} \quad \Rightarrow \quad \text{Wechselsprung wandert!}$$

Da die Stützkraft im Unterwasser größer ist als oberhalb, wird der Wechselsprung gegen die Fließrichtung, also in Richtung Oberstrom wandern. Die genaue Position des Wechselsprungs wird mittels konjugierter Wassertiefe bestimmt, für die ein Stützkräftegleichgewicht herrscht.

Hierzu wird ein neuer Kontrollraum benötigt, der im Wasserdruck-/Impulskräfte-Gleichgewicht zwischen der Normalabflusstiefe h_{2N} und der konjugierten Tiefe h_{2K} steht. Für den Kontrollschnitt auf der Seite der konjugierten Wassertiefe h_{2K} gilt unter Berücksichtigung dieses Gleichgewichts und den allgemeinen Beziehungen für Fläche, Projektionsschwerpunkt und Kontinuitätsgleichung für das Trapez (vergl. vorhergehende Seiten):

$$F_{S_{2,konj.}} = F_{S_2} = 85,840 \ kN$$

$$F_{S_{2,konj.}} = \frac{\rho \cdot g \cdot h_{2K}^2}{6} \cdot \left(3b_2 + 2m \cdot h_{2K}\right) + \frac{\rho \cdot Q^2}{b_2 \cdot h_{2K} + m \cdot h_{2K}^2}$$

Auch diese Gleichung kann nur iterativ nach der konjugierten Wassertiefe h_{2K} gelöst werden, als Startwert wird die halbe Grenzwassertiefe h_{gr} angesetzt. Die iterative Lösung liefert dann folgenden Wert (Kontrolle: $F_{S2}(h_{2k}) = F_{S2}(h_2)$):

$$h_{2K} = 0,607 \ m$$

$$h_{1N} > h_{2K} \quad \Rightarrow \quad \text{Wechselsprung "eingestaut"}$$

Die konjugierte Wassertiefe ist damit kleiner als die Normalwassertiefe oberhalb der Aufweitungsstelle. Die Abflusstiefe müsste in Fließrichtung von h_{1N} am Querschnittsübergang auf das Maß von h_{2K} vor dem Wechselsprung absinken, was physikalisch jedoch unmöglich ist. Die Stützkraft bei Normalabfluss unterhalb der Aufweitung ist – wie nachgewiesen – größer als jene bei Normalabfluss oberhalb, der Wechselsprung wird deshalb eingestaut. Der Wasserspiegel springt von dort von der Normaltiefe h_{1N} auf die konjugierte Tiefe h_{1K} und passt sich bei strömender Fließart der Normalwassertiefe h_{2N} des Gerinnes unterhalb der Aufweitung an.

Für den Kontrollschnitt auf der Seite der konjugierten Wassertiefe h_{1K} gilt unter Berücksichtigung des Gleichgewichts sowie der allgemeinen Beziehung von Trapezfläche, Projektionsschwerpunkt und Kontinuitätsgleichung für das Trapez (vergl. vorhergehende Seiten):

$$F_{S_{1,konj.}} = F_{S_1} = 78,217 \ kN$$

$$F_{S_{1,konj.}} = \frac{\rho \cdot g \cdot h_{1K}^2}{6} \cdot \left(3b_1 + 2m \cdot h_{1K}\right) + \frac{\rho \cdot Q^2}{b_1 \cdot h_{1K} + m \cdot h_{1K}^2}$$

Auch diese Gleichung kann nur iterativ nach der konjugierten Wassertiefe h_{1K} gelöst werden, als Startwert wird die Normalbflusstiefe h_{2N} angesetzt. Die iterative Lösung liefert dann folgenden Wert (Kontrolle: $F_{S1}(h_{1k}) = F_{S1}(h_1)$):

$$h_{1K} = 1,665 \ m$$

Um die Position des Wechselsprungs im Abstand von der Übergangsstelle der Aufweitungsstelle in Richtung Oberstrom zu berechnen, wird ein sogenanntes One-Step-Verfahren angesetzt, wobei ein einziger Schritt zur recht präzisen Abschätzung der horizontalen Projektionsstrecke genügt. – Zwischen dem Wechselsprung und der Aufweitung im Gerinne erfolgt der Abfluss strömend, es ist daher gegen die Fließrichtung zu rechnen.

Die zugehörigen Geschwindigkeiten in der Normalabflusstiefe h_{2N} und der konjugierten Wassertiefe h_{1K} betragen:

$$v_2\left(h_{2N}\right) = \frac{Q}{b_2 \cdot h_{2N} + m \cdot h_{2N}^2} = \frac{14,919}{3,80 \cdot 1,541 + 1,5 \cdot 1,541^2} = 1,584 \ \frac{m}{s}$$

$$v_1\left(h_{1K}\right) = \frac{Q}{b_1 \cdot h_{1K} + m \cdot h_{1K}^2} = \frac{14,919}{1,80 \cdot 1,665 + 1,5 \cdot 1,665^2} = 2,085 \ \frac{m}{s}$$

$$v_m = \frac{v_2\left(h_{2N}\right) + v_1\left(h_{1K}\right)}{2} = \frac{1,584 + 2,085}{2} = 1,834 \ \frac{m}{s}$$

Entsprechend sind die Energiehöhen für beide Seiten des Kontrollraumes, der mittlere hydraulische Radius sowie das mittlere Energieliniengefälle zu ermitteln:

$$h_{E_2}\left(h_{2N}\right) = h_{2N} + \frac{v_2\left(h_{2N}\right)^2}{2g} = 1,541 + \frac{1,584^2}{2g} = 1,669 \ m$$

$$h_{E_1}\left(h_{1K}\right) = h_{1K} + \frac{v_1\left(h_{1K}\right)^2}{2g} = 1,665 + \frac{2,085^2}{2g} = 1,887 \ m$$

$$r_{hy_2}\left(h_{2N}\right) = \frac{A_2\left(h_{2N}\right)}{l_{U_2}\left(h_{2N}\right)} = \frac{3,80 \cdot 1,541 + 1,5 \cdot 1,541^2}{3,80 + 2 \cdot 1,541 \cdot \sqrt{1 + 1,5^2}} = \frac{9,418}{9,356} = 1,007 \ m$$

$$r_{hy_1}\left(h_{1K}\right) = \frac{A_1\left(h_{1K}\right)}{l_{U_1}\left(h_{1K}\right)} = \frac{1,80 \cdot 1.665 + 1,5 \cdot 1,665^2}{1,80 + 2 \cdot 1,665 \cdot \sqrt{1 + 1,5^2}} = \frac{7,155}{7,803} = 0,917 \ m$$

$$r_{hy_m} = \frac{r_{hy_2}\left(h_{2N}\right) + r_{hy_1}\left(h_{1K}\right)}{2} = \frac{1,007 + 0,917}{2} = 0,962 \ m$$

$$k_{St_m} = \left(\frac{l_{U_1}\left(h_{1K}\right) + l_{U_2}\left(h_{2N}\right)}{\dfrac{l_{U_1}\left(h_{1K}\right)}{k_{St_2}^{\frac{3}{2}}} + \dfrac{l_{U_2}\left(h_{2N}\right)}{k_{St_1}^{\frac{3}{2}}}}\right)^{\frac{2}{3}} = \left(\frac{7,804 + 9,357}{\dfrac{7,804}{23^{\frac{3}{2}}} + \dfrac{9,357}{83^{\frac{3}{2}}}}\right)^{\frac{2}{3}} = \left(\frac{17,161}{0,095}\right)^{\frac{2}{3}} \approx 32 \ \frac{m^{\frac{1}{3}}}{s}$$

$$I_{E_m} = \frac{v_m^2}{k_{St_m}^2 \cdot r_{hy_m}^{\frac{4}{3}}} = \frac{1,834^2}{32^2 \cdot 0,917^{\frac{4}{3}}} = 3,46 \ ‰$$

Die horizontale Entfernung des einsetzenden Wechselsprungs, gemessen vom Übergang zur Aufweitung in Richtung Oberstrom, beträgt:

$$\Delta l_x = \frac{h_{E_1}(h_{1K}) - h_{E_2}(h_{2N})}{I_E - I_{E_m}} = \frac{1,887 - 1,669}{0,0047 - 0,00346} \approx 176 \ m$$

Beispiel 64 – Gerinne mit Neigungswechsel

Gegeben: ein gleichförmiges Gerinne mit unsymmetrischem Trapezquerschnitt und der Sohlbreite $b_S = 2,45$ [m] unter Normalabfluss. Bei dem Neigungswechsel kommt es zu turbulenten Verwirbelungen. – Die mittlere Geschwindigkeit beträgt im Oberstrom (also in Fließrichtung noch vor den Verwirbelungen) $v_1 = 4,21$ [m/s], die Wasserriefe ist hier $h_1 = 1,05$ [m]. Die Böschungsneigungen sind ober- und unterstromseitig stetig, sie betragen uferabhängig 1:m = 1:1,5 bzw. 1:n = 1:1,2. Das Sohlgefälle entspricht im Oberwasser 8,7 ‰ und im Unterwasser 1,7 ‰.

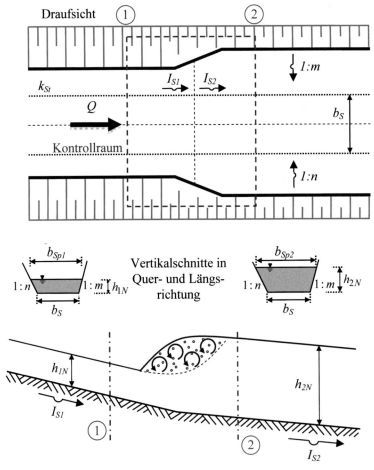

Gesucht: Es ist festzustellen, welcher k_{St}-Wert für dieses Gewässer vorliegt. Wie groß ist der Normalbfluss Q? Tritt an der beobachteten Position ein Wechselsprung auf? Wenn „ja", um welche Art von Wechselsprung handelt es sich? Prüfen Sie dazu, ob die konjugierte Wassertiefe h_{2K} nach dem Wechselsprung der Normalwassertiefe h_{2N} des Gerinnes entspricht.

Lösung 64 – Anwendung der Impulsbilanz mit Wasserspiegelanalyse

Der Manning-Strickler Beiwert lässt sich aus der gemessenen Geschwindigkeit mit $I_E = I_S$ (Normalabfluss!) wie folgt ableiten:

$$v = k_{St} \cdot r_{hy}^{\frac{2}{3}} \cdot I_E^{\frac{1}{2}} \Rightarrow k_{St} = \frac{v}{r_{hy}^{\frac{2}{3}} \cdot I_E^{\frac{1}{2}}}$$

Für den hydraulischen Radius gilt:

$$A_1 = b_S \cdot h_{1N} + \frac{(m+n)}{2} \cdot h_{1N}^2 = 2,45 \cdot 1,05 + \frac{1,5+1,2}{2} \cdot 1,05^2 = 4,061 \; m^2$$

$$l_{U_1} = b_S + h_{1N} \cdot \left(\sqrt{1+m^2} + \sqrt{1+n^2} \right)$$

$$l_{U_1} = 2,45 + 1,05 \cdot \left(\sqrt{1+1,5^2} + \sqrt{1+1,2^2} \right) = 5,983 \; m$$

$$r_{hy_1} = \frac{A_1}{l_{U_1}} = \frac{4,061}{5,983} = 0,679 \; m$$

Der Strickler-Beiwert ergibt sich damit zu:

$$k_{St1} = \frac{v_1}{r_{hy}^{\frac{2}{3}} \cdot I_E^{\frac{1}{2}}} = \frac{4,21}{0,679^{\frac{2}{3}} \cdot 0,0087^{\frac{1}{2}}} \approx 58 \frac{m^{\frac{1}{3}}}{s}$$

Der Abfluss nimmt damit folgende Größe an:

$$Q = v_1 \cdot A_1 = 4,21 \cdot 4,061 = 17,096 \frac{m^3}{s}$$

Der Grenzzustand für den ermittelten Abfluss wird durch die Grenztiefe festgelegt, diese ist jedoch nur iterativ zu ermitteln. Die Grenzwassertiefe kann aus der Gleichung für den Grenzabfluss mit $Q = Q_{gr}$ wie folgt aufgelöst werden:

$$h_{gr} = \frac{1}{b_1 + \frac{h_{gr}}{2} \cdot (m+n)} \cdot \sqrt[3]{\frac{Q^2}{g} \cdot \left(b_1 + (m+n) \cdot h_{gr} \right)}$$

Mit einem Startwert von $h_{gr} = h_{1N}$ erhält man beim Einsetzen auf der rechten Gleichungsseite nach einigen Iterationsschritten h_{gr} wie folgt bestätigt:

$$h_{gr} = 1,330 \; m$$

Ob sich an der angedachten Position ein Wechselsprung einstellt, wird durch den Vergleich der Wassertiefen ermittelt:

$$h_{1N} < h_{gr}$$

$$\Rightarrow \text{Fließart } h_{1N} \text{ "schießen"}$$

Der Normalabfluss und die Fließart im Gerinne unterhalb des Neigungswechsels werden mit der Kontinuitätsgleichung und der Manning-Strickler-Gleichung gelöst:

$$Q = v_2 \cdot A_2 = k_{St2} \cdot r_{hy2}^{\frac{2}{3}} \cdot I_E^{\frac{1}{2}} \cdot A_2$$

Diese Gleichung ist wiederum nur iterativ zu lösen, da die gesuchte Wassertiefe h_{2N} verschachtelt in der Querschnittsfläche und im hydraulischen Radius vorkommt, wie die nachfolgende und gleichbedeutende Formel zeigt.

$$Q = k_{St} \cdot \left(\frac{b_S \cdot h_{2N} + \frac{(m+n)}{2} \cdot h_{2N}^2}{b_S + h_{2N} \cdot \left(\sqrt{1+m^2} + \sqrt{1+n^2} \right)} \right)^{\frac{2}{3}} \cdot I_E^{\frac{1}{2}} \cdot \left(b_S \cdot h_{2N} + \frac{(m+n)}{2} \cdot h_{2N}^2 \right)$$

Die iterative Lösung liefert folgenden Wert:

$$h_{2N} = 1,607 \ m$$

$$h_{gr} < h_{2N} \Rightarrow \text{Fließart } h_2 \text{ "strömen"}$$

Der Nachweis des hier stattfindenden Fließartenwechsels wurde damit erfolgreich geführt.

Nunmehr wird die Wasserdruckkraft nach hydrostatischen Grundsätzen über den Schwerpunktsabstand und der gerückten Fläche ermittelt:

$$z_S = \frac{h}{3} \cdot \frac{b_{Sp} + 2b}{b_{Sp} + b} \quad \text{bzw.} \quad z_S = \frac{h}{3} \cdot \frac{3b + h(m+n)}{2b + h(\pi + n)}$$

In der Wassertiefe $h = h_{1N}$ erhält man mit $b = b_S$ und für z_{S1}:

$$z_{S_1} = \frac{h_{1N}}{3} \cdot \frac{3b_S + h_{1N}(m+n)}{2b_S + h_{1N}(\pi + n)} = \frac{1,05}{3} \cdot \frac{3 \cdot 2,45 + 1,05 \cdot (1,5 + 1,2)}{2 \cdot 2,45 + 1,05 \cdot (1,5 + 1,2)} = 0,461 \ m$$

Analoges gilt für den Schwerpunktsabstand z_{S2}:

$$z_{S_2} = \frac{1,607}{3} \cdot \frac{3 \cdot 2,45 + 1,607 \cdot (1,5 + 1,2)}{2 \cdot 2,45 + 1,607 \cdot (1,5 + 1,2)} = 0,678 \ m$$

Die für den Stützkraftsatz im Unterwasser repräsentative Geschwindigkeit beträgt nach der Konti-Gleichung:

$$A_2 = 2,45 \cdot 1,607 + \left(\frac{1,5 + 1,2}{2} \right) \cdot 1,607^2 = 7,425 \ m^2$$

$$v_2 = \frac{Q}{A_2} = \frac{17,096}{7,425} = 2,303 \ \frac{m}{s}$$

Für die Stützkraft am Kontrollschnitt 1 gilt:

$$F_{S_1} = \rho \cdot g \cdot z_{S_1} \cdot A_1 + \rho \cdot Q \cdot v_1$$

$$F_{S_1} = 10^3 \cdot g \cdot 0,461 \cdot 4,061 + 10^3 \cdot 17,096 \cdot 4,21$$

$$F_{S_1} = 18,353 \ kN + 71,975 \ kN = 90,328 \ kN$$

Für die Stützkraft am Kontrollschnitt 2 gilt:

$$F_{S_2} = \rho \cdot g \cdot z_{S_2} \cdot A_2 + \rho \cdot Q \cdot v_2$$

$$F_{S_2} = 10^3 \cdot g \cdot 0,678 \cdot 7,425 + 10^3 \cdot 17,096 \cdot 2,303$$

$$F_{S_2} = 49,349 \; kN + 39,367 \; kN = 88,716 \; kN$$

Fazit:

$$F_{S_1} > F_{S_2} \quad \Rightarrow \quad \text{Wechselsprung wandert!}$$

Da die Stützkraft im Oberwasser größer ist als unterhalb, wird der Wechselsprung in Fließrichtung, also in Richtung Unterstrom wandern. Die genaue Position des Wechselsprungs wird mittels konjugierter Wassertiefe bestimmt, für die ein Stützkräftegleichgewicht herrscht.

Hierzu wird ein neuer Kontrollraum benötigt, der im Wasserdruck-/Impulskräfte-Gleichgewicht zwischen der Normalabflusstiefe h_{2N} und der konjugierten Tiefe h_{2K} steht. Für den Kontrollschnitt auf der Seite der konjugierten Wassertiefe h_{2K} gilt unter Berücksichtigung dieses Gleichgewichts und der allgemeinen Beziehungen für Fläche, Projektionsschwerpunkt und Kontinuitätsgleichung für das unsymmetrische Trapez (vergl. vorhergehende Seiten):

$$F_{S_{2,konj.}} = F_{S_2} = 88,716 \; kN$$

$$F_{S_{2,konj.}} = \frac{\rho \cdot g \cdot h_{2K}^2}{6} \cdot \left(3b_2 + 2m \cdot h_{2K}\right) + \frac{\rho \cdot Q^2}{b_2 \cdot h_{2K} + m \cdot h_{2K}^2}$$

Auch diese Gleichung kann nur iterativ nach der konjugierten Wassertiefe h_{2K} gelöst werden, als Startwert wird die halbe Grenzwassertiefe h_{gr} angesetzt. Die iterative Lösung liefert dann folgenden Wert:

$$h_{2K} = 1,082 \; m$$

$$h_{1N} < h_{2K} \quad \Rightarrow \quad \text{Wechselsprung "frei"}$$

Die zur Normaltiefe h_{2N} konjugierte Wassertiefe h_{2k} ist damit größer als die Wassertiefe h_{1N} oberhalb des Neigungswechsels. Der Wasserspiegel steigt in Fließrichtung von h_{1N} an der Knickstelle auf das Maß h_{2K} an, um von dort mit dem Wechselsprung auf das Maß h_{2N} überzugehen.

Um die Position zu ermitteln, an der der Wechselsprung nach dem Neigungswechsel im Gerinne auftritt, wird erneut das One-Step-Verfahren angesetzt. – Da im betrachteten Querschnitt die Sohlneigungen variieren, wird im Weiteren ein mittleres Gefälle angesetzt, welches beispielsweise über eine mittlere Geschwindigkeit und einem mittleren hydraulischen Radius gebildet wird (alternativ wäre eine arithmetische Mittelung beider Gefälle möglich).

Die Geschwindigkeiten in der Normalabflusstiefe h_{1N} und der konjugierten Wassertiefe h_{2K} betragen:

$$v\left(h_{1N}\right) = \frac{Q}{b_S \cdot h_{1N} + \frac{m+n}{2} \cdot h_{1N}^2} = \frac{17,096}{2,45 \cdot 1,05 + \frac{1,5+1,2}{2} \cdot 1,05^2} = 4,210 \; \frac{m}{s}$$

$$v\left(h_{2K}\right) = \frac{17,096}{2,45 \cdot 1,082 + \frac{1,5+1,2}{2} \cdot 1,082^2} = 4,039 \; \frac{m}{s}$$

$$v_m = \frac{v\left(h_{1N}\right) + v\left(h_{2K}\right)}{2} = \frac{4,210 + 4,039}{2} = 4,124 \; \frac{m}{s}$$

Entsprechend sind die Energiehöhen für beide Seiten des Kontrollraumes, der mittlere hydraulische Radius sowie das mittlere Energieliniengefälle zu ermitteln:

$$h_E\left(h_{1N}\right) = h_{1N} + \frac{v\left(h_{1N}\right)^2}{2g} = 1,05 + \frac{4,210^2}{2g} = 1,954\ m$$

$$h_E\left(h_{2K}\right) = 1,082 + \frac{4,039^2}{2g} = 1,914\ m$$

$$r_{hy}\left(h_{1N}\right) = \frac{A\left(h_{1N}\right)}{l_U\left(h_{1N}\right)} = \frac{2,45 \cdot 1,05 + \frac{1,5+1,2}{2} \cdot 1,05^2}{2,45 + 1,05\left(\sqrt{1+1,5^2} + \sqrt{1+1,2^2}\right)} = \frac{4,061}{5,983} = 0,679\ m$$

$$r_{hy}\left(h_{2K}\right) = \frac{2,45 \cdot 1,082 + \frac{1,5+1,2}{2} \cdot 1,082^2}{2,45 + 1,082\left(\sqrt{1+1,5^2} + \sqrt{1+1,2^2}\right)} = \frac{4,233}{6,092} = 0,695\ m$$

$$r_{hy_m} = \frac{r_{hy}\left(h_{1N}\right) + r_{hy}\left(h_{2K}\right)}{2} = \frac{0,679 + 0,695}{2} = 0,687\ m$$

$$I_{E_m} = \frac{v_m^2}{k_{St_m}^2 \cdot r_{hy_m}^{\frac{4}{3}}} = \frac{4,124^2}{58^2 \cdot 0,687^{\frac{4}{3}}} = 8,35\ \text{‰}$$

Die horizontale Entfernung des einsetzenden Wechselsprungs, gemessen vom Neigungswechsel in Richtung Unterstrom, beträgt:

$$\Delta l_x = \frac{h_E\left(h_{2K}\right) - h_E\left(h_{1N}\right)}{I_{E2} - I_{E_m}} = \frac{1,914 - 1,954}{0,0017 - 0,0083} = 5,97\ m$$

Beispiel 65 – Anwendung des Impulssatzes an einer Tauchwand

<u>Gegeben:</u> Ein durch eine Tauchwand eingeschnürtes Rechteckgerinne mit einer Breite von $b = 7,50\ [m]$ sowie den Wassertiefen $h_1 = 3,70\ [m]$ und $h_s = 1,40\ [m]$ führt einen Volumenstrom von $Q = 32\ [m^3/s]$ ab.

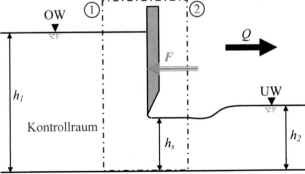

<u>Gesucht:</u> Unter Verwendung des vorgegebenen Kontrollraumes ist die resultierende Reaktionskraft F auf die Tauchwand zu ermitteln.

Lösung 65 – Schrittweise Anwendung der Impulsbilanz (Stützkraftsatz)

Zunächst ist der Kontrollraum wie nachfolgend geschehen „freizuschneiden" und alle freigesetzten Kräfte sind anzutragen.

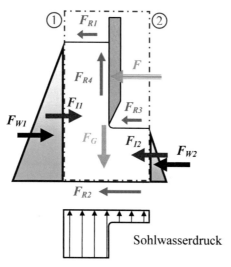

Zunächst werden die hydrostatischen Wasserdruckkräfte am Kontrollschnitt 1 und 2 ermittelt:

$$F_{W1} = \frac{1}{2} \cdot \rho \cdot g \cdot h_1^2 \cdot b = \frac{1}{2} \cdot 10^3 \cdot g \cdot 3,70^2 \cdot 7,50 = 503,449 \ kN$$

$$F_{W2} = \frac{1}{2} \cdot \rho \cdot g \cdot h_s^2 \cdot b = \frac{1}{2} \cdot 10^3 \cdot g \cdot 1,40^2 \cdot 7,50 = 72,079 \ kN$$

Die Reibungskräfte an Sohle/Böschung, Tauchwand und an der Grenze zwischen Wasserspiegel und Luft $F_R \approx 0$ können vernachlässigt werden. Die Gewichtskraft F_G und die Sohldruckkraft haben keine horizontalen Komponenten und wirken sich deshalb nicht in der resultierenden Wasserdruckkraft auf die vertikale Tauchwand aus.

Die Impulskräfte – auch als Impulsströme bezeichnet – lassen sich mit der nach der Geschwindigkeit aufgelösten Kontinuitätsgleichung wie folgt berechnen:

$$v_1 = \frac{Q}{A_1} = \frac{Q}{h_1 \cdot b} = \frac{32,00}{3,70 \cdot 7,50} = 1,153 \frac{m}{s}$$

$$v_2 = \frac{Q}{A_s} = \frac{Q}{h_s \cdot b} = \frac{32,00}{1,40 \cdot 7,50} = 3,048 \frac{m}{s}$$

$$F_{I1} = \rho \cdot Q \cdot v_1 = 10^3 \cdot 32,00 \cdot 1,153 = 36,901 \ kN$$

$$F_{I2} = \rho \cdot Q \cdot v_s = 10^3 \cdot 32,00 \cdot 3,048 = 97,524 \ kN$$

Die Summe der Horizontalkräfte ist definitionsgemäß null, sodass weiter gilt:

$$F = F_{W1} + F_{I1} - F_{W2} - F_{I2} = 503,449 + 36,901 - 72,079 - 97,524$$
$$F = 370,747 \ kN$$

Beispiel 66 – Rechteck-Trapez-Gerinne mit Pfeilerstau

Gegeben: In der Mitte eines Rechteck-Trapez-Gerinnes soll in trockener Baugrube ein Brückenpfeiler auf ebener Sohle errichtet werden. Zum Abfluss gelangen $Q = 35,75\ [m^3/s]$. Die vor Baubeginn vorherrschende Normalabflusstiefe beträgt $h_N = 2,15\ [m]$ bei einer zugehörigen Wasserspiegelbreite von $b_{Sp} = 10,00\ [m]$.

Gesucht: Welche Fließart liegt vor Baubeginn vor? Wie breit darf die Spundwandumfassung werden, damit ein Wechselsprung (Fließartwechsel) vermieden wird? Wie groß ist die durch die Spundwand hervorgerufene Verlusthöhe? Wie groß ist die hydraulische Reaktionskraft auf den näherungsweise als scharfkantiges Rechteck bezeichneten Grundriss der Baugrubenwand. Die Gefahr eines Ausuferns besteht nicht. Die Reibungskräfte der Spundwand sollen vernachlässigt werden.

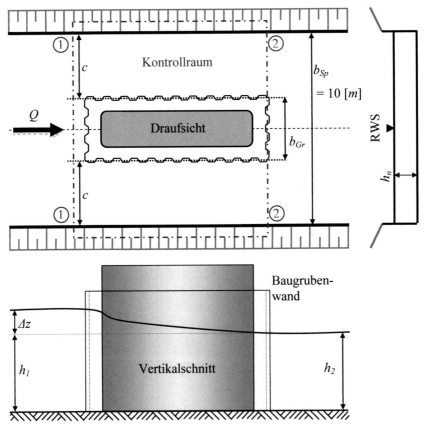

Lösung 66 – Pfeilerstau nach Rehbock, Impulsbilanz

Vor Baubeginn herrscht Normalbfluss bei einer Wassertiefe von $h_n = h_1 = h_2 = 2,15\ [m]$. Mit der aus der Kontinuitätsgleichung ermittelten Geschwindigkeit lässt sich die Froude-Zahl bestimmen:

$$v = \frac{Q}{A} = \frac{Q}{b_{Sp} \cdot h_n} = \frac{35,75}{10,00 \cdot 2,15} = 1,663\ \frac{m}{s}$$

$$Fr = \frac{v}{\sqrt{g \cdot h_n}} = \frac{1,663}{\sqrt{g \cdot 2,15}} = 0,362$$

Vor Baubeginn liegt im Gewässer eine strömende Fließart vor. Die Energiehöhe im Unterwasser beträgt mit $h_n = h_2$ und $v = v_2$:

$$h_{E_2} = h_2 + \frac{v_2^2}{2g} = 2,15 + \frac{1,663^2}{2g} = 2,291 \ m$$

Ist im betrachteten Durchflussquerschnitt $h_{E1ohne} = h_{E2} > h_{Emin}$, dann sinkt die Wassertiefe im reduzierten Querschnitt nicht auf h_{gr} ab, und die Strömung bleibt auch im Verbau durchgehend im strömenden Zustand. Bevorzugt wird in diesem praxisnahen Fall die Pfeilerstauformel nach *Rehbock* (in [13]):

$$\Delta z = \alpha \left(\delta - \alpha (\delta - 1) \right) \cdot \left(0,4 + \alpha + 9\alpha^3 \right) \cdot \left(1 + Fr_2^2 \right) \cdot \frac{v_2^2}{2g}$$

Hierin ist Δz = Aufstau, α = Verbauungsverhältnis (Restdurchflussbreite/ursprüngliche Breite) und δ = Formbeiwert für Pfeiler (vergl. Anhang).

$$\alpha = 1 - \frac{b}{b_{Sp}}$$

Setzt man für $\delta \approx 3,9$ (rechteckige Baugrube), so erhält man im Probierverfahren für α die maximal zulässige Baugrubenbreite b_{Gr} (Ziel $h_{E2} = h_{Emin}$), die Restdurchflussbreite ist im Beispiel $b \triangleq 2c$. Der Startwert für α ist kleiner 1, begonnen wird mit $\alpha = 0,6$ wie in der Tabelle zu sehen:

α	b_{Gr}	b	Δz	h_{Emin}	h_{E2}
0,6	6,00	4,00	0,608	3,018	**2,291**
0,5	5,00	5,00	0,396	2,601	**2,291**
0,4	4,00	6,00	0,240	2,303	**2,291**
0,395	**3,95**	**6,05**	**0,234**	**2,291**	**2,291**

Demnach darf die Baugrube maximal b_{Gr} = 3,95 [m] breit werden, der verbleibende Bereich ist somit $c = b/2 = 6,05/2 = 3,025$ [m] breit.

Zum weiteren Vergleich wird mit dem Aufstaumaß Δz die Froude-Zahl im Oberwasser berechnet:

$$v_1 = \frac{Q}{A_1} = \frac{Q}{b_{Sp} \cdot (h_n + \Delta z)} = \frac{35,75}{10,00 \cdot (2,15 + 0,234)} = 1,449 \ \frac{m}{s}$$

$$Fr_1 = \frac{v_1}{\sqrt{g \cdot (h_n + \Delta z)}} = \frac{1,449}{\sqrt{g \cdot 2,384}} = 0,310$$

Im Oberwasser herrscht damit ein strömender Abfluss ($Fr < 1$)!

Des Weiteren wird die Verlusthöhe infolge des Baugrubenverbaus wie folgt bestimmt:

$$h_v = \left(h_1 + \frac{v_1^2}{2g} \right) - \left(h_2 + \frac{v_2^2}{2g} \right) = \Delta z + \frac{v_1^2 - v_2^2}{2g}$$

In Zahlen:

$$h_v = 0,234 + \frac{1,499^2 - 1,663^2}{2g} = 0,208 \ m$$

Zur Kontrolle des Verbauungsmaßes α kann die Rehbock-Formel bei Vorgabe des Aufstaumaßes Δz durch das *Newton*-Verfahren iterativ nach α gelöst werden. Subtrahiert man Δz auf beiden Seiten der Formel und dividiert anschließend beide Seiten durch die letzten beiden Faktoren, bestehend aus Fr-Zahl und Geschwindigkeitshöhe, so erhält man die folgende Funktion von α sowie deren 1. Ableitung:

$$f(\alpha) = 0,4\delta \cdot \alpha + (0,4 + 0,6\delta) \cdot \alpha^2 + (1-\delta) \cdot \alpha^3 + 9\delta \cdot \alpha^4 + (9 - 9\delta) \cdot \alpha^5 - \frac{\Delta z \cdot 2g}{(1 - Fr_2^2) \cdot v_2}$$

$$f'(\alpha) = 0,4\delta + (0,8 + 1,2\delta) \cdot \alpha + (3 - 3\delta) \cdot \alpha^2 + 36\delta \cdot \alpha^3 + (45 - 45\delta) \cdot \alpha^4$$

Mit dem bekannten Ansatz von *Newton* (vergl. Kapitel 3) und einem Wert von $\Delta z = 0,234 \ [m]$ sowie einem Startwert für $\alpha = 0,6$ ergeben sich folgende Werte der Iteration:

i	α_i	$f(\alpha_i)$	$f'(\alpha_i)$	$f(\alpha_i)/f'(\alpha_i)$	α_{i+1}
0	0,6	2,3469	15,1296	0,1551	**0,445**
1	0,445	0,4325	9,5263	0,0454	**0,399**
2	0,339	0,0354	7,9876	0,0044	**0,395**
3	0,395	0,0003	7,8445	0,0000	**0,395**
4	**0,395**				

Bei dieser Kontrolle handelt es sich nicht um eine wirkliche Plausibilitätskontrolle, sie zeigt vielmehr auf, wie man bei bekannter Aufstauhöhe Δz, zu dem möglichen Verbauungsmaß gelangt.

Abschließend wird nun mit den bekannten Geschwindigkeiten und Wassertiefen im Ober- und Unterwasser auf die hydraulische Reaktionskraft F der Stirnseite des Baugrubenverbaus geschlossen:

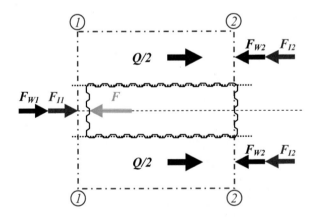

Zunächst werden die hydrostatischen Wasserdruckkräfte am Kontrollschnitt 1 und 2 ermittelt:

$$F_{W1} = \frac{1}{2} \cdot \rho \cdot g \cdot \left(h_n + \Delta z\right)^2 \cdot b_{Sp}$$

$$F_{W_1} = \frac{1}{2} \cdot 10^3 \cdot g \cdot \left(2,15 + 0,234\right)^2 \cdot 10,00 = 278,715 \ kN$$

$$F_{W2} = \frac{1}{2} \cdot \rho \cdot g \cdot h_n^2 \cdot b = \frac{1}{2} \cdot 10^3 \cdot g \cdot 2,15^2 \cdot 3,025 \cdot = 68,563 \ kN$$

Die Reibungskräfte an Sohle/Böschung, Spundwand und an der Grenze zwischen Wasserspiegel und Luft werden hier vernachlässigt.

Die Impulskräfte werden wie folgt berechnen:

$$F_{I1} = \rho \cdot Q \cdot v_1 = 10^3 \cdot 35,75 \cdot 1,499 = 53,606 \ kN$$

$$F_{I2} = \rho \cdot \frac{Q}{2} \cdot v_2 = 10^3 \cdot \frac{35,75}{2} \cdot 1,663 = 29,722 \ kN$$

Die Summe der Horizontalkräfte ist definitionsgemäß null, sodass weiter gilt:

$$F = F_{W1} + F_{I1} - 2F_{W2} - 2F_{I2} = 278,715 + 53,606 - 2 \cdot 68,563 - 2 \cdot 29,722$$
$$F = 135,750 \ kN$$

Die Spundwand wird an der Stirnseite von einer hydraulischen Kraft i. H. v. 135,750 kN beansprucht, seitlich wirkt der statische Wasserdruck (Reibungskräfte wurden nicht berücksichtigt).

Beispiel 67 – Parabelgerinne mit Wechselsprung

<u>Gegeben:</u> ein parabelförmiger Gerinneabschnitt mit einem vom Oberwasser vorgegebenen schießenden Abfluss in einer Wassertiefe $h_1 = 0,65 \ [m]$. Das Öffnungsmaß a der Parabel beträgt = 0,7 $[m^{-1}]$. Zum Abfluss gelangen $Q = 4,65 \ [m^3/s]$.

<u>Gesucht:</u> Die zu h_1 konjugierte Wassertiefe h_{2K} des Wechselsprungs sowie die vom Wechselsprung dissipierte Verlusthöhe, die Länge des Wechselsprungs sowie die mittlere Wechselsprunglänge L.

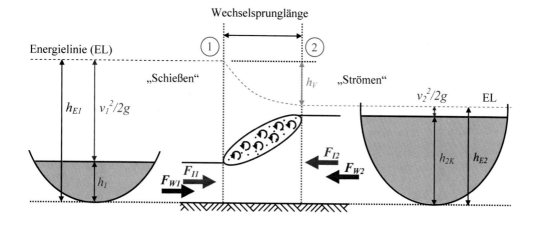

Lösung 67 – Parabelgerinne mit Wechselsprung

Wird aus dem dargestellten Parabel-Gerinne der Abschnitt 1-2 herausgetrennt, interessieren nur die Kräfte in Fließrichtung, d. h. auf die freigeschnittenen Kontrollflächen 1 und 2. Es werden hier angesetzt:

Hydrostatische Druckkräfte und

Impulskräfte aus der bewegten Flüssigkeit,

(Reibungskräfte sind vernachlässigbar klein).

Da in Fließrichtung keine Kräfte vom Gerinne aufnehmbar sind, muss Gleichgewicht zwischen den Kräften F_{S1} und F_{S2} herrschen, nur dann tritt der Wechselsprung an der gedachten Stelle auf.

Der Nachweis des Wechselsprungs soll mittels *Froude*-Zahl erfolgen:

$$b_{Sp1} = \sqrt{\frac{h_1}{a}} = \sqrt{\frac{0,65}{0,7}} = 0,964 \ m$$

$$A_1 = \frac{2}{3}\sqrt{\frac{h_1^3}{a}} = \frac{2}{3}\sqrt{\frac{0,65^3}{0,7}} = 0,418 \ m^2$$

$$v_1 = \frac{Q}{A_1} = \frac{4,65}{0,418} = 11,136 \ \frac{m}{s}$$

$$Fr_1 = \frac{v_1}{\sqrt{g \cdot \frac{A_1}{b_{Sp_1}}}} = \frac{11,136}{\sqrt{g \cdot \frac{0,418}{0,964}}} = 5,402 \ [-]$$

Der Abfluss im Oberwasser ist schießend. Sofern ein Wechselsprung an der angedachten Stelle auftritt, so ist dieses mittels Stützkraftsatz nachweisbar. Die Stützkraft im Oberwasser beträgt:

$$F_{S_1} = \rho \cdot g \cdot z_{S_1} \cdot A_1 + \rho \cdot Q \cdot v_1 \quad \text{mit} \quad z_{S_1} = \frac{2}{5} \cdot h_1$$

$$F_{S_1} = 10^3 \cdot g \cdot \frac{2}{5} \cdot 0,65 \cdot 0,418 + 10^3 \cdot 4,65 \cdot 11,136$$

$$F_{S_1} = 1,064,691 \ N + \ 51.781,682 \ N = 52,846 \ kN$$

Sofern der Wechselsprung hier auftritt, muss die Stützkraft F_{S2} der Stützkraft F_{S1} entsprechen:

$$F_{S_2} = F_{S_1} = 52,846 \ kN$$

$$F_{S_2} = \rho \cdot g \cdot \frac{2}{5} \cdot h_{2K} \frac{2}{3} \cdot \sqrt{\frac{h_{2K}^3}{a}} + \frac{3 \cdot \rho \cdot Q^2}{2 \cdot \sqrt{\frac{h_{2K}^3}{a}}}$$

Wie bereits zuvor, so wird auch diese Gleichung iterativ nach der konjugierten Wassertiefe h_{2K} gelöst, als Startwert wird die Grenzwassertiefe h_{gr} angesetzt. Die iterative Lösung liefert dann folgenden Wert:

$$h_{gr} = \sqrt[4]{\frac{27 \cdot a \cdot Q^2}{8g}} = \sqrt[4]{\frac{27 \cdot 0,7 \cdot 4,65^2}{8g}} = 1,511 \; m$$

Startwert: $h_{2K} = h_{gr}$

$h_{2K} = 2,971 \; m$

Zum Nachweis des Fließartenwechsels wird mit diesem Wert die Froude-Zahl berechnet:

$$b_{Sp2} = \sqrt{\frac{h_{2K}}{a}} = \sqrt{\frac{2,971}{0,7}} = 2,060 \; m$$

$$A_2 = \frac{2}{3}\sqrt{\frac{h_{2K}^3}{a}} = \frac{2}{3}\sqrt{\frac{2,971^3}{0,7}} = 4,080 \; m^2$$

$$v_2 = \frac{Q}{A_2} = \frac{4,65}{4,080} = 1,140 \; \frac{m}{s}$$

$$Fr_2 = \frac{v_2}{\sqrt{g \cdot \dfrac{A_2}{b_{Sp_2}}}} = \frac{1,140}{\sqrt{g \cdot \dfrac{4,080}{2,060}}} = 0,259 \; [-]$$

Der Nachweis des Fließartenwechsels konnte erfolgreich geführt werden, da für Fr_1 ein schießender und für Fr_2 ein strömender Abfluss nachgewiesen wurde.

Des Weiteren soll zur Kontrolle die Stützkraft F_{S2} mit der konjugierten Wassertiefe h_{2K} berechnet werden, sie muss der Stützkraft F_{S1} entsprechen:

$$F_{S_1} = 52,846 \; kN$$

$$F_{S_2} = 10^3 \cdot g \cdot \frac{2}{5} \cdot 2,971 \frac{2}{3} \cdot \sqrt{\frac{2,971^3}{0,7}} + \frac{3 \cdot 10^3 \cdot Q^2}{2 \cdot \sqrt{\dfrac{2,971^3}{a}}} = 52,846 \; kN$$

Zur Bestimmung der vom Wechselsprung dissipierten hydraulischen Verlusthöhe h_v ist der Energiehöhensatz zu verwenden:

$$h_v = h_E(h_1) - h_E(h_{2K}) = h_1 + \frac{v_1^2}{2g} - h_{2K} - \frac{v_2^2}{2g}$$

$$h_v = 0,65 + \frac{11,136^2}{2g} - 2,971 - \frac{1,140^2}{2g} = 3,936 \; m$$

<u>Fazit:</u> Wenn sich bedingt durch das Unterwasser am Ende des Tosbeckens (Becken zur Energieumwandlung) eine Wassertiefe einstellt, die geringer ist als 2,971 [m], besteht Gefahr, dass der Wechselsprung weiter ins Unterwasser „auswandert", also nicht mehr im Tosbecken verbleibt. Dieses kann zu starken Erosionserscheinungen im Gewässerbett führen. Geeignete Gegenmaßnahmen wären beispielsweise eine Vertiefung des Tosbeckens und/oder der Einbau von Rauigkeitselementen in das Tosbecken.

Zur Bestimmung der erforderlichen Mindest-Beckenlänge bzw. der Wechselsprunglänge L_W gibt es in der Literatur verschiedene, in Laborversuchen experimentell bestätige Bemessungsgleichungen, die entweder von oberwasser- oder unterwasserseitigen Verhältnissen abhängig sind.

So wird in Abhängigkeit von der unterwasserseitigen Fließtiefe und dem dort herrschenden Gefälle folgende, durch Laborversuch bestätigte, Gleichung angeboten:

$$L_W = \left(\alpha + \beta \cdot I_S \right) \cdot h_2 \quad \text{mit} \quad \alpha \cong 6,0\ldots6,1 \quad \text{und} \quad \beta \cong 4,0$$

$$L_W = \left(6,0 + 4,0 \cdot 0,00 \right) \cdot 2,971 = 17,825 \ m$$

Des Weiteren sind in der Literatur auch Ansätze von *Smetana* und *Woycicki* in [9] zu finden, dort werden in Abhängigkeit von der oberwasserseitigen Fließtiefe die untere und obere Grenze der Wechselsprunglänge ermittelt.

Die Unterschiede in den letztgenannten Gleichungen sind erheblich, weshalb auch vereinzelt vom Mittelwert beider Ergebnisse ausgegangen wird.

Obere Grenze (*Smetana*):

$$L_W = 3 \cdot \left(\sqrt{8 \cdot Fr_1^2 + 1} - 3 \right) \cdot h_1$$

$$L_W = 3 \cdot \left(\sqrt{8 \cdot 5,402^2 + 1} - 3 \right) \cdot 0,65 = 24,008 \ m$$

Untere Grenze (*Woycicki*):

$$L_W = \frac{1}{20} \cdot \left(81 \cdot \sqrt{8 Fr_1^2 + 1} - 2 \cdot Fr_1^2 - 241 \right) \cdot h_1$$

$$L_W = \frac{1}{20} \cdot \left(81 \cdot \sqrt{8 \cdot 5,402^2 + 1} - 2 \cdot 5,402^2 - 241 \right) \cdot 0,65 = 104,067 \ m$$

Mittelwert:

$$\overline{L_W} = \frac{24,008 + 104,067}{2} = 64,037 \ m$$

Beispiel 68 – Rechteckgerinne mit Wechselsprung

Gegeben: ein rechteckiger Gerinneabschnitt mit einem vom Oberwasser vorgegebenen schießenden Abfluss mit der Wassertiefe $h_1 = 0,65$ [m] und $h_2 = 0,937$ [m]. Die Gerinnebreite beträgt $b = 2,10$ [m]. Zum Abfluss gelangen $Q = 4,65$ [m³/s] mit einem Sohlengefälle von $I_S \approx 0$.

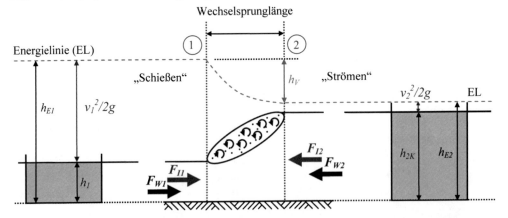

<u>Gesucht:</u> die zu h_1 konjugierte Wassertiefe h_{2K} des Wechselsprungs sowie die vom Wechselsprung dissipierte Verlusthöhe, die Länge des Wechselsprungs sowie die mittlere Wechselsprunglänge L_W.

Lösung 68 – Rechteckgerinne mit Wechselsprung

Wie zuvor wird aus dem Rechteckgerinne der Abschnitt 1-2 wieder herausgetrennt, und die Kräfte werden in Fließrichtung freigeschnitten. Der Nachweis des Wechselsprungs erfolgt mittels *Froude*-Zahl:

$$A_1 = b \cdot h_1 = 2,10 \cdot 0,65 = 1,365 \ m^2$$

$$v_1 = \frac{Q}{A_1} = \frac{4,65}{1,365} = 3,407 \ \frac{m}{s}$$

$$Fr_1 = \frac{v_1}{\sqrt{g \cdot h_1}} = \frac{3,407}{\sqrt{g \cdot 0,65}} = 1,349 \ [-]$$

Der Abfluss im Oberwasser ist schießend. Sofern ein Wechselsprung an der angedachten Stelle auftritt, so ist dieses mittels Stützkraftsatz nachweisbar. Die Stützkraft im Oberwasser beträgt:

$$F_{S_1} = \rho \cdot g \cdot z_{S_1} \cdot A_1 + \rho \cdot Q \cdot v_1 \quad \text{mit} \quad z_{S_1} = \frac{h_1}{2}$$

$$F_{S_1} = 10^3 \cdot g \cdot \frac{0,65}{2} \cdot 1,365 + 10^3 \cdot 4,65 \cdot 3,407$$

$$F_{S_1} = 4,350 \ N + 15,841 \ kN = 20,191 \ kN$$

Für Rechteckgerinne können die konjugierten Wassertiefen auch direkt nach folgenden Gleichungen ermittelt werden:

$$h_{1K} = -\frac{h_2}{2} + \sqrt{\frac{h_2^2}{4} + \frac{2 \cdot h_2 \cdot v_2^2}{g}} \quad \text{bzw.} \quad h_{2K} = -\frac{h_1}{2} + \sqrt{\frac{h_1^2}{4} + \frac{2 \cdot h_1 \cdot v_1^2}{g}}$$

Damit ergibt sich die zu h_1 konjugierte Wassertiefe h_{2K} direkt:

$$h_{2K} = -\frac{h_1}{2} + \sqrt{\frac{h_1^2}{4} + \frac{2 \cdot h_1 \cdot v_1^2}{g}}$$

$$h_{2K} = -\frac{0,65}{2} + \sqrt{\frac{0,65^2}{4} + \frac{2 \cdot 0,65 \cdot 3,407^2}{g}} = 0,957 \ m$$

In diesem Fall entspricht die Wassertiefe h_2 der konjugierten Wassertiefe h_{2K}, der Wechselsprung „steht" an der Stelle. – Zur Kontrolle wird die Stützkraft F_{S2} berechnet, sie muss der Stützkraft F_{S1} entsprechen:

$$F_{S_1} = 20,191 \ kN$$

$$F_{S_2} = \rho \cdot g \cdot b \cdot \frac{h_{2K}^2}{2} + \frac{\rho \cdot Q^2}{b \cdot h_{2K}} = 10^3 \cdot g \cdot 2,10 \cdot \frac{0,957^2}{2} + \frac{10^3 \cdot 4,65^2}{2,10 \cdot 0,957}$$

$$F_{S_2} = 20,191 \ kN$$

Zum Nachweis des Fließartenwechsels wird die Froude-Zahl berechnet:

$$h_{gr} = \sqrt[3]{\frac{Q^2}{g \cdot b^2}} = \sqrt[4]{\frac{4,65^2}{g \cdot 2,10^2}} = 0,794 \ m$$

Der Nachweis wurde erbracht, da:

$$h_1 < h_{gr} < h_2$$

Zur Bestimmung der vom Wechselsprung dissipierten hydraulischen Verlusthöhe h_v ist der Energiehöhensatz zu verwenden:

$$h_v = h_1 + \frac{v_1^2}{2g} - h_{2K} - \frac{v_2^2}{2g}$$

$$h_v = 0,65 + \frac{3,407^2}{2g} - 0,957 - \frac{2,313^2}{2g} = 0,012 \ m$$

In Abhängigkeit von der unterwasserseitigen Fließtiefe ergibt sich die Wechselsprunglänge wie folgt:

Obere Grenze (*Smetana*):

$$L_W = 3 \cdot \left(\sqrt{8 \cdot Fr_1^2 + 1} - 3 \right) \cdot h_1$$

$$L_W = 3 \cdot \left(\sqrt{8 \cdot \left(\frac{3,407}{\sqrt{g \cdot 0,65}} \right)^2 + 1} - 3 \right) \cdot 0,65 = 1,843 \ m$$

Untere Grenze (*Woycicki*):

$$L_W = \frac{1}{20} \cdot \left(81 \cdot \sqrt{8 Fr_1^2 + 1} - 2 \cdot Fr_1^2 - 241 \right) \cdot h_1$$

$$L_W = \frac{1}{20} \cdot \left(81 \cdot \sqrt{8 \cdot \left(\frac{3,407}{\sqrt{g \cdot 0,65}} \right)^2 + 1} - 2 \cdot \left(\frac{3,407}{\sqrt{g \cdot 0,65}} \right)^2 - 241 \right) \cdot 0,65 = 2,435 \ m$$

Mittelwert:

$$\overline{L_W} = \frac{1,843 + 2,435}{2} = 2,139 \ m$$

In verschiedenen experimentellen Studien bestätigt, wird häufig auch folgende Wechselsprunggleichung angewandt, die von der Unterwassertiefe h_2 und dem dortigen Sohlengefälle I_S abhängt:

$$L_W = \left(\alpha + \beta \cdot I_S \right) \cdot h_{2K} \quad \text{mit} \quad \alpha \cong 6,0 \ldots 6,1 \quad \text{und} \quad \beta \cong 4,0$$

In Zahlen ergäbe diese Gleichung für das Beispiel:

$$L_W = \left(6,0 + 4,0 \cdot 0,00 \right) \cdot 0,957 = 5,743 \ m$$

7 Technischer Anhang

7.1 Flächenträgheitsmomente um ausgewiesene Schwereachsen

Rechteck

$$A = b \cdot h$$

$$I_{S-S} = \frac{b \cdot h^3}{12}$$

Trapez

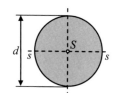

$$A = \frac{h}{2}(a+b)$$

$$I_{S-S} = \frac{h^3(a^2 + 2ab + b^2)}{36(a+b)}$$

$$x_s = \frac{h(2a+b)}{3(a+b)}$$

Viereck

$$A = h^2$$

$$I_{S-S} = \frac{h^4}{12}$$

Kreis

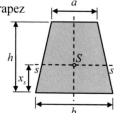

$$A = \frac{\pi \cdot d^2}{4}$$

$$I_{S-S} = \frac{\pi \cdot d^4}{64}$$

Gleichschenkliges
Dreieck

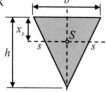

$$A = \frac{b \cdot h}{2}$$

$$I_{S-S} = \frac{b \cdot h^3}{36}$$

$$x_s = \frac{h}{3}$$

Halbkreis

$$A = \frac{\pi \cdot d^2}{8}$$

$$I_{S-S} = 0,11 \cdot r^4$$

$$x_s = \frac{4 \cdot r}{3\pi}$$

Rechtwinkliges
Dreieck

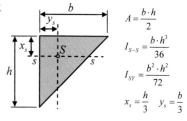

$$A = \frac{b \cdot h}{2}$$

$$I_{S-S} = \frac{b \cdot h^3}{36}$$

$$I_{SY} = \frac{b^2 \cdot h^2}{72}$$

$$x_s = \frac{h}{3} \quad y_s = \frac{b}{3}$$

Viertelkreis

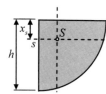

$$A = \frac{\pi \cdot d^2}{16}$$

$$I_{S-S} \approx 0,05488 \cdot r^4$$

$$I_{SY} \approx 0,01647 \cdot r^4$$

$$x_s = \frac{4 \cdot r}{3\pi}$$

Ellipse

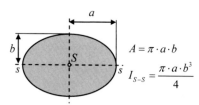

$$A = \pi \cdot a \cdot b$$

$$I_{S-S} = \frac{\pi \cdot a \cdot b^3}{4}$$

Halbellipse

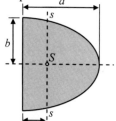

$$A = \frac{\pi \cdot a \cdot b}{2}$$

$$I_{S-S} = 0,11 \cdot b \cdot a^3$$

$$x_s = \frac{4 \cdot a}{3\pi}$$

7.2 Grenzwassertiefen und Grenzgeschwindigkeiten

Rechteckgerinne

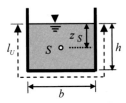

$$A = b \cdot h \quad l_U = b + 2h \quad z_S = \frac{h}{2}$$

$$r_{hy} = \frac{A}{l_U} = \frac{b \cdot h}{b + 2h}$$

Grenzwassertiefe explizit gegeben

$$h_{gr} = \sqrt[3]{\frac{Q^2}{g \cdot b^2}} \qquad v_{gr} = \frac{Q_{gr}}{A_{gr}} = \sqrt{g \cdot h_{gr}}$$

$$h_{E,min} = h_{gr} + \frac{v_{gr}^2}{2g} = \frac{3}{2} \cdot h_{gr}$$

Unsymmetrisches Trapezgerinne

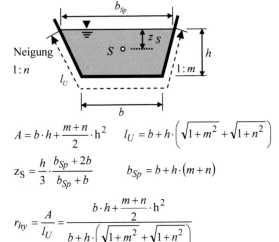

$$A = b \cdot h + \frac{m+n}{2} \cdot h^2 \qquad l_U = b + h \cdot \left(\sqrt{1+m^2} + \sqrt{1+n^2} \right)$$

$$z_S = \frac{h}{3} \cdot \frac{b_{Sp} + 2b}{b_{Sp} + b} \qquad b_{Sp} = b + h \cdot (m+n)$$

$$r_{hy} = \frac{A}{l_U} = \frac{b \cdot h + \frac{m+n}{2} \cdot h^2}{b + h \cdot \left(\sqrt{1+m^2} + \sqrt{1+n^2} \right)}$$

Grenzwassertiefe implizit gege-

$$Q_{gr} = \sqrt{\frac{g \cdot b^2 \cdot \left(1 + \frac{m+n}{2b} \cdot h_{gr} \right)^3 \cdot h_{gr}^3}{1 + \frac{m+n}{b} \cdot h_{gr}}}$$

$$v_{gr} = \frac{Q_{gr}}{A_{gr}} = \sqrt{\frac{g \cdot h_{gr} \cdot \left(1 + \frac{h_{gr}}{b} \cdot \frac{m+n}{2} \right)}{1 + \frac{2h_{gr}}{b} \cdot \frac{m+n}{2}}}$$

$$h_{E,min} = h_{gr} + \frac{v_{gr}^2}{2g}$$

Kreisgerinne

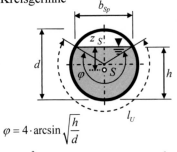

$$\varphi = 4 \cdot \arcsin \sqrt{\frac{h}{d}}$$

$$A = \frac{d^2}{8} \cdot (\hat{\varphi} - \sin\varphi) \qquad l_U = \hat{\varphi} \cdot \frac{d}{2} \qquad r_{hy} = \frac{A}{l_U} = \frac{d}{4} \cdot \frac{\hat{\varphi} - \sin\varphi}{\hat{\varphi}}$$

$$h = d \cdot \sin^2\left(\frac{\varphi}{4} \right) \qquad b_{Sp} = d \cdot \sin\left(\frac{\varphi}{2} \right) \qquad z_S = \frac{b_{Sp}^3}{12 \cdot A} - \frac{d}{2} + h$$

Grenzwassertiefe implizit gege-

$$Q_{gr} = \sqrt{\frac{g \cdot d^5}{512} \cdot \frac{\left(\hat{\phi}_{gr} - \sin\phi_{gr} \right)^3}{\sin\left(\frac{\phi_{gr}}{2} \right)}}$$

$$v_{gr} = \frac{Q_{gr}}{A_{gr}} = \sqrt{\frac{g \cdot d}{8} \cdot \frac{\left(\hat{\phi}_{gr} - \sin\phi_{gr} \right)}{\sin\left(\frac{\phi_{gr}}{2} \right)}}$$

$$h_{E,min} = h_{gr} + \frac{v_{gr}^2}{2g}$$

Dreieckgerinne

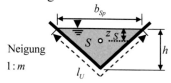

Neigung
1 : m

$$A = m \cdot h^2 \qquad l_U = 2h \cdot \sqrt{1+m^2} \qquad b_{Sp} = 2 \cdot m \cdot h$$

$$r_{hy} = \frac{A}{l_U} = \frac{m \cdot h}{2 \cdot \sqrt{1+m^2}} \qquad z_S = \frac{h}{3}$$

Grenzwassertiefe explizit gegeben

$$h_{gr} = \sqrt[5]{\frac{2 \cdot Q^2}{m^2 \cdot g}} \qquad v_{gr} = \sqrt{\frac{1}{2} g \cdot h_{gr}}$$

$$h_{E,min} = h_{gr} + \frac{v_{gr}^2}{2g} = \frac{5}{4} \cdot h_{gr}$$

Symmetrisches Trapezgerinne

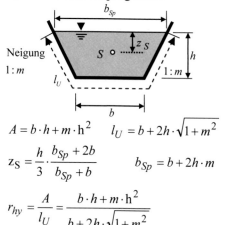

Neigung
1 : m

$$A = b \cdot h + m \cdot h^2 \qquad l_U = b + 2h \cdot \sqrt{1+m^2}$$

$$z_S = \frac{h}{3} \cdot \frac{b_{Sp} + 2b}{b_{Sp} + b} \qquad b_{Sp} = b + 2h \cdot m$$

$$r_{hy} = \frac{A}{l_U} = \frac{b \cdot h + m \cdot h^2}{b + 2h \cdot \sqrt{1+m^2}}$$

Grenzwassertiefe implizit gege-

$$Q_{gr} = \sqrt{\frac{g \cdot b^2 \cdot \left(1 + \frac{m}{b} \cdot h_{gr}\right)^3 \cdot h_{gr}^3}{1 + \frac{2m}{b} \cdot h_{gr}}}$$

$$v_{gr} = \frac{Q_{gr}}{A_{gr}} = \sqrt{\frac{g \cdot h_{gr} \cdot \left(1 + \frac{h_{gr} \cdot m}{b}\right)}{1 + \frac{2h_{gr} \cdot m}{b}}}$$

$$h_{E,min} = h_{gr} + \frac{v_{gr}^2}{2g}$$

Parabelgerinne

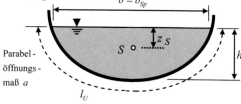

Parabel-
öffnungs-
maß a

$$A = \frac{2}{3} \cdot \sqrt{\frac{h^3}{a}} \qquad z_S = \frac{2}{5} \cdot h \qquad b_{Sp} = \sqrt{\frac{h}{a}} \qquad h = a \cdot b^2$$

$$r_{hy} = \frac{A}{l_U} = \frac{\frac{2}{3} \cdot \sqrt{\frac{h^3}{a}}}{\sqrt{\left(\frac{b}{2}\right)^2 + 4h^2} + \frac{b^2}{8h} \cdot \ln\left(\frac{4h}{b} + \sqrt{\frac{16h^2}{b^2} + 1}\right)}$$

Grenzwassertiefe explizit gegeben

$$h_{gr} = \sqrt[4]{\frac{27 \cdot a \cdot Q^2}{8g}}$$

$$v_{gr} = \sqrt{\frac{2}{3} g \cdot h_{gr}}$$

$$h_{E,min} = h_{gr} + \frac{v_{gr}^2}{2g} = \frac{4}{3} \cdot h_{gr}$$

7.3 Potenzreihen

$$\sin x = \sum_{i=o}^{\infty}(-1)^i\frac{x^{2i+1}}{(2i+1)!}=x-\frac{x^3}{3!}+\frac{x^5}{5!}-\dots \qquad \qquad x\text{ reell}$$

$$\cos x = \sum_{i=o}^{\infty}(-1)^i\frac{x^{2i}}{(2i)!}=x-\frac{x^2}{2!}+\frac{x^4}{4!}-\dots \qquad \qquad x\text{ reell}$$

$$a\sin x = x+\frac{1}{2}\frac{x^3}{3}+\frac{1\cdot 3}{2\cdot 4}\frac{x^5}{5}+\frac{1\cdot 3\cdot 5}{2\cdot 4\cdot 6}\frac{x^7}{7}+\dots \qquad \qquad |x|<1$$

$$a\cos x = \frac{\pi}{2}-a\sin x \qquad \qquad |x|<1$$

$$a\tan x = x-\frac{x^3}{3}+\frac{x^5}{5}-\dots \qquad \qquad |x|<1$$

$$e^x = \sum_{i=0}^{\infty}\frac{x^i}{i!}=1+\frac{x}{1!}+\frac{x^2}{2!}+\frac{x^3}{3!}+\dots \qquad \qquad x\text{ reell}$$

$$\ln(1+x) = \sum_{i=0}^{\infty}(-1)^{i+1}\cdot\frac{x^i}{i} \qquad \qquad -1\le x\le +1$$

$$\ln(1-x) = -\sum_{i=0}^{\infty}\frac{x^i}{i} \qquad \qquad -1\le x\le +1$$

$$\sinh x = \sum_{i=o}^{\infty}\frac{x^{2i+1}}{(2i+1)!}=x+\frac{x^3}{3!}+\frac{x^5}{5!}+\dots \qquad \qquad x\text{ reell}$$

$$\cosh x = \sum_{i=o}^{\infty}\frac{x^{2i}}{(2i)!}=1+\frac{x^2}{2!}+\frac{x^4}{4!}+\frac{x^6}{6!}\dots \qquad \qquad x\text{ reell}$$

$$(1+x)^n = \sum_{i=o}^{n}\binom{n}{i}\cdot x^1 \qquad \qquad n\text{ positiv ganz},|x|<1$$

$$(1-x)^n = \sum_{i=o}^{n}\binom{n}{i}\cdot(-x)^i \qquad \qquad n\text{ positiv ganz},|x|<1$$

7.4 Überfallbeiwerte nach Poleni

breit, scharfkantig, waagerecht $\mu = 0{,}49 \ldots 0{,}51$

breit, gut abgerundete Kanten,
waagerecht $\mu = 0{,}50 \ldots 0{,}55$

breit, vollständig abgerundet,
z. B. mit umgelegter Stauklappe $\mu = 0{,}65 \ldots 0{,}73$

scharfkantig, Überfall belüftet $\mu = \sim 0{,}64$

rundkronig, mit lotrechter Oberwasser-
und geneigter Unterwasserseite $\mu = 0{,}73 \ldots 0{,}75$

dachförmig, abgerundete Krone $\mu = 0{,}79$

7.5 Strickler-Beiwerte für die Fließformel nach Manning-Strickler

Gerinne	k_{St} [m$^{1/3}$/s]
Erdkanäle	
Erdkanäle in festem Material, glatt	60
Erdkanäle in festem Sand mit etwas Ton oder Schotter	50
Erdkanäle mit Sohle aus Sand und Kies mit gepflasterten Böschungen	45½–50
Erdkanäle aus Feinkies, etwa 10/20/30 mm	45
Erdkanäle aus mittlerem Kies, etwa 20/40/60 mm	40
Erdkanäle aus Grobkies, etwa 50/100/150 mm	35
Erdkanäle aus scholligem Lehm	30
Erdkanäle, mit groben Steinen ausgelegt	25–30
Erdkanäle aus Sand, Lehm oder Kies, stark bewachsen	20–25
Felskanäle	
Mittelgrober Felsausbruch	25–30
Felsausbruch bei sorgfältiger Sprengung	20–25
sehr grober Felsausbruch, große Unregelmäßigkeiten	15–20
Gemauerte Kanäle	
Kanäle aus Ziegelmauerwerk, Ziegel, auch Klinker, gut gefugt	80
Bruchsteinmauerwerk	70–80
Kanäle aus Mauerwerk (normal)	60
normales (gutes) Bruchsteinmauerwerk, behauene Steine	60
Grobes Bruchsteinmauerwerk, Steine nur grob behauen	50
Bruchsteinwände, gepflasterte Böschungen mit Sohle aus Sand und Kies	45–50
Betonkanäle	
Zementglattstrich	100
Beton bei Verwendung von Stahlschalung	90–100
Glattverputz	90–95
Beton geglättet	90
gute Verschalung, glatter unversehrter Zementputz, glatter Beton	80–90
Beton bei Verwendung von Holzschalung, ohne Verputz	65–70
Stampfbeton mit glatter Oberfläche	60–65
alter Beton, unebene Flächen	60
Betonschalen mit 150–200 kg Zement je m^3, je nach Alter u. Ausführung	50–60
grobe Betonauskleidung	55
ungleichmäßige Betonflächen	50
Holzgerinne	
neue glatte Gerinne	95
gehobelte, gut gefügte Bretter	90
ungehobelte Bretter	80
ältere Holzgerinne	65–70
Blechgerinne	
glatte Rohre mit versenkten Nietköpfen	90–95
neue gusseiserne Rohre	90
genietete Rohre, Niete nicht versenkt, im Umfang mehrmals überlappt	65–70
Natürliche Wasserläufe	
natürliche Flussbetten mit fester Sohle, ohne Unregelmäßigkeiten	40
natürliche Flussbetten mit mäßigem Geschiebe	33–35
natürliche Flussbetten, verkrautet	30–35
natürliche Flussbetten mit Geröll und Unregelmäßigkeiten	30
natürliche Flussbetten, stark geschiebeführend	28
Wildbäche mit grobem Geröll (kopfgroße Steine) bei ruhendem Geschiebe	25–28
Wildbäche mit grobem Geröll, bei in Bewegung befindlichem Geschiebe	19–22

7.6 Moody-Diagramm

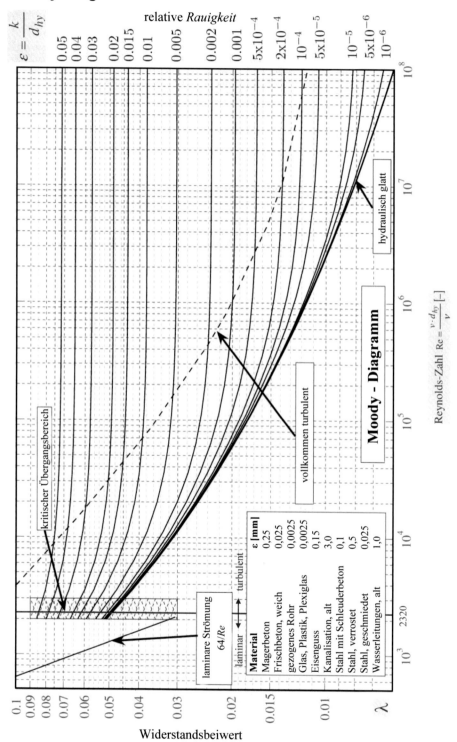

Widerstandsbeiwerte λ nach *Prandtl-Colebrook* (nach [3])

7.7 Äquivalente Rauigkeiten

Rauheitsgrad	Art der Oberfläche	k [mm]
technisch glatt	Gezogene Nichteisenmetalle, galvanisiert und poliert	0,001
	Gezogene Nichteisenmetalle Glas Plexiglas	0,003
fast glatt	Faserzement, fugenlos Steinzeug, fugenlos Steinzeug, fugenlos	0,015
	Faserzement aus Teilen zusammengesetzt, mit einwandfreien Stoßstellen Steinzeug aus Teilen zusammengesetzt, gerade Leitung Gezogener Stahl, neu	0,025
	Geschleuderte Zement- oder Bitumenisolierungen Stahl, ungestrichen, nahtlos, nicht korrodiert	0,030
	Baustahl, Schmiedestahl, neu	0,045
	Stahl mit Schweißnähten, ungestrichen, neu Stahl mit sorgfältigem Schutzanstrich	0,06
mäßig rau	Eisen, galvanisch oder feuerverzinkt Eisen Eisen, asphaltiert Gusseisen, gestrichen Schleuderbeton, fugenlos Beton aus Vakuumschalungen, fugenlos	0,15
	Angegriffene Zement- oder Bitumenisolierungen Holz, gehobelt, stoßfrei, neu Stahl, geschweißt, mit wenigen Quernietreihen (Baustellenstöße) Eisenblech, versenkte Niete, ohne Überlappungen, neu Gusseisen ungestrichen	0,30
	Zementglattstrich bei sorgfältigster Ausführung	0,45
	Holz, gehobelt, gut gefugt Stahl Stahl, geschweißt, angerostet Gusseisen, roh, neu Steinzeug glasiert mit schlechten Stoßstellen Beton aus Stahlschalungen mit schlechten Stoßstellen Beton mit Kellenglattstrich	0,60
	Beton, gut verschalt, bei hohem Zementgehalt	0,80
	Stahl mit geschweißten Längs- und genieteten Quernähten	0,95
rau	Holz, ungehobelt Stahl, genietet, Blechdicke < 6 mm, neu Stahl, leicht korrodiert Stahl mit geschweißten Längs- und genieteten Quernähten, alt Gusseisen, angerostet oder leicht verkrustet Zementputz, sorgfältig ausgeführt Beton aus guter Holzschalung, fugenlos Mauerwerk aus glasierten Ziegeln, sorgfältig ausgeführt	1,5
	Beton aus glatten Schalungen, alt Mauerwerk sorgfältiger Ausführung, gut verfugt	1,8
	Stahl, mehrreihig, quer genietet, verrostet Walzgussasphalt	2,0
	Stahl, geschweißt, stark verkrustet Gusseisen, verrostet oder verkrustet Beton aus Holzschalungen, ohne Verputz Mauerwerk aus Mauerziegeln in Zementmörtel	3,0

Rauheitsgrad	Art der Oberfläche	k [mm]
rau (Fortsetzung)	Beton aus Holzschalungen, alt Mauerwerk, nicht verfugt Mauerwerk, geputzt	6,0
	Erdmaterial, glatt gestrichen, im neuen Zustand	6,0
	Gusseisen, stark verkrustet Beton aus Holzschalungen, alt, angegriffen Mauerwerk, berappt	8,5
sehr rau	Beton, schlecht verschalt, grob	10
	Beton, schlecht verschalt, mit offenen Fugen, alt Betonplatten Sand mit etwas Ton oder Schotter	20
	Feinkies, sandiger Kies	30
	Feinkies bis mittlerer Kies	50
	Mittlerer Kies, Schotter	75
	Mittlerer Kies bis Grobkies	90
extrem rau	Erdmaterial bei mäßigem Geschiebetrieb Grobkies bis Grobschotter	bis 200
	Geröll, unregelmäßig Erdmaterial, schollig aufgeworfen	bis 400
	Grobe Steinschüttungen Felsausbruch, nachgearbeitet	bis 500
	Geröll, unregelmäßig bei starkem Geschiebetrieb	bis 650
	Oberflächen mit Wildbachcharakter	bis 900
	Felsausbruch, mittelgrob Erdmaterial bei stärkster Verkrautung	bis 1500
	Felsausbruch, roh, äußerst grob	bis 3000

Fließgewässer	Art der Oberfläche	k [mm]
Hauptgerinne	Sand, schlammig	15 bis 30
	Feinkies	35 bis 50
	Sand mit größeren Steinen	70 bis 110
	Kies	ca. 80
	Grobkies bis Schotter	60 bis 200
	schwere Steinschüttung	200 bis 300
	Sohlpflasterung	30 bis 50
	grobe Steine und Fels	500 bis 700
	Fels	ca. 800
	Beton, hohe Qualität und sehr glatte Schalung	0,3 bis 0,8
	Holzschalung	1 bis 6
	Mauerwerk, verfugte Klinker	1,5 bis 6
	Bruchsteinmauerwerk	3 bis 20
Vorland, Böschung	Asphalt	ca. 3
	Rasen	60
	Gras (oberer Wert nur bei Horstbildung)	100 bis 350
	Gras und Stauden	130 bis 400
	Rasengittersteine	15 bis 30
	Ackerboden	20 bis 250
	Felder mit Kulturen	250 bis 800
	Waldboden	160 bis 320
Gewässerabschnitte	ohne Unregelmäßigkeiten	50 bis 250
	mit Unregelmäßigkeiten in der Sohle	150 bis 350
	mit fester Sohle und Unregelmäßigkeiten in Sohle und Böschung	300 bis 500
	Entwässerungsgräben und Bäche	100 bis 350

7.8 Örtliche Verlustbeiwerte

Art der Armatur oder des Formstücks	Örtliche Verlustbeiwerte $\zeta_{\ddot{o}}$
kantiger Einlauf	**Einlauf** (auch Auslauf aus einem Behälter in eine Rohrleitung) Einlaufverluste $\zeta_{Ein} = \bullet\bullet\bullet$
abgerundeter Einlauf	**Kantiger** Einlauf: sehr scharf $\zeta = 0,5$ normal gebrochen $\zeta = 0,25$ starke Phase $\zeta = 0,2$ **Abgerundeter** Einlauf: normal $\zeta = 0,05$ je nach Glätte $\zeta = 0,06$ bis $0,005$
kantiger Einlauf unter dem Winkel α	**Kantiger** Einlauf unter dem Winkel α: $\alpha = 45° \Rightarrow \zeta = 0,8$ $\alpha = 60° \Rightarrow \zeta = 0,7$ $\alpha = 75° \Rightarrow \zeta = 0,6$
weit vorstehender, kantiger Einlauf	Weit **vorstehender, kantiger** Einlauf sehr scharf $\zeta = 1,3$ bis 3 normal gebrochen $\zeta = 0,6$
trompetenförmiger Einlauf	**Einlaufgehäuse** von Pumpensaugleitungen Einlaufverluste $\zeta_{Ein} = \ldots$ trompetenförmiger Einlauf $\zeta = 0,05$
abgeschrägter Einlauf	abgeschrägter Einlauf $\zeta = 0,20$

Art der Armatur oder des Formstücks		Örtliche Verlustbeiwerte $\zeta_{ö}$			

	Krümmer gebogen, Oberfläche glatt	**Krümmer** gebogen mit **glatter** Oberfläche			
		Umlenkwinkel α	45°	60°	90°
		$\zeta_{Krü}$ für r = d	0,14	0,19	0,21
		$\zeta_{Krü}$ für r = 2 d	0,09	0,12	0,14
		$\zeta_{Krü}$ für r ≥ 5 d	0,08	0,10	0,10
	Krümmer gebogen, Oberfläche rau	**Krümmer** gebogen mit **rauer** Oberfläche			
		Umlenkwinkel α	45°	60°	90°
		$\zeta_{Krü}$ für r = d	0,34	0,46	0,51
		$\zeta_{Krü}$ für r = 2 d	0,19	0,26	0,30
		$\zeta_{Krü}$ für r ≥ 5 d	0,16	0,20	0,20
gleich-sinnig verdreht gegen-sinnig		**Hintereinandergeschaltete** 90°-Krümmer Verlustbeiwerte $\zeta_{ges} = ...$ gleichsinnig: $\zeta_{ges} = 2 \cdot \zeta_{Krü}$ verdreht: $\zeta_{ges} = 3 \cdot \zeta_{Krü}$ gegensinnig: $\zeta_{ges} = 4 \cdot \zeta_{Krü}$			
	Krümmer, segment-geschweißt	**Krümmer** segmentgeschweißt			
		Umlenkwinkel α	45°	60°	90°
		Anzahl der Rundnähte	2	3	3
		$\zeta_{Krü}$	0,15	0,20	0,25
	Kniestück, Oberfläche glatt	**Kniestücke glatt**			
		Umlenkwinkel α	45°	60°	90°
		ζ_{Knie}	0,25	0,50	1,15
	Kniestück, Oberfläche rau	**Kniestücke rau**			
		Umlenkwinkel α	45°	60°	90°
		ζ_{Knie}	0,35	0,70	1,30
	Kniestück, Kombination	**Kombination mit 90°-Kniestücken** $\zeta = 2,5$			
	Kniestück, Kombination	**Kombination mit 90°-Kniestücken** $\zeta = 3$			

Art der Armatur oder des Formstücks		Örtliche Verlustbeiwerte $\zeta_{\ddot{o}}$			
	Kniestück, Kombination	**Kombination mit 90°-Kniestücken** $\zeta = 5$			
Q, d, v Q_d α Q_a, d_a	Strom-trennung Kreisrohre mit Kanten-ausrundung	**Stromtrennung für Kreisrohre** bei einer Kantenausrundung von $0{,}1 \cdot d_a$ unter hydraulisch günstigen Verhältnissen			
		α	90°	60°	45°
		$\zeta_d \approx 0$	$Q_a/Q = 0{,}3$		
		d_a/d	1	1	1
		ζ_a	0,76	0,76	0,76
		$\zeta_d \approx 0$	$Q_a/Q = 0{,}5$		
		d_a/d	1	1	1
		ζ_a	0,74	0,74	0,74
		$\zeta_d \approx 0$	$Q_a/Q = 0{,}7$		
		d_a/d	1	1	1
Q, d, v Q_d α Q_a, d_a	Strom-trennung Kreisrohre scharfkantig, gleiche Durchmesser	**Stromtrennung für Kreisrohre** bei scharfkantiger Ausführung			
		α	90°		45°	
		Q_a/Q	ζ_a	ζ_d	ζ_a	ζ_d
		0,0	0,95	0,04	0,90	0,04
		0,2	0,88	−0,08	0,68	−0,06
		0,4	0,89	−0,05	0,50	−0,04
		0,6	0,95	0,07	0,38	0,07
		0,8	1,10	0,21	0,35	0,20
		1,0	1,28	0,35	0,48	0,33
Q, v	T-Stück Kreisrohr	**T-Stück Stromtrennung, scharfkantig** $\zeta = 1{,}3$			
Q, v	T-Stück Kreisrohr	**T-Stück Stromtrennung, abgerundet mit geradem Boden** $\zeta = 0{,}7$			
Q, v	T-Stück Kreisrohr	**T-Stück Stromtrennung, kugelförmig mit nach innen abgerundetem Hals** $\zeta = 0{,}9$			
Q, v	T-Stück Kreisrohr	**T-Stück Stromtrennung kugelförmig** $\zeta = 2{,}5$ bis $4{,}9$			

Art der Armatur oder des Formstücks		Örtliche Verlustbeiwerte $\zeta_ö$				

Stromvereinigung

Q, d, v Q_d

Kreisrohre scharfkantig, gleiche Durchmesser

Q_a, d_a

Stromvereinigung für Kreisrohre bei scharfkantiger Ausführung

α	90°		45°	
Q_a/Q	ζ_a	ζ_d	ζ_a	ζ_d
0	−1,20	0,04	−0,92	0,04
0,2	−0,40	0,17	−0,38	0,17
0,4	0,08	0,30	0,00	0,19
0,6	0,47	0,41	0,22	0,09
0,8	0,72	0,51	0,37	-0,17
1	0,91	0,60	0,37	-0,54

Q, d_2, v_2

plötzliche Erweiterung

Q, d_1, v_1

Plötzliche Erweiterung

$$h_v = \zeta \cdot \frac{v_2^2}{2g} \quad \text{mit} \quad \zeta = c \cdot \left(1 - \frac{A_2}{A_1}\right)^2$$

c = 1,0 bis 1,2

Q, d_1, v_1

plötzliche Verengung

Q, d_2, v_2

Plötzliche Verengung

$$h_v = \zeta \cdot \frac{v_2^2}{2g} \quad \text{mit} \quad \zeta = c \cdot \left(1 - \frac{A_2}{A_1}\right)^2$$

c = 0,4 bis 0,5

Q, d_1, v_1

konische Erweiterung

Q, d_2, v_2

Konische Erweiterung

$$h_v = \zeta \cdot \frac{v_2^2}{2g} \quad \text{mit} \quad \zeta = c \cdot \left(1 - \frac{A_2}{A_1}\right)^2$$

Optimum für α = 8°; c = 0,15 bis 0,2
für α ≥ 30°: c = 1,0 bis 1,2

Q, d_1, v_1

konische Verengung

Q, d_2, v_2

Konische Verengung

$$h_v = \zeta \cdot \frac{v_2^2}{2g} \quad \text{mit} \quad \zeta = c \cdot \left(1 - \frac{A_2}{A_1}\right)^2$$

für α ≤ 30°: c ≈ 0

Q, v **Flachschieber**

Verschlussorgan Flachschieber

voll geöffnet: ζ = 0,10 bis 0,30

Q, v **Kugelschieber**

Verschlussorgan Kugelventil, Kugelschieber

voll geöffnet: ζ ≈ 0

Art der Armatur oder des Formstücks	Örtliche Verlustbeiwerte $\zeta_ö$
Ringschieber Q, v	**Verschlussorgan** **Ringventil, Ringschieber** voll geöffnet: $\zeta = 1,20$ bis 10
Q, v Drosselklappe	**Drosselklappen** voll geöffnet: $\zeta = 0,20$ bis $0,40$

Rückschlagklappe — Geschlossenstellung — Q, v

Rückschlagklappen ohne Hebel und Gewicht
ζ-Werte abhängig von DN und v

DN	50	200	500	700	1000
$v = 1$ m/s	3,05	2,95	2,85	2,55	2,30
$v = 2$ m/s	1,35	1,30	1,15	0,95	0,80
$v = 3$ m/s	0,86	0,76	0,66	0,54	0,41

Rückschlagklappe — offen / geschlossen — Q, v

Rückschlagklappen mit Hebel und Gewicht
ζ-Werte mit Hebel und Gewicht sind erheblich größer, bei $v \leq 2,5$ m/s gilt als grobe Näherung

DN	50	200	500	700	1000
$v = 1$ m/s	7,63	7,38	7,13	6,38	5,75
$v = 2$ m/s	3,38	3,25	2,88	2,38	2,00
$v = 3$ m/s	2,15	1,90	1,65	1,35	1,03

Ventile — Q, v / Q, v — DN 150 — $\zeta = 3,9$ $\zeta = 2,7$

Ventile von Wasserversorgungsleitungen
je nach Bauart und Nennweite
$\zeta = 0,50$ bis $4,00$
siehe nebenstehende Beispiele (voll geöffnet)

$\zeta = 2,5$ $\zeta = 0,6$ — Ventile — DN 150 — Q, v / Q, v

Ventile von Wasserversorgungsleitungen
je nach Bauart und Nennweite
$\zeta = 0,50$ bis $4,00$
siehe nebenstehende Beispiele (voll geöffnet)

7.9 Dampfdruck und Dichte des Wasser (temperaturabhängig)

Temperatur t [°C]	Dampfdruck p_D [bar]	Dichte ρ_W [kg/m³]		Temperatur t [°C]	Dampfdruck p_D [bar]	Dichte ρ_W [kg/m³]
0	0,00611	999,8		50	0,1233	988,0
1	0,00656	999,9		51	0,1296	987,7
2	0,00705	999,9		52	0,1361	987,2
3	0,00757	1000,0		53	0,1429	986,7
4	0,00812	1000,0		54	0,1500	986,2
5	**0,00872**	**1000,0**		55	0,1574	985,7
6	0,00935	999,9		56	0,1651	985,2
7	0,01001	999,9		57	0,1731	984,7
8	0,01072	999,8		58	0,1815	984,3
9	0,01146	999,7		59	0,1902	983,7
10	0,01227	999,6		60	0,1992	983,2
11	0,01311	999,5		61	0,2086	982,6
12	0,01401	999,4		62	0,2184	982,1
13	0,01496	999,3		63	0,2286	981,6
14	0,01597	999,2		64	0,2391	981,1
15	0,01703	999,0		65	0,2501	980,5
16	0,01816	998,8		66	0,2615	980,0
17	0,01936	998,7		67	0,2733	979,4
18	0,02062	998,5		68	0,2856	978,8
19	0,02196	998,4		69	0,2984	978,3
20	0,02337	998,2		70	0,3116	977,7
21	0,02485	997,9		71	0,3253	977,1
22	0,02642	997,7		72	0,3396	976,6
23	0,02808	997,5		73	0,3543	976,0
24	0,02982	997,2		74	0,3696	975,4
25	0,03167	997,0		75	0,3855	974,8
26	0,03360	996,7		76	0,4019	974,3
27	0,03564	996,4		77	0,4189	973,7
28	0,03779	996,1		78	0,4365	973,0
29	0,04004	995,8		79	0,4547	972,5
30	0,04241	995,6		80	0,4736	971,8
31	0,04491	995,2		81	0,4931	971,3
32	0,04753	994,9		82	0,5133	970,6
33	0,05029	994,6		83	0,5342	969,9
34	0,05318	994,2		84	0,5557	969,4
35	0,05622	993,9		85	0,5780	968,7
36	0,05940	993,5		86	0,6011	968,1
37	0,06274	993,2		87	0,6249	967,4
38	0,06624	992,9		88	0,6495	966,7
39	0,06991	992,6		89	0,6749	966,0
40	0,07375	992,2		90	0,7011	965,3
41	0,07777	991,8		91	0,7281	964,7
42	0,08198	991,4		92	0,7561	964,0
43	0,08639	991,0		93	0,7849	963,3
44	0,09100	990,6		94	0,8146	962,6
45	0,09582	990,2		95	0,8453	961,9
46	0,10086	989,8		96	0,8769	961,0
47	0,10612	989,3		97	0,9094	960,4
48	0,11162	988,9		98	0,9430	959,8
49	0,11736	988,5		99	0,9776	959,0
100	**1,0133**	**958,3**		300	87,610	712,4

7.10 Abflusstabelle für voll durchströmte Kreisrohre

0,25 mm	DN 100		DN 125		DN 150		DN 200		DN 250		DN 300	
I_E	Q	v	Q	v	Q	v	Q	v	Q	v	Q	v
100,0	21,8	2,77	39,2	3,20	63,5	3,59	135	4,31	243	4,96	393	5,56
40,0	13,6	1,74	24,6	2,01	39,9	2,26	85,2	2,71	153	3,12	247	3,50
20,0	9,6	1,22	17,3	1,41	28,0	1,59	59,9	1,91	108	2,20	174	2,46
13,0	7,7	0,98	13,9	1,13	22,5	1,27	48,1	1,53	86,6	1,76	140	1,98
10,0	6,7	0,85	12,1	0,99	19,6	1,11	42,0	1,34	75,7	1,54	122	1,73
6,00	5,1	0,65	9,3	0,76	15,1	0,85	32,3	1,03	58,3	1,19	94,3	1,33
5,00	4,7	0,59	8,5	0,69	13,7	0,78	29,4	0,94	53,1	1,08	85,9	1,21
4,00	4,1	0,53	7,5	0,61	12,2	0,69	26,2	0,83	47,3	0,96	76,5	1,08
3,30	3,7	0,48	6,8	0,55	11,1	0,63	23,7	0,76	42,8	0,87	69,3	0,98
2,80	3,4	0,44	6,2	0,51	10,1	0,57	21,8	0,69	39,3	0,80	63,7	0,90
2,50	3,2	0,4.1	5,9	0,48	9,6	0,54	20,5	0,65	37,1	0,76	60,1	0,85
2,20	3,0	0,39	5,5	0,45	8,9	0,51	19,2	0,61	34,7	0,71	56,2	0,80
2,00	2,9	0,37	5,2	0,43	8,5	0,48	18,3	0,58	33,0	0,67	53,5	0,76
1,70	2,6	0,34	4,8	0,39	7,8	0,44	16,8	0,53	30,3	0,62	49,2	0,70
1,40	2,4	0,30	4,3	0,35	7,0	0,40	15,1	0,48	27,4	0,56	44,4	0,63
1,20	2,2	0,28	4,0	0,32	6,5	0,37	14,0	0,44	25,4	0,51	41,0	0,58
1,10	2,1	0,27	3,8	0,31	6,2	0,35	13,3	0,42	24,1	0,49	39,2	0,55
1,00	2,0	0,25	3,6	0,29	5,9	0,33	12,7	0,40	23,0	0,47	37,3	0,53
0,70	1,6	0,21	3,0	0,24	4,9	0,28	10,5	0,33	19,0	0,39	30,9	0,44
0,50	1,4	0,17	2,5	0,20	4,1	0,23	8,8	0,28	15,9	0,32	25,8	0,37
0,30	1,0	0,13	1,9	0,15	3,1	0,17	6,7	0,21	12,1	0,25	19,7	0,28
0,25	0,9	0,12	1,7	0,14	2,8	0,16	6,0	0,19	11,0	0,22	17,9	0,25
0,20	0,8	0,10	1,5	0,12	2,5	0,14	5,3	0,17	9,7	0,20	15,8	0,22

0,25 mm	DN 350		DN 400		DN 500		DN 600		DN 700		DN 800	
I_E	Q	v	Q	v	Q	v	Q	v	Q	v	Q	v
100,0	588	6,12	835	6,64	1497	7,63	2412	8,53	3607	9,37	5111	10,17
40,0	371	3,85	526	4,19	944	4,81	1521	5,38	2276	5,91	3225	6,42
20,0	261	2,71	371	2,95	665	3,39	1072	3,79	1605	4,17	2275	4,53
13,0	210	2,18	298	2,37	535	2,72	862	3,05	1291	3,35	1830	3,64
10,0	184	1,91	261	2,08	468	2,39	755	2,67	1130	2,94	1603	3,19
6,00	141	1,47	201	1,60	361	1,84	583	2,06	872	2,27	1237	2,46
5,00	129	1,34	183	1,46	329	1,68	531	1,88	795	2,07	1128	2,24
4,00	115	1,19	163	1,30	294	1,50	474	1,68	710	1,84	1007	2,00
3,30	104	1,08	148	1,18	266	1,36	429	1,52	643	1,67	913	1,82
2,80	95,6	0,99	136	1,08	245	1,25	395	1,40	592	1,54	840	1,67
2,50	90,2	0,94	128	1,02	231	1,18	373	1,32	558	1,45	792	1,58
2,20	84,4	0,88	120	0,96	216	1,10	349	1,23	523	1,36	742	1,48
2,00	80,4	0,84	114	0,91	206	1,05	332	1,18	498	1,29	707	1,41
1,70	73,9	0,77	105	0,84	189	0,96	306	1,08	458	1,19	650	1,29
1,40	66,8	0,69	95,0	0,76	171	0,87	277	0,98	415	1,08	589	1,17
1,20	61,6	0,64	87,7	0,70	158	0,80	255	0,90	383	1,00	544	1,08
1,10	58,9	0,61	83,8	0,67	151	0,77	244	0,86	366	0,95	520	1,03
1,00	56,0	0,58	79,8	0,63	144	0,73	232	0,82	349	0,91	495	0,99
0,70	46,5	0,48	66,2	0,53	119	0,61	193	0,68	290	0,75	412	0,82
0,50	38,9	0,40	59,5	0,44	100	0,51	162	0,57	243	0,63	346	0,69
0,30	29,7	0,31	42,3	0,34	76,5	0,39	124	0,44	186	0,48	265	0,53
0,25	26,9	0,28	38,4	0,31	69,5	0,35	113	0,40	169	0,44	241	0,48
0,20	23,9	0,25	34,1	0,27	61,7	0,31	100	0,35	150	0,39	214	0,43

I_E in [‰] – Q in [l/s] – v in [m/s]

Betriebliche Rauheit $k_b = 0,25$ mm

0,4 mm	DN 100		DN 125		DN 150		DN 200		DN 250		DN 300	
I_E	Q	v	Q	v	Q	v	Q	v	Q	v	Q	v
100,0	20,4	2,60	36,9	3,01	59,8	3,38	128	4,07	230	4,69	372	5,26
40,0	12,9	1,64	23,2	1,89	37,7	2,13	80,6	2,56	145	2,96	234	3,32
20,0	9,0	1,15	16,4	1,33	26,5	1,50	56,7	1,81	102	2,08	165	2,34
13,0	7,3	0,92	13,1	1,07	21,3	1,21	45,6	1,45	82,2	1,67	133	1,88
10,0	6,3	0,81	11,5	0,94	18,6	1,05	39,9	1,27	72,0	1,47	116	1,65
6,00	4,9	0,62	8,8	0,72	14,3	0,81	30,8	0,98	55,5	1,13	89,8	1,27
5,00	4,4	0,56	8,0	0,66	13,1	0,74	28,0	0,89	50,6	1,03	81,8	1,16
4,00	4,0	0,50	7,2	0,58	11,6	0,66	25,0	0,80	45,1	0,92	73,0	1,03
3,30	3,6	0,46	6,5	0,53	10,5	0,60	22,6	0,72	40,9	0,83	66,2	0,94
2,80	3,3	0,42	6,0	0,49	9,7	0,55	20,8	0,66	37,6	0,77	60,8	0,86
2,50	3,1	0,39	5,6	0,46	9,1	0,52	19,6	0,62	35,4	0,72	57,4	0,81
2,20	2,9	0,37	5,3	0,43	8,5	0,48	18,4	0,58	33,2	0,68	53,8	0,76
2,00	2,8	0,35	5,0	0,41	8,1	0,46	17,5	0,56	31,6	0,64	51,2	0,72
1,70	2,5	0,32	4,6	0,37	7,5	0,42	16,1	0,51	29,0	0,59	47,1	0,67
1,40	2,3	0,29	4,1	0,34	6,7	0,38	14,5	0,46	26,3	0,54	42,6	0,60
1,20	2,1	0,27	3,8	0,31	6,2	0,35	13,4	0,43	24,3	0,49	39,3	0,56
1,10	2,0	0,26	3,7	0,30	5,9	0,34	12,8	0,41	23,2	0,47	37,6	0,53
1,00	1,9	0,24	3,5	0,28	5,7	0,32	12,2	0,39	22,1	0,45	35,8	0,51
0,70	1,6	0,20	2,9	0,23	4,7	0,27	10,1	0,32	18,3	0,37	29,7	0,42
0,50	1,3	0,17	2,4	0,20	3,9	0,22	8,5	0,27	15,3	0,31	24,9	0,35
0,30	1,0	0,13	1,8	0,15	3,0	0,17	6,5	0,21	11,7	0,24	19,1	0,27
0,25	0,9	0,11	1.7	0,13	2,7	0,15	5,9	0,19	10,6	0,22	17,3	0,24
0,20	0,8	0,10	1,5	0,12	2,4	0,14	5,2	0,17	9,4	0,19	15,4	0,22

0,4 mm	DN 350		DN 400		DN 500		DN 600		DN 700		DN 800	
I_E	Q	v	Q	v	Q	v	Q	v	Q	v	Q	v
100,0	557	5,79	791	6,30	1421	7,24	2291	8,10	3429	8,91	4862	9,67
40,0	352	3,65	499	3,97	897	4,57	1446	5,11	2165	5,63	3070	6,11
20,0	248	2,58	352	2,80	633	3,22	1020	3,61	1528	3,97	2167	4,31
13,0	199	2,07	283	2,25	509	2,59	821	2,90	1230	3,20	1745	3,47
10,0	175	1,82	248	1,97	446	2,27	720	2,54	1078	2,80	1529	3,04
6,00	135	1,40	192	1,52	344	1,75	556	1,97	833	2,16	1181	2,35
5,00	123	1,28	175	1,39	314	1,60	507	1,79	759	1,97	1077	2,14
4,00	110	1,14	156	1,24	280	1,43	452	1,60	678	1,76	962	1,91
3,30	99	1,03	141	1,12	254	1,29	410	1,45	615	1,60	873	1,74
2,80	91,4	0,95	130	1,03	234	1,19	378	1,34	566	1,47	803	1,60
2,50	86,2	0,90	123	0,98	221	1,12	356	1,26	534	1,39	758	1,51
2,20	80,8	0,84	115	0,91	207	1,05	334	1,18	501	1,30	711	1,41
2,00	76,9	0,80	109	0,87	197	1,00	318	1,13	477	1,24	677	1,35
1,70	70,8	0,74	101	0,80	181	0,92	293	1,04	439	1,14	623	1,24
1,40	64,0	0,67	91,1	0,73	164	0,84	265	0,94	398	1,03	565	1,12
1,20	59,1	0,61	84,2	0,67	152	0,77	245	0,87	368	0,96	522	1,04
1,10	56,5	0,59	80,5	0,64	145	0,74	234	0,83	352	0,91	499	0,99
1,00	53,8	0,56	76,6	0,61	138	0,70	223	0,79	335	0,87	476	0,95
0,70	44,7	0,46	63,7	0,51	115	0,59	186	0,66	279	0,72	396	0,79
0,50	37,5	0,39	53,5	0,43	97	0,49	156	0,55	234	0,61	333	0,66
0,30	28,7	0,30	40,9	0,33	74,00	0,38.	120	0,42	180	0,47	256	0,51
0,25	26,1	0,27	37,2	0,30	67,20	0,34	109	0,39	164	0,43	233	0,46
0,20	23,2	0,24	33,1	0,26	59,80	0,30	97	0,34	146	0,38	207	0,41

I_E in [‰] – Q in [l/s] – v in [m/s]

Betriebliche Rauheit k_b = 0,4 mm

7.11 Abflusstabelle für beliebige Rohre und Gerinne

Energie-gefälle I_E	Hydraulischer Durchmesser d_{hy} [mm]												
	150	200	250	300	350	400	450	500	600	700	800	900	1000
	v	v	v	v	v	v	v	v	v	v	v	v	v
100,0	2,78	3,37	3,90	4,40	4,86	5,30	5,72	6,12	6,87	7,58	8,25	8,89	9,50
40,0	1,76	2,13	2,47	2,78	3,07	3,35	3,61	3,87	4,35	4,79	5,22	5,62	6,01
20,0	1,24	1,50	1,74	1,96	2,17	2,37	2,55	2,73	3,07	3,39	3,69	3,97	4,24
13,0	1,00	1,21	1,40	1,58	1,75	1,91	2,06	2,20	2,47	2,73	2,97	3,20	3,42
10,0	0,87	1,06	1,23	1,39	1,53	1,67	1,80	1,93	2,17	2,39	2,60	2,81	3,00
6,00	0,68	0,82	0,95	1,07	1,19	1,29	1,40	1,49	1,68	1,85	2,02	2,17	2,32
5,00	0,62	0,75	0,87	0,98	1,08	1,18	1,27	1,36	1,53	1,69	1,84	1,98	2,12
4,00	0,55	0,67	0,78	0,87	0,97	1,05	1,14	1,22	1,37	1,51	1,64	1,77	1,89
3,30	0,50	0,61	0,70	0,79	0,88	0,96	1,03	1,11	1,24	1,37	1,49	1,61	1,72
2,80	0,46	0,56	0,65	0,73	0,81	0,88	0,95	1,02	1,14	1,26	1,38	1,48	1,58
2,50	0,43	0,53	0,61	0,69	0,76	0,83	0,90	0,96	1,08	1,19	1,30	1,40	1,50
2,20	0,41	0,49	0,57	0,65	0,72	0,78	0,84	0,90	1,01	1,12	1,22	1,31	1,40
2,00	0,39	0,47	0,55	0,62	0,68	0,74	0,80	0,86	0,97	1,07	1,16	1,25	1,34
1,70	0,36	0,43	0,50	0,57	0,63	0,69	0,74	0,79	0,89	0,98	1,07	1,15	1,23
1,40	0,32	0,39	0,46	0,51	0,57	0,62	0,67	0,72	0,81	0,89	0,97	1,05	1,12
1,20	0,30	0,36	0,42	0,48	0,53	0,57	0,62	0,66	0,75	0,82	0,90	0,97	1,03
1,10	0,29	0,35	0,40	0,46	0,50	0,55	0,59	0,64	0,71	0,79	0,86	0,93	0,99
1,00	0,27	0,33	0,38	0,43	0,48	0,52	0,57	0,61	0,68	0,75	0,82	0,88	0,94
0,70	0,23	0,28	0,32	0,36	0,40	0,44	0,47	0,51	0,57	0,63	0,68	0,74	0,79
0,50	0,19	0,23	0,27	0,30	0,34	0,37	0,40	0,43	0,48	0,53	0,58	0,62	0,67
0,30	0,15	0,18	0,21	0,23	0,26	0,28	0,31	0,33	0,37	0,41	0,45	0,48	0,51
0,25	0,13	0,16	0,19	0,21	0,24	0,26	0,28	0,30	0,34	0,37	0,41	0,44	0,47
0,20	0,12	0,14	0,17	0,19	0,21	0,23	0,25	0,27	0,30	0,33	0,36	0,39	0,42

Energie-gefälle I_E	Hydraulischer Durchmesser d_{hy} [mm]												
	1100	1200	1300	1400	1500	1600	1700	1800	1900	2000	2200	2400	2600
	v	v	v	v	v	v	v	v	v	v	v	v	v
100,0	10,08	10,65	11,20	11,73	12,24	12,74	13,23	13,71	14,17	14,63	15,52	16,37	17,20
40,0	6,38	6,73	7,08	7,41	7,74	8,06	8,36	8,67	8,96	9,25	9,81	10,35	10,87
20,0	4,51	4,76	5,00	5,24	5,47	5,69	5,91	6,13	6,33	6,54	6,93	7,32	7,69
13,0	3,63	3,84	4,03	4,22	4,41	4,59	4,77	4,94	5,11	5,27	5,59	5,90	6,20
10,0	3,18	3,36	3,54	3,70	3,87	4,02	4,18	4,33	4,48	4,62	4,90	5,17	5,43
6,00	2,46	2,60	2,74	2,87	2,99	3,12	3,24	3,35	3,47	3,58	3,80	4,00	4,21
5,00	2,25	2,38	2,50	2,62	2,73	2,84	2,95	3,06	3,16	3,27	3,46	3,65	3,84
4,00	2,01	2,12	2,23	2,34	2,44	2,54	2,64	2,74	2,83	2,92	3,10	3,27	3,43
3,30	1,83	1,93	2,03	2,12	2,22	2,31	2,40	2,48	2,57	2,65	2,81	2,97	3,12
2,80	1,68	1,78	1,87	1,96	2,04	2,13	2,21	2,29	2,37	2,44	2,59	2,73	2,87
2,50	1,59	1,68	1,76	1,85	1,93	2,01	2,09	2,16	2,24	2,31	2,45	2,58	2,71
2,20	1,49	1,57	1,65	1,73	1,81	1,88	1,96	2,03	2,10	2,16	2,30	2,42	2,54
2,00	1,42	1,50	1,58	1,65	1,72	1,80	1,86	1,93	2,00	2,06	2,19	2,31	2,43
1,70	1,31	1,38	1,45	1,52	1,59	1,66	1,72	1,78	1,84	1,90	2,02	2,13	2,24
1,40	1,19	1,25	1,32	1,38	1,44	1,50	1,56	1,62	1,67	1,72	1,83	1,93	2,03
1,20	1,10	1,16	1,22	1,28	1,33	1,39	1,44	1,50	1,55	1,60	1,69	1,79	1,88
1,10	1,05	1,11	1,17	1,22	1,28	1,33	1,38	1,43	1,48	1,53	1,62	1,71	1,80
1,00	1,00	1,06	1,11	1,17	1,22	1,27	1,32	1,36	1,41	1,46	1,55	1,63	1,71
0,70	0,84	0,88	0,93	0,97	1,02	1,06	1,10	1,14	1,18	1,22	1,29	1,36	1,43
0,50	0,71	0,75	0,79	0,82	0,86	0,89	0,93	0,96	1,00	1,03	1,09	1,15	1,21
0,30	0,55	0,58	0,61	0,64	0,66	0,69	0,72	0,74	0,77	0,79	0,84	0,89	0,94
0,25	0,50	0,53	0,55	0,58	0,61	0,63	0,66	0,68	0,70	0,73	0,77	0,81	0,85
0,20	0,44	0,47	0,49	0,52	0,54	0,56	0,59	0,61	0,63	0,65	0,69	0,73	0,76

I_E in [‰] – v in [m/s]

Betriebliche Rauheit $k_b = 1,5$ mm

Energie-gefälle	Hydraulischer Durchmesser d$_{hy}$ [mm]												
I$_E$	150	200	250	300	350	400	450	500	600	700	800	900	1000
	v	v	v	v	v	v	v	v	v	v	v	v	v
100,0	2,46	2,99	3,48	3,94	4,37	4,77	5,16	5,53	6,23	6,88	7,50	8,09	8,66
40,0	1,55	1,89	2,20	2,49	2,76	3,02	3,26	3,49	3,94	4,35	4,74	5,12	5,48
20,0	1,10	1,34	1,56	1,76	1,95	2,13	2,30	2,47	2,78	3,08	3,35	3,62	3,87
13,0	0,88	1,08	1,25	1,42	1,57	1,72	1,86	1,99	2,24	2,48	2,70	2,92	3,12
10,0	0,77	0,94	1,10	1,24	1,38	1,51	1,63	1,74	1,97	2,17	2,37	2,56	2,74
6,00	0,60	0,73	0,85	0,96	1,07	1,17	1,26	1,35	1,52	1,68	1,83	1,98	2,12
5,00	0,55	0,67	0,78	0,88	0,97	1,06	1,15	1,23	1,39	1,54	1,67	1,81	1,93
4,00	0,49	0,60	0,69	0,79	0,87	0,95	1,03	1,10	1,24	1,37	1,50	1,62	1,73
3,30	0,44	0,51	0,63	0,71	0,79	0,86	0,93	1,00	1,13	1,25	1,36	1,47	1,57
2,80	0,41	0,50	0,58	0,66	0,73	0,80	0,86	0,92	1,04	1,15	1,25	1,35	1,45
2,50	0,39	0,47	0,55	0,62	0,69	0,76	0,81	0,87	0,98	1,09	1,18	1,28	1,37
2,20	0,36	0,44	0,51	0,58	0,64	0,70	0,76	0,82	0,92	1,02	1,11	1,20	1,28
2,00	0,34	0,42	0,49	0,55	0,61	0,67	0,73	0,78	0,88	0,97	1,06	1,14	1,22
1,70	0,32	0,39	0,45	0,51	0,57	0,62	0,67	0,72	0,81	0,89	0,98	1,05	1,13
1,40	0,29	0,35	0,41	0,46	0,51	0,56	0,61	0,65	0,73	0,81	0,88	0,95	1,02
1,20	0,27	0,33	0,38	0,43	0,48	0,52	0,56	0,60	0,68	0,75	0,82	0,88	0,95
1,10	0,25	0,31	0,36	0,41	0,45	0,50	0,54	0,58	0,65	0,72	0,78	0,85	0,91
1,00	0,24	0,30	0,35	0,39	0,43	0,47	0,51	0,55	0,62	0,68	0,75	0,81	0,86
0,70	0,20	0,25	0,29	0,33	0,36	0,40	0,43	0,46	0,52	0,57	0,62	0,67	0,72
0,50	0,17	0,21	0,24	0,28	0,31	0,33	0,36	0,39	0,44	0,48	0,53	0,57	0,61
0,30	0,13	0,16	0,19	0,21	0,24	0,26	0,28	0,30	0,34	0,37	0,41	0,44	0,47
0,25	0,12	0,15	0,17	0,19	0,22	0,24	0,25	0,27	0,31	0,34	0,37	0,40	0,43
0,20	0,11	0,13	0,15	0,17	0,19	0,21	0,23	0,24	0,28	0,30	0,33	0,36	0,38

Energie-gefälle	Hydraulischer Durchmesser d$_{hy}$ [mm]												
I$_E$	1100	1200	1300	1400	1500	1600	1700	1800	1900	2000	2200	2400	2600
	v	v	v	v	v	v	v	v	v	v	v	v	v
100,0	9,20	9,73	10,24	10,73	11,21	11,68	12,13	12,58	13,01	13,44	14,27	15,07	15,84
40,0	5,82	6,15	6,47	6,79	7,09	7,38	7,67	7,95	8,23	8,50	9,02	9,53	10,02
20,0	4,11	4,35	4,58	4,80	5,01	5,22	5,42	5,62	5,82	6,01	6,38	6,74	7,08
13,0	3,32	3,51	3,69	3,87	4,04	4,21	4,37	4,53	4,69	4,84	5,14	5,43	5,71
10,0	2,91	3,07	3,23	3,39	3,54	3,69	3,83	3,98	4,11	4,25	4,51	4,76	5,01
6,00	2,25	2,38	2,51	2,63	2,74	2,86	2,97	3,08	3,19	3,29	3,49	3,69	3,88
5,00	2,06	2,12	2,29	2,40	2,50	2,62	2,71	2,81	2,91	3,00	3,19	3,37	3,54
4,00	1,84	1,94	2,04	2,14	2,24	2,33	2,42	2,51	2,60	3,69	2,85	3,01	3,17
3,30	1,67	1,76	1,86	1,95	2,03	2,12	2,20	2,28	2,36	2,44	2,59	2,73	2,87
2,80	1,54	1,62	1,71	1,79	1,87	1,95	2,03	2,10	2,17	2,25	2,38	2,52	2,65
2,50	1,45	1,54	1,62	1,69	1,77	1,84	1,92	1,99	2,05	2,12	2,25	2,38	2,50
2,20	1,36	1,44	1,52	1,59	1,66	1,73	1,80	1,86	1,93	1,99	2,11	2,23	2,35
2,00	1,30	1,37	1,44	1,51	1,58	1,65	1,71	1,78	1,84	1,90	2,01	2,13	2,24
1,70	1,20	1,27	1,33	1,40	1,46	1,52	1,58	1,64	1,69	1,75	1,86	1,96	2,06
1,40	1,09	1,15	1,21	1,27	1,32	1,38	1,43	1,49	1,54	1,59	1,69	1,78	1,87
1,20	1,01	1,06	1,12	1,17	1,22	1,28	1,33	1,37	1,42	1,47	1,56	1,65	1,73
1,10	0,96	1,02	1,07	1,12	1,17	1,22	1,27	1,32	1,36	1,41	1,49	1,58	1,66
1,00	0,92	0,97	1,02	1,07	1,12	1,16	1,21	1,25	1,30	1,34	1,42	1,50	1,58
0,70	0,77	0,81	0,85	0,89	0,93	0,97	1,01	1,05	1,09	1,12	1,19	1,26	1,32
0,50	0,65	0,68	0,72	0,76	0,79	0,82	0,85	0,89	0,92	0,95	1,01	1,06	1,12
0,30	0,50	0,53	0,56	0,58	0,61	0,64	0,66	0,69	0,71	0,73	0,78	0,82	0,86
0,25	0,46	0,48	0,51	0,53	0,56	0,58	0,60	0,63	0,65	0,67	0,71	0,75	0,79
0,20	0,41	0,43	0,45	0,48	0,50	0,52	0,54	0,56	0,58	0,60	0,63	0,67	0,71

I$_E$ in [‰] – v in [m/s]

Betriebliche Rauheit k$_b$ = 3,0 mm

7.12 Rehbock-Pfeilerstau

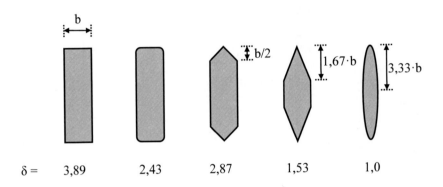

$$\delta = \quad 3{,}89 \qquad 2{,}43 \qquad 2{,}87 \qquad 1{,}53 \qquad 1{,}0$$

Pfeiler-/Brückenstauformel nach *Rehbock* (nach [13]):

$$\Delta z = \alpha\left(\delta - \alpha\left(\delta - 1\right)\right) \cdot \left(0{,}4 + \alpha + 9\alpha^3\right) \cdot \left(1 + Fr_2^2\right) \cdot \frac{v_2^2}{2g}$$

gleichbedeutend

$$\Delta z = \left[\delta\left(\alpha - 1\right) + \alpha\right] \cdot \left(0{,}4 \cdot \alpha + \alpha^2 + 9\alpha^4\right) \cdot \left(1 + Fr_2^2\right) \cdot \frac{v_2^2}{2g}$$

Verbauungsmaß:

$$\alpha = 1 - \frac{b}{b_{Sp}}$$

Voraussetzung: Im Durchflussquerschnitt sinkt die Wassertiefe nicht auf die Grenzwassertiefe ab, so dass die Strömung auch mit Verbau durchgängig strömend bleibt.

7.13 SI-Einheiten

Bezeichnung	Formelzeichen	Gesetzliche Einheiten (empfohlen wird die erstgenannte Größe)	unzulässige Einheiten	Umrechnung
Länge	L	*m* *km, cm, mm*		Basiseinheit
Förderhöhe	H	*m*	m fl.S.	
Volumen	V	*m³* *cm³, mm³, l (Liter)*	cbm, cdm	
Förderstrom	Q	*m³/h*		
Volumenstrom	V	*m³/s, l/s*		
Zeit	t	*s* *ms, min, h, d*		Basiseinheit
Drehzahl	n	*1/min* *1/s*		
Masse	m	*kg* *g, mg, t*	Pfund, Zentner	Basiseinheit
Dichte	ρ	*kg/m³* *kg/dm³, kg/cm³*		
Kraft	F	$N \, (\hat{=} \, kg \, m/s^2)$ *kN, MN*	kp, Mp	1 kp = 9,81 N
Druck	p	$bar \, (\hat{=} \, N/m^2)$ *Pa*	kp/cm², at, mWS, Torr	1 bar = 9,81 J 1 at = 0,981 bar 1 at = 9,81·10⁴ Pa 1 mWS = 0,98 bar
Leistung	P	$W \, (W \hat{=} \, J/s \hat{=} \, N \, m/s$ *MW, kW*		
Temperatur	T	*K* *°C*	°K, grd	Basiseinheit
kin. Viskosität	ν	*m²/s*	St, cSt, …	1 St = 10⁻⁴ m²/s 1 cST = 1 mm²/s

(Auszug für Kreiselpumpen)

7.14 Umrechnungstabelle ausländischer Einheiten

Bezeich-nung	Einheit	Einheitskürzel	UK		USA	
Länge	inch foot yard mile nautical mile	in ft = 12in yd = 3ft mi = 1760yd NM ≈ 1,151 mi	254 0,3048 0,9144 1,6093 1,8520	mm mm mm km km	254 0,3048 0,9144 1,6093 1,8520	mm mm mm km km
Fläche	square inch square foot square yard acre square mile	sq in sq ft sq yd sq mi	6,4516 929,03 0,8361 4.046,86 2,59	cm² cm² m² m² km²	6,4516 929,03 0,8361 4.046,86 2,59	cm² cm² m² m² km²

Volumen	cubic inch
	cubic foot
	register ton
	Britsh
	  shipping ton
	US
	  shipping ton
	gallon
	US
	  oil-barrel
		cu in
		cu ft
		RT = 100 cu ft
		
		  = 42 cu ft
		
		  = 40 cu ft
		gal
		
		-
			16,387
			28,3268
			2,8327
			
			1,1897
			
			-
			4,5460
			
				cm³
				dm³
				m³
				
				m³
				
				dm³
				
					16,387
					28,3268
					2,8327
					
					-
					
					1,331
					3,7854
					
					0,159
						cm³
						dm³
						m³
						
						dm³
						dm³
						
						m³

Masse / Gewicht	ounce pound stone ton	oz lb	28,3495 0,4536 6,3503 1.1016,047	g kg kg kg	28,3495 0,4536 6,3503 -	g kg kg
Dichte	pound per cu ft pound per gal	lb/cu ft lb/gal	0,0160 0,09978	kg/dm³ kg/dm³	0,0160 0,1198	kg/dm³ kg/dm³
Förder-strom	gal per min cu ft per sec	gpm cusec	0,07577 28,3268	l/s l/s	0,06309 28,3268	l/s l/s
Kraft	ounce (force) pound (force) short ton	oz lb shtn	0,2780 4,4438 8,8964 kN	N N	0,2780 4,4438 8,8964 kN	N N
Druck	pound force per sq ft pound force per sq in	lb/sq ft lb/sq in	47,88025 68,9476	Pa m bar	47,88025 68,9476	Pa m bar
Leistung	foot pound per sec horse power	ft lb/s	1,3558 0,7457	W kW	1,3558 0,7457	W kW

7.15 Umrechnungstabellen für Temperaturen

Die nachfolgenden Formeln dienen der Umrechnung in gängige Temperatureinheiten:

von Grad Celcius [°C] in Kelvin [K]

$$T[K] = 273,15 + t[°C]$$

von Grad Celcius [°C] in Grad Fahrenheit [°F]

$$t[°F] = 32 + 1,8 \cdot t[°C]$$

Grad Celcius [°C]	Kelvin [K]	Grad Fahrenheit [°F]
0	273,15	32
100	373,15	2212
-17,80	255,35	0

ΔT bzw. Δt	Δ [°C]	Δ [K]	Δ [°F]
1 °C	1	1	5/9
1 K	100	1	5/9
1 °F	9/5	9/5	1

7.16 Dezimale Vielfache

Faktor		Vorsatz	Symbol
10^{18}	1.000.000.000.000.000.000	Exa	E
10^{15}	1.000.000.000.000.000	Peta	P
10^{12}	1.000.000.000.000	Tera	T
10^{9}	1.000.000.000	Giga	G
10^{6}	1.000.000	Mega	M
10^{3}	1.000	Kilo	k
10^{2}	1.00	Hekto	h
10	10	Deka	da
10^{-1}	0,1	Dezi	d
10^{-2}	0,01	Zenti	c
10^{-3}	0,001	Milli	m
10^{-6}	0,000001	Mikro	µ
10^{-9}	0,000000001	Nano	n
10^{-12}	0,000000000001	Pico	p
10^{-15}	0,000000000000001	Femto	f
10^{-18}	0,000000000000000001	Acco	a

7.17 Griechisches Alphabet

Bezeichnung	Großbuchstabe	Kleinbuchstabe
Alpha	A	α
Beta	B	β
Gamma	Γ	γ
Delta	Δ	δ
Epsilon	E	ε
Zeta	Z	ζ
Eta	H	η
Theta	Θ	θ
Jota	I	ι
Kappa	K	κ
Lambda	Λ	λ
My	M	μ
Ny	N	ν
Xi	Ξ	ξ
Omikron	O	o
Pi	Π	π
Rho	P	ρ
Sigma	Σ	σ
Tau	T	τ
Ypsilon	Y	υ
Phi	Φ	ϕ
Chi	X	χ
Psi	Ψ	ψ

Literaturverzeichnis

[1]   ATV-DVWK-A110 (ATV (Hrsg.): *Hydraulische Dimensionierung und Leistungs-nachweis von Abwasserkanälen und –leitungen*, ATV-Arbeitsblatt A110 (Entwurf), 2000, Gesellschaft zur Förderung der Abwassertechnik e.V. (GFA).

[2]   DIN EN 752:2008-04: *Entwässerungssysteme außerhalb von Gebäuden;* Deutsche Fassung EN 752:2008, Anhang E: Hydraulische Bemessung.

[3]   Freimann, R.: *Hydraulik für Bauingenieure*, ISBN 978-3-446-41054-1, 1. Auflage, 2009, Fachbuchverlag Leipzig im Carl Hanser Verlag, Leipzig.

[4]   Heinemann, Feldhaus: *Hydraulik für Bauingenieure*, ISBN 3-519-15082-4, 2. Auflage, 2003, B. G. Teubner Verlag / GWV Fachverlage GmbH, Wiesbaden.

[5]   Knauf, D.: *Zusammenhang zwischen Rauheitsbeiwerten nach Gauckler-Manning-Strickler und den äquivalenten Rauheitsbeiwerten nach Prandtl-Colebrook im hydraulisch rauen Bereich*, Zeitschrift Wasser und Abfall 4-5, 2003; Vieweg Verlag, Wiesbaden.

[6]   Mertens, W.: *Zum Strömungszustand naturnaher Fließgewässer*, ISBN 0043-0978, Wasserwirtschaft, Zeitschrift für Wasser und Umwelt, Heft 3, S. 138-141, 1994, Vieweg + Teubner Verlag / GWV Fachverlage GmbH, Wiesbaden.

[7]   Naudascher, E.: *Hydraulik der Gerinne und Gerinnebauwerke*, ISBN 3-211-82366-2, 2. Auflage, 1992, , Springer Verlag Wien, New York.

[8]   Peter, G.: *Überfälle über Wehre*, ISBN 3-528-01762-7, 1. Auflage, 2005, Friedrich Vieweg & Sohn Verlag/GWV Fachverlage GmbH, Wiesbaden 2005.

[9]   Press, Schröder: *Hydromechanik im Wasserbau*, 1966, W. Ernst, Berlin, München.

[10] Schmidt, M.: *Die Berechnung unvollkommener Wehrüberfalle*, Wasserwirtschaft Wassertechnik (WWT), Heft 7, 1957.

[11] Schröder/Zanke: *Technische Hydraulik, Kompendium für den Wasserbau*, ISBN-10: 3540000607, ISBN-13: 978-3450000600, 2. Auflage, 2003, Springer Verlag, Berlin.

[12] Wetzell, O. W. (Hrsg.): *Wendehorst Bautechnische Zahlentafeln*, ISBN 3-410-15944-4, 31. Auflage, 2004, B. G. Teubner Verlag Stuttgart, Leipzig, Wiesbaden, Beuth Verlag GmbH, Berlin, Wien, Zürich.

[13] Zanke, U. C. E.: *Hydromechanik der Gerinne und Küstengewässer*, ISBN 3-8263-3403-3, 1. Auflage, 2002, Parey, Berlin.

Firmenunterlagen

[KSB] Technische Informationen, *Auslegung von Kreiselpumpen*, ISBN 3-00-0004734-4, 5. Auflage 2005, KSB Aktiengesellschaft, Frankenthal.

Sachwortverzeichnis

Lizenz zum Wissen.

Sichern Sie sich umfassendes Technikwissen mit Sofortzugriff auf tausende Fachbücher und Fachzeitschriften aus den Bereichen: Automobiltechnik, Maschinenbau, Energie + Umwelt, E-Technik, Informatik + IT und Bauwesen.

Exklusiv für Leser von Springer-Fachbüchern: Testen Sie Springer für Professionals 30 Tage unverbindlich. Nutzen Sie dazu im Bestellverlauf Ihren persönlichen Aktionscode C0005406 auf *www.springerprofessional.de/buchaktion/*

Jetzt 30 Tage testen!

Springer für Professionals.
Digitale Fachbibliothek. Themen-Scout. Knowledge-Manager.

- 🔍 Zugriff auf tausende von Fachbüchern und Fachzeitschriften
- 😊 Selektion, Komprimierung und Verknüpfung relevanter Themen durch Fachredaktionen
- ✎ Tools zur persönlichen Wissensorganisation und Vernetzung

www.entschieden-intelligenter.de

Springer für Professionals · ✿ Springer

Printed in the United States
By Bookmasters